高等学校智能建筑技术系列教材

Jianzhu Xiaofang yu Anfang

建筑消防与安防

孙 萍 张淑敏 主编

蒋 蔚 主审

人民交通出版社

内 容 提 要

本书分为两篇。第一篇消防控制系统分8章，详细讲述了消防系统的组成、分类及组成系统的各种消防设备，最后结合产品样本介绍工程实例。第二篇安全防范技术分8章，详细讲述了闭路电视监控系统，防盗报警系统，出入口管理系统，访客对讲系统，电子巡更系统，停车场自动管理系统，安全防范系统的集成及工程实例。

本书理论联系实际，具有先进、系统、实用的特点，每章均有小结、复习思考题，供读者选作练习。

本书可作为高等院校电气信息类专业、建筑电气与智能化专业本科生的教材，也可作为从事建筑电气工程设计、施工及管理人员的参考用书。

图书在版编目(CIP)数据

建筑消防与安防／孙萍，张淑敏主编.—北京：人民交通出版社，2007.2

ISBN 978-7-114-06398-5

Ⅰ.建… Ⅱ.①孙…②张… Ⅲ.建筑物-消防-安全技术 Ⅳ.TU998.1

中国版本图书馆CIP数据核字(2007)第015892号

书　　名： 建筑消防与安防
著 作 者： 孙　萍　张淑敏
责任编辑： 刘永芬
出版发行： 人民交通出版社股份有限公司
地　　址：（100011）北京市朝阳区安定门外外馆斜街3号
网　　址： http://www.ccpress.com.cn
销售电话：（010）59757973
总 经 销： 人民交通出版社股份有限公司发行部
经　　销： 各地新华书店
印　　刷： 北京市密东印刷有限公司
开　　本： 787×1092　1/16
印　　张： 15
字　　数： 363千
版　　次： 2007年2月第1版
印　　次： 2016年6月第5次印刷
书　　号： ISBN 978-7-114-06398-5
印　　数： 9001-11000册
定　　价： 29.00元

高等学校智能建筑技术系列教材

编审委员会成员

序言

XUYAN

高等学校智能建筑技术系列教材是根据1999年12月在北京召开的有15所高等学校参加的“智能建筑系列课程内容体系改革的研究与实践”课题研讨会的精神，由高等学校教学指导委员会智能建筑技术系列教材编审委员会组织编写的。

本系列教材以适应和满足高等学校电气信息类专业教学和科研的需要、培养智能建筑技术人才为主要目标，同时也面向从事智能建筑建设的科研、设计、施工、运行及管理单位，提供智能建筑技术标准、规范以及必备的基础理论知识。

智能建筑技术是一门跨专业的新兴学科，我们真诚地希望使用本系列教材的广大读者提出宝贵意见，以便不断完善教材的内容，改进我们的工作。

本系列教材主编赵义堂，副主编寿大云等，主审王谦甫。

高等学校智能建筑技术系列教材编审委员会

2000年8月

前言
QIANYAN

随着我国建筑事业的蓬勃发展，高层建筑及建筑群体越来越多，建筑弱电系统在建筑电气工程中占有举足轻重的地位。电子技术、网络技术、自动化控制技术、通信技术、传感器技术等一系列最先进技术的引入，也为建筑电气工程的发展提供了广阔的天地。建筑使用功能现代化的需求和相关技术的进步共同促进建筑弱电技术的高速发展。本书侧重电气消防及安全防范技术两部分。

第一篇介绍消防控制系统，第二篇介绍安全防范技术。书中每一篇都分别讲述各子系统的功能及其组成部分，各组成部分的作用及其控制方式，最后通过工程实例说明其实际应用。

本书由孙萍和张淑敏主编，参加第一篇编写的人员有王立光(第八章和部分插图)、刘航(第二、三章)、孙萍(第一、四、五、六、七章)，参加第二篇编写的人员有张淑敏(第一、二、三、四章)、毕丽红(第一、二、三、四章)、回文明(第六、七、八章)。全书由孙萍统稿。

借此机会，作者衷心感谢北京林业大学寿大云教授和人民交通出版社刘永芬编辑在编写过程中所给予的各方面的大力帮助；感谢海湾安全技术有限公司提供了有关资料；感谢所有参编老师；感谢本书所列参考文献的作者们。

由于作者水平有限，教学与实践经验不足，书中难免存在不妥和错误之处，敬请广大读者和同行批评指正。

作　者

2007年1月

目录
MULU

第一篇　消防控制系统

第二篇 安全防范技术

第一篇　消防控制系统

第一章 概述

智能建筑的出现,使建筑电气尤其是高层建筑电气技术成为一门综合性的应用技术。火灾自动报警与控制是智能楼宇自动化系统的一个重要组成部分,它的工作可靠、技术先进是控制火灾蔓延、减少灾害、及时有效扑灭的关键。

消防是防火和灭火的总称。我国消防工作执行"预防为主,防消结合"的方针。为使这一方针得到贯彻,每个与消防有关的人员都应认真做好防火工作,力求制止火灾的发生,同时充分做好灭火准备。每当发生火灾时,尽可能地减少火灾所造成的人员伤亡和财产损失。

火灾是发生频率较高的一种灾害,在任何时间、任何地点都可能发生。它不仅在顷刻间可以烧掉大量的财富,甚至可以危及人们的生命。尤其是近几年来高层建筑大量增加,一旦发生火灾,灭火的难度更大。疏散人员、抢救物资、通信联络等都更加复杂了。地下商场等地下建筑物的兴建,对消防工作都有其特殊的要求,这些问题我们应有足够的认识。防,可以减少火灾的发生;消,可以减少损失和伤亡,两者相辅相成,融为一体。

第一节 消防系统的组成及形式

随着我国建筑业的发展,建筑弱电系统在建筑电气工程乃至建筑工程整体中占有举足轻重的地位,已逐渐被世人普遍认同与接受。建筑弱电技术发展很快,它是电子技术、通讯技术、网络技术、计算机技术、自动控制技术、传感器技术等一系列最先进技术飞速发展的结果,尤其是智能建筑工程,它作为弱电工程的延伸与发展,综合性强,涉及的专业领域更广,新生的弱电系统不断加盟这一技术领域。建筑使用功能现代化的需求和相关技术的进步共同促进建筑弱电技术的高速发展。

消防系统的发展大致经历了三个阶段:

(1)多线制开关量式火灾探测报警系统,这是第一代产品,目前基本上处于被淘汰状态。

多线制系统形式与火灾探测器的早期设计、探测器与控制器的联接方式等有关,即探测器与控制器是采用硬线一一对应关系,有一个探测点便需要一组线到控制器,依靠直流信号工作和检测。多线制系统设计、施工与维护复杂。

(2)总线制可寻址开关量式火灾探测报警系统,这是第二代产品,尤其是二总线制开关量式探测报警系统目前正被大量采用。

总线制系统形式是在多线制系统形式的基础上发展起来的。随着微电子器件、数字脉冲电路及微型计算机应用技术等用于火灾自动报警系统，改变了以往多线制系统的直流巡检功能，代之以使用数字脉冲信号巡检和信息压缩传输，采用了大量编码和译码逻辑电路来实现探测器与控制器的协议通信，大大减少了系统线制，带来了工程布线灵活性，并形成支状和环状两种布线结构。

(3)模拟量传输式智能火灾报警系统，这是第三代产品，目前我国已经从传统的开关量式的火灾探测报警技术，跨入具有先进水平的模拟量式智能火灾探测报警技术的新阶段，使系统误报率降低到最低限度，并大幅度地提高了报警的准确性和可靠性。

一、消防系统的组成

随着电子技术迅速发展和计算机软件在现代消防技术中的大量使用，火灾自动报警系统的结构、形式越来越灵活多样。可以说消防系统主要由两部分组成：即火灾自动报警系统（感应机构）和灭火及联动控制系统（执行机构）。

1. 火灾自动报警系统

由触发器件（火灾探测器）、手动报警按钮、火灾报警控制器、火灾警报器及具有其他辅助功能的装置组成。作用是完成检测火情并及时报警。

(1)火灾探测器

火灾探测器是火灾自动报警系统的传感部分，它能自动发出火灾报警信号，向报警器发出现场火灾状态的信号装置。安装在现场，可形象地称之为“消防哨兵”，起到实时监视的作用。火灾探测器是自动触发装置。

(2)手动报警按钮

手动报警按钮也是向报警器报告所发生火情的设备，只不过探测器是自动报警而它是手动报警而已，其准确性更高。手动报警按钮是手动触发装置。

(3)火灾报警控制器

它是消防系统的重要组成部分，它的完美与先进是现代化建筑消防系统的重要标志。当发生火情时，它能发出声或光报警。可向探测器供电。其功能如下：

①能接收探测信号并转换成声、光报警信号，指示着火部位和记录报警信息。

②可通过火警发送装置启动火灾报警信号或通过自动消防灭火控制装置启动自动灭火设备和消防联动控制设备。

③自动地监视系统的正确运行和对故障给出声光报警。

火灾报警控制器接收火灾探测器及手动报警按钮送来的火警信号，经过运算（逻辑运算）处理后认定火灾，输出指令信号。一方面启动火灾报警装置，如声、光报警；另一方面启动灭火及联动装置，用以驱动各种灭火设备及防排烟设备等；另外还能启动自动记录设备，记下火灾状况，以备事后查询。

2. 灭火系统

灭火方式分为液体灭火和气体灭火两种，常用的为液体灭火方式。如消火栓灭火系统和自动喷水灭火系统。作用是当接到火警信号后执行灭火任务。

3. 联动系统

包括火灾事故照明和疏散指示标志、消防专用通讯系统及防排烟设施等。作用是为保证火灾时人员较好地疏散、减少伤亡。

消防系统的主要功能是：自动捕捉火灾探测区域内火灾发生时的烟雾或热气，从而发出声光报警并控制自动灭火系统，同时联动其他设备的输出触点，控制事故照明及疏散指示、事故广播及通讯、消防给水和防排烟设施，以实现监测、报警和灭火的自动化。火灾自动报警系统原理如图 1-1-1 所示。

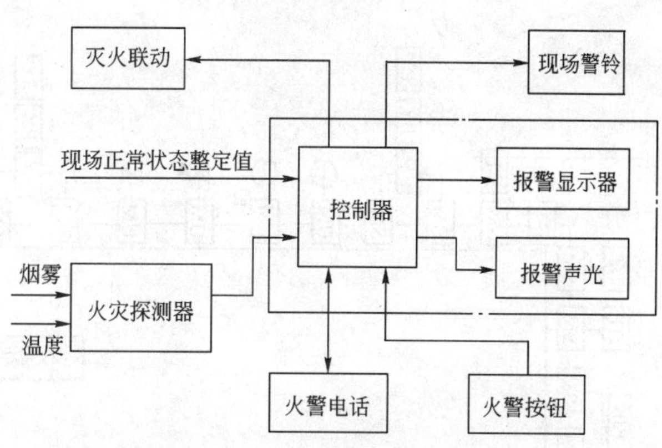

图 1-1-1 火灾自动报警系统原理框图

二、消防系统的基本形式

根据《火灾自动报警系统设计规范》(GB 50116—98)规定：火灾自动报警系统形式有三种：区域报警系统、集中报警系统、控制中心报警系统。现分别介绍如下：

1. 区域报警系统

区域报警系统由火灾探测器、手动报警按钮、区域火灾报警控制器或通用火灾报警控制器、火灾警报装置等组成，这种系统形式适用于建筑规模小、保护对象仅为某一区域或某一局部范围场所，系统具有独立处理火灾事故的能力。报警区域内最多不得超过两台区域控制器。如图 1-1-2 所示。

2. 集中报警系统

集中报警系统由火灾探测器、手动报警按钮、区域火灾报警控制器或通用火灾报警控制器和集中火灾报警控制器、火灾警报装置等组成，这种系统形式适于高层的宾馆、写字楼及群体建筑等，如图 1-1-3、图 1-1-4 所示。

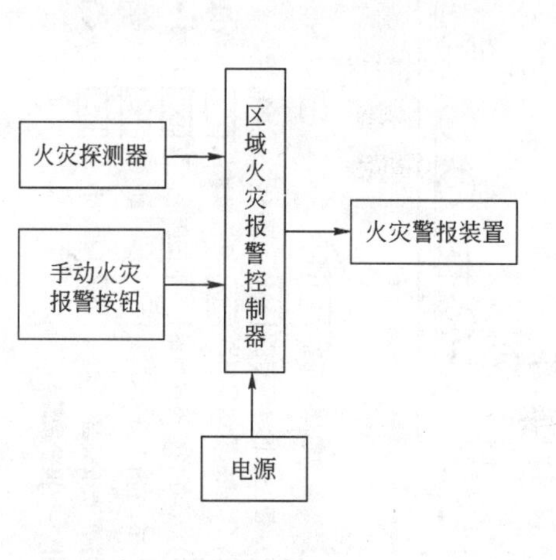

图 1-1-2 区域报警系统

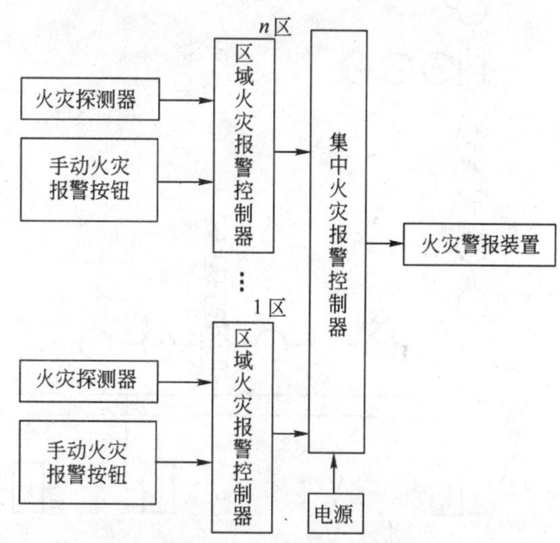

图 1-1-3 集中报警系统(1)

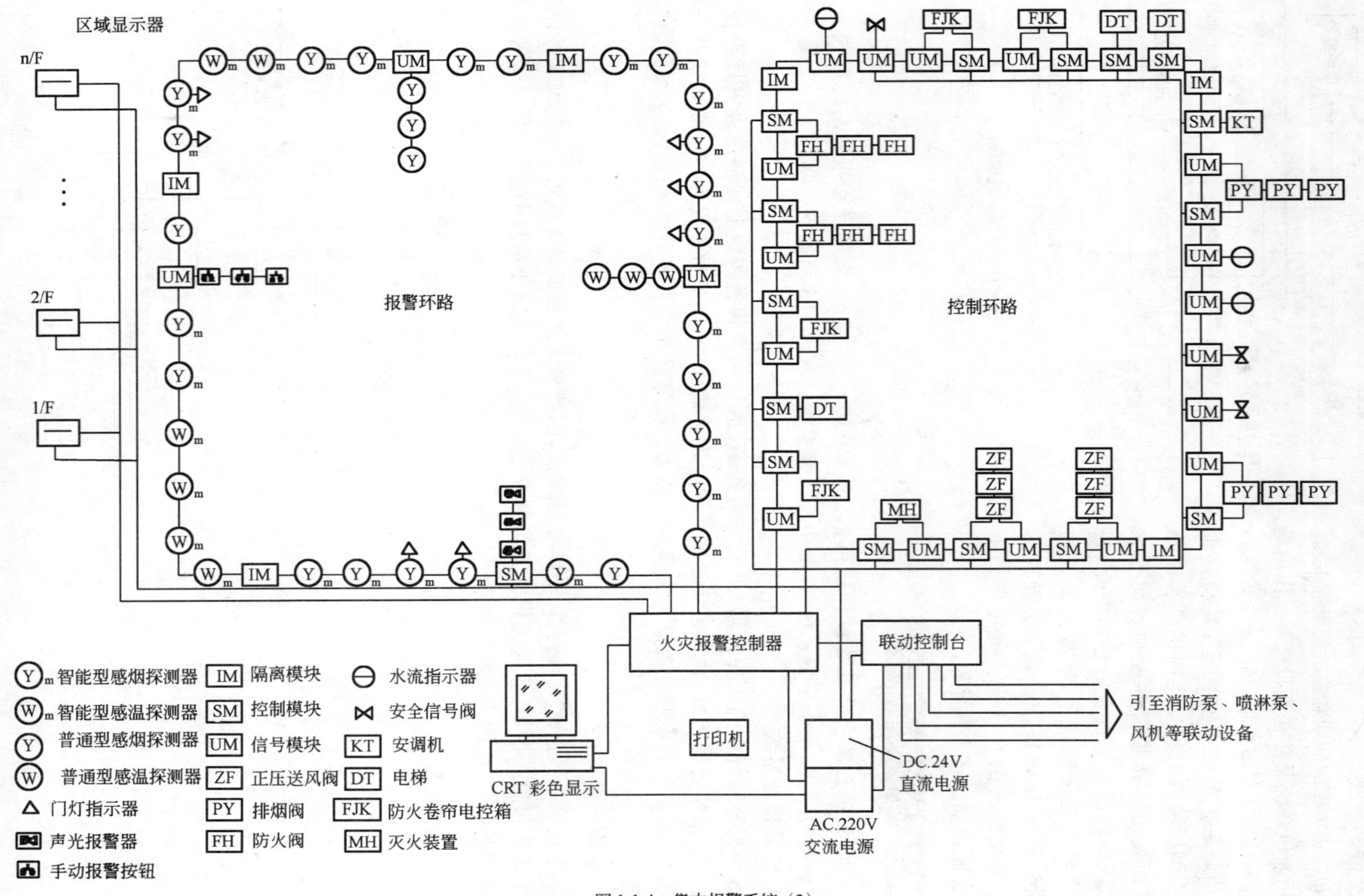

图 1-1-4　集中报警系统（2）

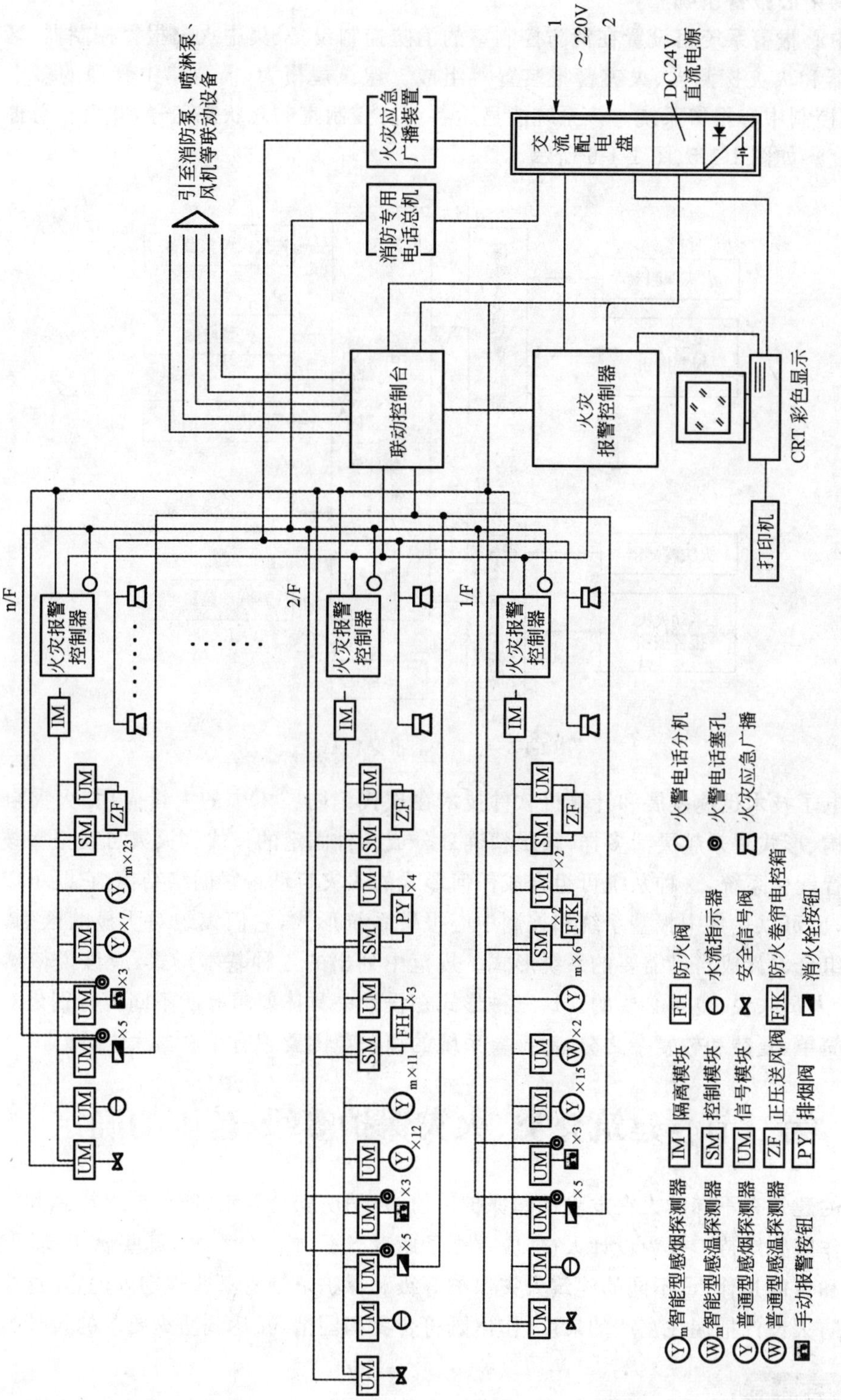

图 1-1-5 控制中心报警系统 (1)

引至消防泵、喷淋泵、风机等联动设备
消防专用电话总机
火灾应急广播装置
交流配电盘
DC.24V 直流电源
1 ~220V 2
联动控制台
火灾报警控制器
CRT 彩色显示
打印机
n/F 2/F 1/F
火灾报警控制器

Y_m 智能型感烟探测器
W_m 智能型感温探测器
Y 普通型感烟探测器
W 普通型感温探测器
手动报警按钮
IM 隔离模块
SM 控制模块
UM 信号模块
ZF 正压送风阀
PY 排烟阀
FH 防火阀
水流指示器
安全信号阀
FJK 防火卷帘电控箱
消火栓按钮
火警电话分机
火警电话塞孔
火灾应急广播

3. 控制中心报警系统

控制中心报警系统由设置在消防控制室的消防控制设备、集中火灾报警控制器、区域火灾报警控制器和火灾探测器、火灾警报装置等组成。建筑规模大,需要集中管理的多个智能楼宇,应采用控制中心报警系统。该系统能显示各消防控制室的总状态信号,并负责总体灭火的联络与调度。如图 1-1-5、图 1-1-6 所示。

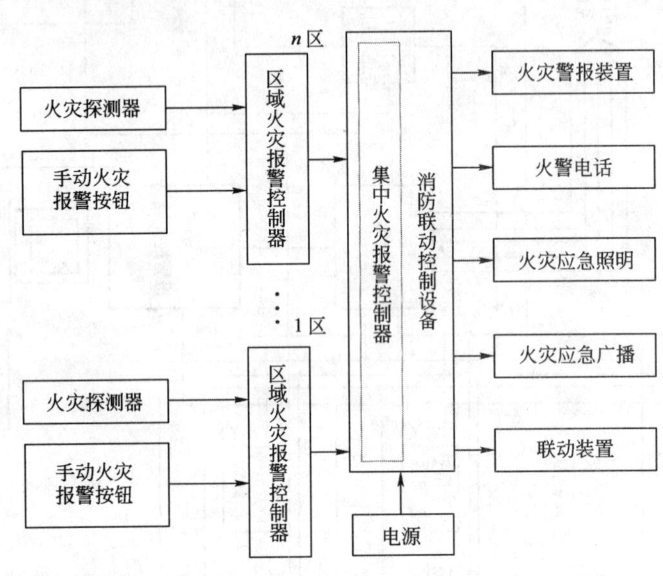

图 1-1-6　控制中心报警系统(2)

随着电子技术迅速发展和计算机软件技术在现代消防技术中的大量应用,火灾自动报警系统的结构、形式越来越灵活多样,很难精确划分成几种固定的模式。火灾自动报警技术的发展趋向是智能化系统,这种系统可组合成任何形式的火灾自动报警网络结构,它既可以是区域报警系统,也可以是集中报警系统和控制中心报警系统形式,它们无绝对明显的区别,设计人员可任意组合设计成自己需要的系统形式。规范中列出的三种基本形式,应该说依然是适用的,对设计人员来说,也是必要的。这三种形式在设计中具体要求有所不同。特别是对联动功能要求有简单、复杂和较复杂之分,对报警系统的保护范围要求有小、中、大之分。

第二节　建筑分类、火灾保护等级、范围的确定

不同的建筑有不同的火灾危险性和保护价值,在消防安全要求、防火技术措施和保护范围等方面应作区别对待。作为设计人员,应首先了解建筑是如何分类的,哪些属于高层建筑,分类的依据和目的是什么,不同的建筑火灾保护等级和保护范围有哪些规定等内容,这样才能对不同建筑防火设计把握住宽严的尺度,作出既符合我国国情,又达到防火要求的设计方案。

一、高层建筑

从消防角度,建筑物按其高度(或层数)可以分为高层建筑和低层建筑,按其用途又可分为

民用建筑和工业建筑，它们在防火要求、措施及防火设计指导思想上有所区别。由建筑分类便可确定各类建筑的保护等级，从而采取不同的保护方式。建筑分类是建筑消防系统设计的主要依据之一。

1. 高层建筑定义

《高层民用建筑设计防火规范》(GB 50045—95)(简称《高规》)规定：凡十层及十层以上的居住建筑(包括首层设置商业服务网点的住宅)和建筑高度超过 24m 的公共建筑均属于高层民用建筑。这对于新建、扩建和改建的高层建筑及群房均适用。

建筑高度为建筑物室外地面到其檐口或屋面面层的高度，屋顶上的瞭望塔、水箱间、电梯机房、排烟机房和楼梯出口小间等不计入建筑高度和层数内，住宅建筑的地下室、半地下室的顶板面高出室外地面不超过 1.5m 者也不计入层数内。裙房为与高层建筑相连的建筑高度不超过 24m 的附属建筑。

2. 起始高度划分的依据

高层建筑起始高度的划分是由一个国家的经济条件和消防装备等情况来确定的。

(1)登高消防器材

登高消防器材主要是指登高平台消防车、高空喷射消防车和云梯车。它们统称为登高消防车。国产 CT22 型直升云梯车，其最大工作高度为 22m，从国外引进的多数在 24～30m 之间，所以确定 24m 为高层建筑的起始高度较符合实际。

(2)消防车供水能力

我国解放牌消防车的最大工作高度约为 24m 左右。

3. 低层建筑

《民用建筑电气设计规范》(JGJ/T 16—92)规定：建筑高度不超过 24m 的单层及多层有关公共民用建筑、工业建筑；单层主体建筑高度超过 24m 的体育馆、会堂、剧场等有关公共民用建筑为低层建筑。

二、高层建筑电气设备特点

高层建筑具有建筑面积大、高度高、功能复杂、建筑设备多、能耗大、管理要求高等特点。因而高层建筑与一般的单层或多层建筑相比，对电气设备的要求便有所不同，也就是说高层建筑的电气设备有其自身的特点，主要表现在：

1. 用电设备种类多

高层建筑，如高级宾馆、商住楼等，必须具备比较完善的、能够满足各种功能要求的设施，如空调系统、给排水系统等，以使其具有良好的硬件服务环境。所以，高层建筑中用电设备种类繁多。

2. 用电量大，且负荷密度高

由于高层建筑的用电设备多，尤其是空调负荷大，约占总用电负荷的 40%～50%，所以，总的来说，高层建筑的用电量大，负荷密度高。如高级旅馆和酒店、高层商住楼、高层办公楼、高层综合楼等高层建筑的负荷密度都在 $60W/m^2$ 以上，有的高达 $150W/m^2$，即便是高级住宅或公寓，负荷密度也有 $10W/m^2$，有的也达到 $50W/m^2$。

3. 供电可靠性要求高

高层建筑中大部分电力负荷为二级负荷，如高层建筑的客梯、生活水泵电力、宾馆的客房照明等，也有相当数量的一级负荷，如宾馆的计算机系统电源、医院的主要电力和照明、高层建筑的电话站电源、一类防火建筑的消防用电等。所以，高层建筑对供电可靠性要求高，一般均要求有两个及以上的供电电源。为了满足一级负荷供电可靠性要求，在很多情况下还需设置柴油发电机组(或燃气轮发电机组)作为备用电源。

4. 电气系统复杂

由于高层建筑的功能比较复杂、用电设备种类多、供电负荷多且可靠性要求高，这就必然使得高层建筑的电气系统很复杂。除电气子系统多之外，各子系统也相当复杂。例如，对于供电系统而言，为保证向一级负荷供电的可靠性，除了在变电所高低压主结线上采取两路电源或两个回路的切换措施外，还需考虑自备应急柴油发电机的起动和投入的切换。另外，对于火灾报警与联动控制系统而言，由于探测点的数量多、联动控制设备多，这样，就使得系统变得复杂了。

5. 电气线路多

电气系统复杂了，电气线路也就多了。不仅有高压供电线路、低压配电线路，而且还有火灾报警及消防联动控制线路、音响广播线路、通信线路等等。

6. 电气用房多

复杂的电气系统必将对电气用房提出更多的要求。例如，为了使供电深入负荷中心，除了把变电所设置在地下层、底层外，有时也设置在大楼顶层和中间层。而电话站、音控室、消防中心、监控中心等都要占用一定的房间。另外，为了解决种类繁多的电气线路，在竖向上的敷设，以及干线至各层的分配，必须设置电气竖井和电气小室。

7. 自动化程度高

根据高层建筑的实际情况，为了降低能耗、减少设备的维修和更新费用、延长设备的使用寿命、提高管理水平，就要求对其设备进行自动化管理，对各类设备的运行、安全状况、能源使用状况及节能等实行综合自动监测、控制与管理，以实现对设备的最优化控制和最佳管理。特别是计算机与光纤技术的应用，以及人们对信息社会的要求，高层建筑正沿着自动化、节能化、信息化和智能化方向发展。

三、高层建筑的火灾特点

1. 火势凶猛且蔓延极快

高层建筑的楼梯间、电梯井、管道井、风道、电缆井、排气道等竖向井道，如果防火分隔不好，发生火灾时就形成“烟囱效应”。据测定，在火灾初起阶段，因空气对流，在水平方向造成的烟气扩散速度为0.3m/s，在火灾燃烧猛烈阶段，可达0.5～3m/s；烟气沿楼梯间或其他竖向管井扩散速度为3～4m/s。另外风速对高层建筑火势蔓延也有较大影响，据测定，在建筑物10m高处风速为5m/s，而在30m高处风速就为8.7m/s，在60m高处为12.3m/s，在90m处风速可达15.0m/s。

2. 疏散十分困难

由于层数多，垂直距离长，疏散引入地面或其他安全场所的时间也会长些，再加上人员集中,烟气由于竖井的拔气,向上蔓延快,都增加了疏散难度。

3. 扑救困难大

由于楼层过高,消防无法接近着火点,一般应立足自救。

高层建筑消防应"立足自防、自救,采用可靠的防火措施,做到安全适用、技术先进、经济合理"。

四、耐火等级和保护范围的确定

1. 建筑分类

根据《高层民用建筑设计防火规范》规定:高层建筑应根据其使用性质、火灾危险性、疏散和扑救难度等对高层建筑进行分类。我国将高层民用建筑防火等级分为一、二两类,如表1-1-1所示。

高层民用建筑防火等级分类表　　表1-1-1

名　称	一　类	二　类
居住建筑	高级住宅 十九层及十九层以上的普通住宅	十层至十八层的普通住宅
公共建筑	1. 医院 2. 高级旅馆 3. 建筑高度超过50m或每层建筑面积超过1000m² 的商业楼、展览楼、综合楼、电信楼、财贸金融楼 4. 建筑高度超过50m或每层建筑面积超过1500m² 的商住楼 5. 中央级和省级(含计划单列市)广播电视楼 6. 网局级和省级(含计划单列市)电力调度楼 7. 省级(含计划单列市)邮政楼、防灾指挥调度楼 8. 藏书超过100万册的图书馆、书库 9. 重要的办公楼、科研楼、档案楼 10. 建筑高度超过50m的教学楼和普通的旅馆、办公楼、科研楼、档案楼等	1. 除一类建筑以外的商业楼、展览楼、综合楼、电信楼、财贸金融楼、商住楼、图书馆、书库 2. 省级以下的邮政楼、防灾指挥调度楼、广播电视楼、电力调度楼 3. 建筑高度不超过50m的教学楼和普通的旅馆、办公楼、科研楼、档案楼等

注:1. 高级住宅是指建筑装修复杂、室内铺满地毯、家具和陈设高档、设有空调系统的住宅。
2. 高级宾馆指建筑标准高、功能复杂、火灾危险性较大和设有空气调节系统的具有星级条件的旅馆。
3. 综合楼是指由两种及两种以上用途的楼组成的公共建筑。
4. 商住楼是指底部作为商业营业厅、上面作为普通或高级住宅的高层建筑。

2. 保护等级范围的确定

一类高层建筑的耐火等级应为一级,二类高层建筑的耐火等级不应低于二级。裙房的耐火等级不应低于二级。高层建筑地下室的耐火等级应为一级。

《民用建筑电气设计规范》24.2.1条规定:

(1)超高层(建筑高度超过100m)为特级保护对象,应采用全面保护方式。

(2)高层建筑中的一类建筑为一级保护对象,应采用总体保护方式。

(3)高层建筑中的二类和低层中的一类建筑为二级保护对象,应采区域保护方式。重要的亦可采用总体保护方式。

地下建筑因其疏散和扑救难度比地面建筑难度大,因而按基本提高一级考虑。

第三节　消防系统的发展趋势

随着科学技术的飞速发展及人民生活水平的不断提高，高层建筑正向着自动化、节能化、信息化、智能化方向蓬勃发展。特别是智能建筑的兴起，已经成为衡量一个国家或地区经济发展和科技进步的一个重要标志之一。它综合了电工技术、电子技术、电声技术、光技术、自动控制技术、计算机技术、通信技术等方面的基本理论和最新科技成果，涉及电力、电子、仪表、建材、机械、电脑及通信等多种行业。智能建筑的出现，使建筑电气尤其是高层建筑电气技术成为一门综合性的应用技术。而火灾报警与消防控制系统作为其子系统，对消防系统的要求是十分严格的，它的设计和使用必须遵守消防法规，不可有半点疏忽大意。

消防系统是在随着科学技术的发展不断的向前发展，展望我国消防事业的发展前景，消防系统设计和制造趋向标准化，法规化及实用化；使用及管理趋向于全面采用微机智能化。

本章小结

本章介绍了消防系统的组成及几种形式，高层建筑的定义、分类、耐火等级的划分和高层建筑的特点及发展前景。使读者对消防系统有了一个全面的了解，为学好这门技术做好了思想上的准备。

思考题

1. 消防系统是由哪几部分组成的，有几种形式？
2. 什么叫高层建筑？高层建筑有何特点？
3. 耐火等级有几级？如何划分？已知某办公楼，楼高为30m，试问应属于几类防火？
4. 建筑物的分类依据是什么？
5. 不同的建筑火灾保护等级有哪些规定？

火灾探测器

20 世纪 40 年代末，瑞士的耶格（W. C. Jaeger）和梅利（E. Meili）等人根据电离后的离子受烟雾粒子影响会使电离电流减小的原理，发明了离子感烟探测器，极大地推动了火灾探测技术的发展。20 世纪 70 年代末，人们根据烟雾颗粒对光产生散射效应和衰减效应发明了光电感烟探测技术。由于光电感烟探测器具有无放射性污染、受风流和环境湿度变化影响小、成本低等优点，光电感烟探测技术逐渐取代离子感烟探测技术。

第一节　探测器的分类及型号

一、探测器分类

火灾探测器因为其在火灾报警系统中用量最大，同时又是整个系统中最早发现火情的设备，因此地位非常重要，其种类多、科技含量高。为了准确无误对不同物体的火灾进行探测，根据对可燃固体、可燃液体、可燃气体及电气火灾等的燃烧试验，目前研制出来的常用探测器有感烟、感温、光电式、复合及可燃气体探测器五种系列。另外，根据探测器警戒范围的不同又分为点型和线型两种形式，具体分类如图 1-2-1 所示。

二、探测器型号及图形符号

1. 探测器的型号

火灾报警产品种类虽多，但都是按照国家标准编制命名的。国标型号均是按汉语拼音字头的大写字母组合而成，只要掌握规律，从名称就可以看出产品类型和特征。

2. 火灾探测器的型号

图 1-2-2 所示为火灾探测器的型号示意图。

(1)J(警)——火灾报警设备。

(2)T(探)—— 火灾探测器代号。

(3)火灾探测器分类代号，各种类型火灾探测器的具体表示方法：

Y(烟)——感烟火灾探测器；

W(温)——感温火灾探测器；

G(光)——感光火灾探测器；

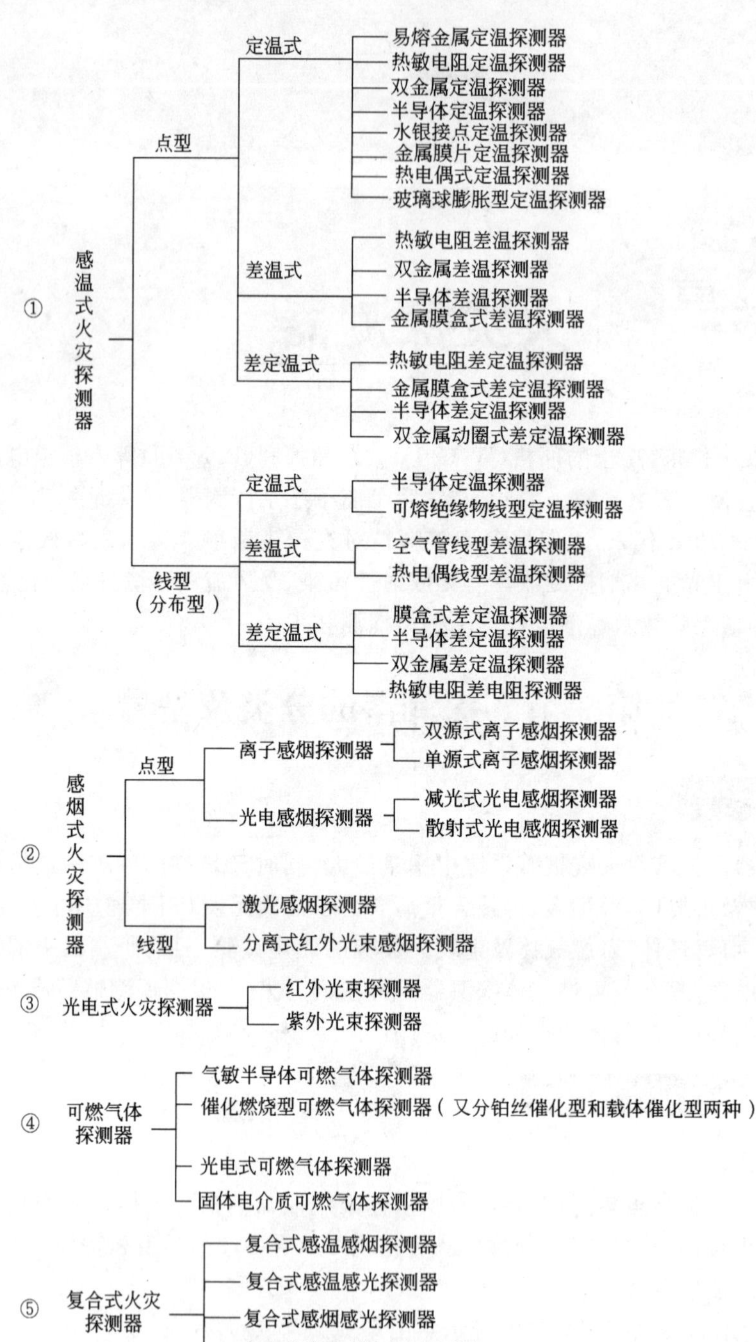

图 1-2-1　五种系列探测器

Q(气)——可燃气体探测器；

F(复)——复合式火灾探测器

(4)应用范围特征代号表示方法：

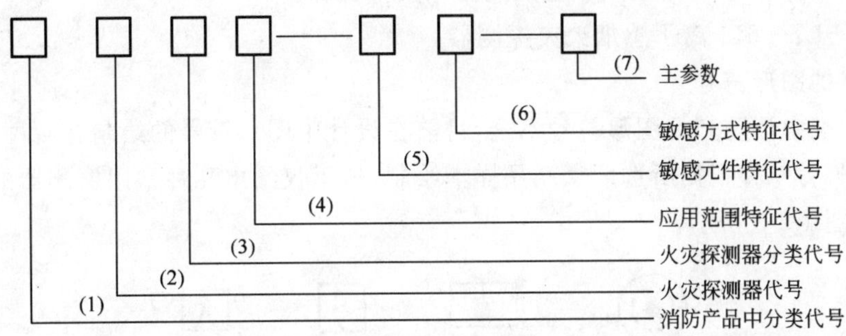

图 1-2-2 火灾探测器的型号示意图

B(爆)——防爆型(无“B”即为非防爆型,其名称亦无须指出“非防爆型”)。

C(船)——船用型。

非防爆或非船用型可省略,无须注明。

(5)、(6)探测器特征表示法(敏感元件、敏感方式特征代号):

LZ(离子)——离子;

MD(膜、定)——膜盒定温;

GD(光、电)——光电;

MC(膜、差)——膜盒差温;

SD(双、定)——双金属定温;

MCD(膜、差、定)——膜盒差定温;

SC(双,差)——双金属差温;

GW(光、温)——感光感温;

GY(光、烟)——感光感烟;

YW(烟、温)——感烟感温;

YW——HS(烟温—红束)——红外光束感烟感温;

BD(半、定)——半导体定温;

ZD(阻、定)——热敏电阻定温;

BC(半、差)——半导体差温;

ZC(阻、差)——热敏电阻差温;

BCD(半差定)——半导体差定温;

ZCD(阻、差、定)——热敏电阻差定温;

HW(红、外)——红外感光;

ZW(紫、外)——紫外感光。

(7)主要参数:表示灵敏度等级(1、2、3 级),对感烟感温探测器标注。

(灵敏度:对被测参数的敏感程度)。

例:JTY—GD—G3 智能光电感烟探测器。

JTY—HS—l401 红外光束感烟火灾探测器。

JTW—ZD—2700/015 热敏电阻定温火灾探测器。

JTY—LZ—651 离子感烟火灾探测器。

3. 探测器的图形符号

在国家标准中消防产品图形符号不全，目前在设计中图形符号的绘制有两种选择，一种按国家标准绘制，另一种根据所选厂家产品样本绘制，这里仅给出几种常用探测器的国家标准画法供参考，如图 1-2-3 所示。

图 1-2-3 探测器的图形符号

第二节 探测器的构造及原理

一、感烟探测器

常用的感烟探测器有离子感烟探测器、光电感烟探测器及红外光束感烟探测器。感烟探测器对火灾前期及早期报警很有效，应用最广泛，应用数量最大。

1. 感烟探测器的作用及构造

(1)作用

感烟探测器是对探测区域内某一点或某一连续线路周围的烟参数敏感响应的火灾探测器。

(2)构造及原理

感烟探测器有双源双室和单源双室之分，双源双室探测器是由两块性能一致的放射源片(配对)制成相互串联的两个电离室及电子线路组成的火灾探测装置。一个电离室开孔称采样电离室(或外电离室)K_M，烟可以顺利进入，另一个是封闭电离室，称参考电离室(或内电离室)K_R，烟无法进入，仅能与外界温度相通，如图 1-2-4a)所示。两电离室形成一个分压器。两电离室电压之和 U_M+U_R 等于工作电压 U_B(例如 24V)。流过两个电离室的电流相等，同为 I_K。采用内、外电离室串联的方法，是为了减少环境温度、湿度、气压等自然条件对电离电流的影响，提高稳定性，防止误报。把采样电离室等效为烟敏电阻 R_M，参考电离室等效为固定或预调电阻 R_R，S 为电子线路，等效电路如图 1-2-4b)所示。两个电离室的特征曲线如图 1-2-5 所示，图中，A 为无烟存在时采样室的特征曲线，B_1、B_2、B_3 为有烟时采样时的特征曲线，C_1、C_2、C_3 为参考室的特征曲线，特征曲线 C_1 对应低灵敏度，C_2 对应中灵敏度，C_3对应高灵敏度。

单源双室探测器：构造及外形如图 1-2-6 所示。图中进烟孔既不敞开也不节流，烟气流通过防虫网从采样室上方扩散到采样室内部。采样电离室和参考电离室内部的构造及特性曲线如图 1-2-7 所示。两电离室共用一块放射源，参考室包含在采样室中，参考室小，采样室大。采样室的 α 射线是通过中间电极的一个小孔放射出来的。在电路上，内外电离室同样是串联，在相同的大气条件下，电离室的电离平衡是稳定的，与双源双室探测器类似。当发生火灾时，烟的绝大部分进入采样室，采样室两端的电压变化为 $\Delta U=U'_0-U_0$，当 ΔU 达到预定值(即阈值)时，探测器便输出火警信号。

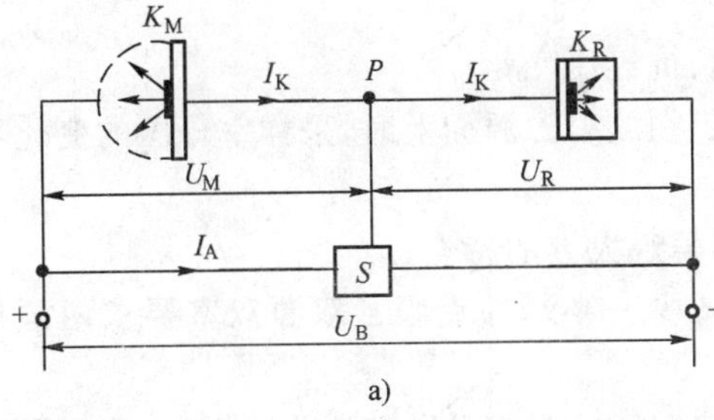

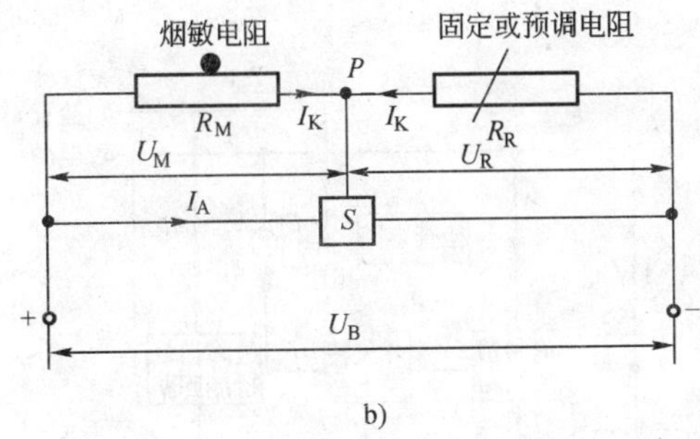

图 1-2-4 双源双室探测器电路示意图

a）双源双电离室；b）等效电路

图 1-2-5 双源双室探测器 *I-U* 特性曲线

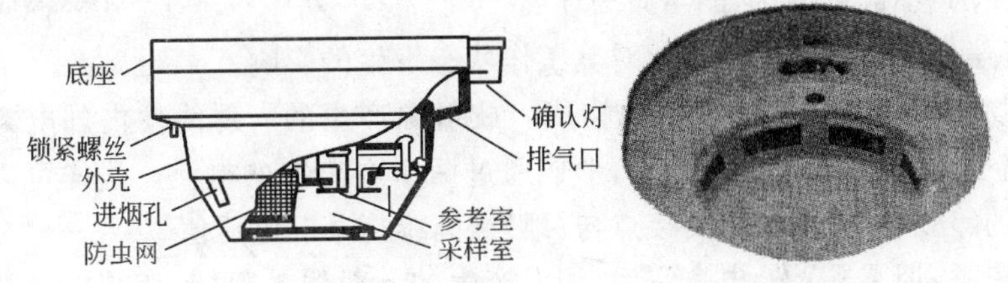

图 1-2-6 单源双室探测器的构造及外形

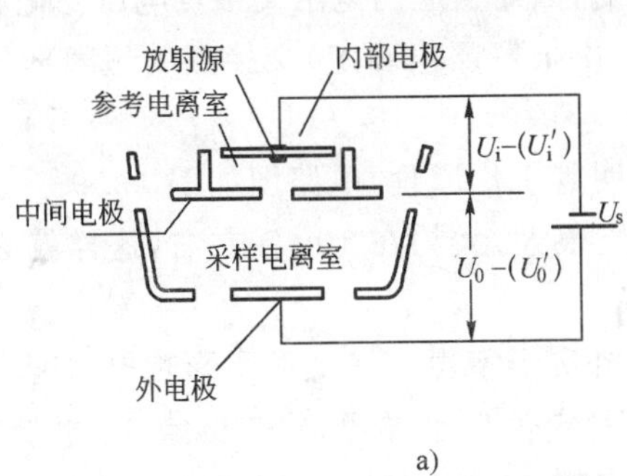

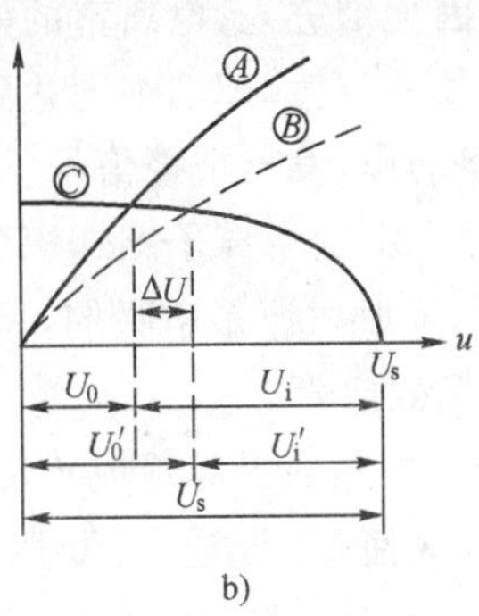

图 1-2-7 单源双室探测器的构造及 *I-U* 特性曲线

a）内部构造；b）特性曲线

U_s-加在内外电离室两端的电压；U_i-无烟时加在参考电离室两端的电压；U'_i-有烟时加在参考电离室两端的电压；U_0-无烟时加在采样电离室两端的电压；U'_0-有烟时加在采样电离室两端的电压

单源双室与双源双室探测器比较特点如下：

①内电离室与外电离室联通，有利于抗温、抗潮、抗气压变化；

②抗灰尘污秽的能力增强，当有灰尘轻微地沉积在放射源源面上时，采样室分压的变化不明显；

③能做成超薄型探测器，具有体积小、质量轻及美观大方的特点；

④只需较微弱的 α 放射源(比双源双室的源强减少一半)，并克服了双源双室要求两源片相互匹配的缺点；

⑤源极和中间极的距离是连续可调的，能够比较方便地改变采样室的分压，便于探测器响应阈值的一致性调整，简单易行。

2. 离子感烟探测器

它是根据烟粒子粘附电离离子，使电离电流变化这一原理设计的。离子感烟探测器有双源双室和单源双室之分，它利用放射源制成敏感元件，并由内电离室 K_R 和外电离室 K_M 及电子线路或编码线路构成，如图 1-2-8 所示。在串联两个电离室两端直接接入 24V 直流电源，两个电离室形成一个分压器，两个电离室电压之和为 24V。外电离室是开孔的，烟可顺利通过，内电离室是封闭的，不能进烟，但能与周围环境缓慢相通，以补偿外电离室环境的变化对其工作状态发生的影响。

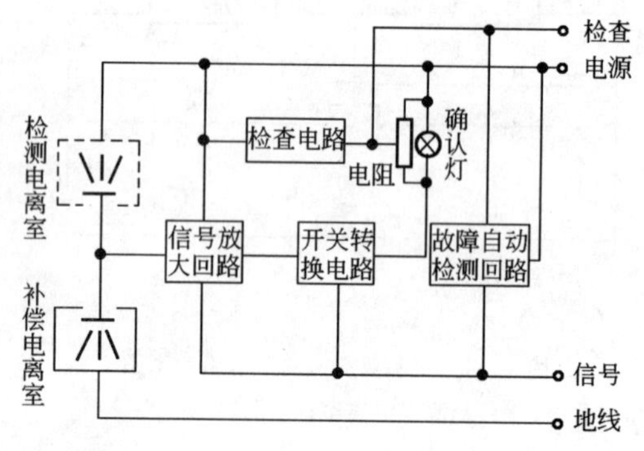

图 1-2-8　离子感烟探测器框图

放射源由物质镅[241](Am[241])α 放射源构成。放射源产生的 α 射线使内外电离室内空气电离，形成正负离子，在电离室电场作用下，形成通过两个电离室的电流。这样可以把两电离室看成两个串联的等效电阻，两电阻交接点与“地”之间维持某一电压值。

当发生火灾时，烟雾进入外电离室后，镅[241]产生的 α 射线被阻挡，使其电离能力降低率增大，因而电离电流减小。正负离子被体积比其大得多的烟粒子吸附，外电离室等效电阻变大，而内电离室因无烟进入，电离室的等效电阻不变，因而引起两电阻交接点电压变化。当交接点电压变化到某一定值，即烟密度达到一定值时(由报警阈值确定)交接点的超阈部分经过处理后，开关电路动作，发出报警信号。

现以 FJ—2701 型离子感烟探测器为例说明其工作原理，电路图如图 1-2-9 所示。由于两电离室的镅[241] α 放射源是串联的，所以等效阻抗很大，大约在 $10^{10}\,\Omega$ 左右，这样就必须采用高输入阻抗的场效应管。

由 V_1、V_2 两只三极管组成正反馈电路，当外离子室由于受烟粒子影响电阻变大而使场效应管导通后，又使 V_1 导通，使稳压管 V_{D5} 达到稳定值后也导通，使三极管 V_3 也随之导通，V_3 的集电极电流使确认灯亮，同时使信号线输出火警信号。三极管 V_4 作为探测器断线监控，安装在终端时，起断线故障报警作用。由于离子感烟探测器自身的误报率相对较高，且后期维护费用高，并有一定的环境污染问题，所以现在已基本不使用了。

3. 光电式感烟探测器

光电感烟探测器是利用火灾时产生的烟雾粒子对光线产生吸收遮档、散射的原理并通过光电效应而制成的一种火灾探测器。光电式感烟探测器根据其结构和原理分为散射型、遮光型和激光感烟探测器三种。

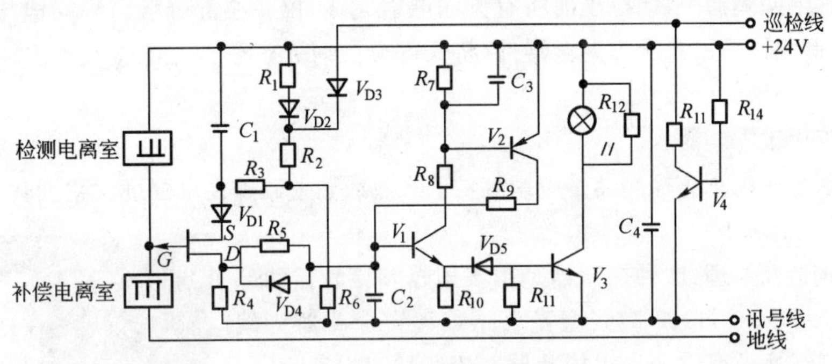

图 1-2-9 离子感烟探测器原理图

(1)散射型光电式感烟探测器

由传感器(光学探测室和其他敏感器件)、火灾算法及处理电路构成,如图 1-2-10 所示。光学探测室是光电感烟探测器的重要部件,是烟雾传感器。它主要由发射管、接收管、聚焦透镜、保证光学暗室的遮光窗、防虫网组成。光学探测室主要决定着探测器的烟雾探测性能(探测烟雾的种类、火灾灵敏度、一致性、方位性)、抗误报性能(抗灰尘特性、抗纤维特性、防虫特性、抗环境光干扰特性、抗气流特性)。

散射型光电式感烟探测器基本原理:在敏感空间无烟雾粒子存在时,探测器外壳之外的环境光线被迷宫阻挡,基本上不能进入敏感空间,红外光敏二极管只能接收到红外光束经多次反射在敏感空间形成的背景光。当烟雾颗粒进入由迷宫所包围的敏感空间时烟雾颗粒吸收入射光并以同样的波长向周围发射光线,部分散射光线被红外光敏二极管接收后,形成光电流。当光电流大到一定程度时,探测器即发出报警信号。

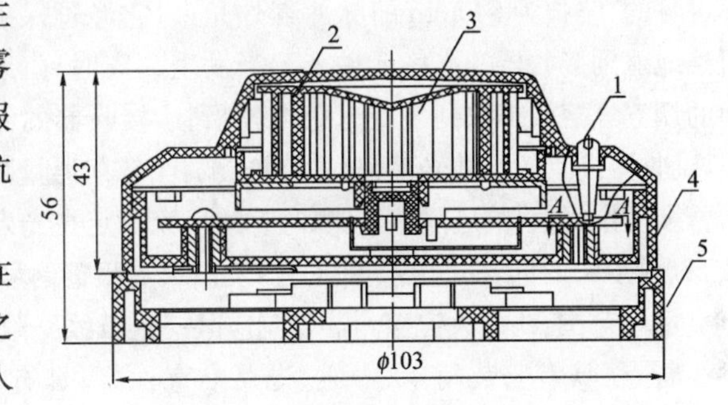

图 1-2-10 光电感烟探测器结构示意图

1-导光柱;2-迷宫;3-敏感空间;4-外壳;5-底座

(2)遮光型(或减光型)光电式感烟探测器

由一个光源(灯泡或发光二极管)和一个光敏元件(硅光电池)对应装置在小暗室(即型腔密室或称采样室)里构成,在正常(无烟)情况下,光源发出的光通过透镜聚成光束,照射到光敏元件上,并将其转换成电信号,使整个电路维持正常状态,不发生报警。发生火灾有烟雾存在时,光源发出的光线受烟粒子的散射和吸收作用,使光的传播特性改变,光敏元件接收的光强明显减弱,电路正常状态被破损,则发出声光报警。

(3)激光感烟探测器

应用在高灵敏度吸气式感烟火灾报警系统,点型激光感烟探测器,其灵敏度高于目前光电感烟探测器灵敏度的 50 倍。点型激光感烟探测的原理主要采用了光散射基本原理,但又与普通散射光探测器有很大区别,激光感烟探测器的光学探测室的发射激光二极管和组合透镜使光束在光电接收器的附近聚焦成一个很小亮点，然后光线进入光阱被吸收掉。当有烟时，烟粒子在窄激光光束中的散射光通过特殊的反光镜(作用像一个光学放大器)被聚到光接收器上，从而探测到烟雾颗粒。在点型的光电感烟探测器中，烟粒子向所有方向散射光线，仅一小部分散射到光电接收器上，灵敏度较差，而激光探测器采用光学放大器器件，将大部分散射光汇聚到光电接收器上，极大的提高了灵敏度，降低了误报率。

4. 红外光束火灾探测器

红外光束线型感烟火灾探测器是应用烟粒子吸收或散射红外光束强度发生变化的原理而工作的一种探测器。

图 1-2-11　JTY-HM-GST102 型线型光束感烟火灾探测器外形示意图

探测器的构造及原理：这种探测器是由发射器和接收器两部分组成。如 JTY-HM-GST102 型线型光束感烟火灾探测器为编码型反射式线型红外光束感烟火灾探测器。探测器将发射部分、接收部分合二为一，安装简单、方便，光路准直性好；探测器必须与反射器配套使用，但需要根据二者间安装距离的不同决定使用一块或四块反射器。如图 1-2-11 所示，探测器外形示意图。

工作原理：在正常情况下红外光束探测器的发射器发送一个不可见的、波长为 940mm 的脉冲红外光束，它经过保护空间不受阻挡地射到接收器的光敏元件上。当发生火灾时，由于受保护空间的烟雾气溶胶扩散到红外光束内，使到达接收器的红外光束衰减，接收器接收的红外光束辐射通量减弱，当辐射通量减弱到预定的感烟动作阈值(响应阈值)(例如，有的厂家设定在光束减弱超过 40%且小于 93%)时，如果保持衰减 5s(或 10s)时间，探测器立即动作，发出火灾报警信号。

适用范围：线型火灾探测器是响应某一连续线路附近的火灾产生的物理或化学现象的探测器。

特点：具有安装简单、方便，光路准直性好；具有自动校准功能，确保可以由单人在短时间内完成调试；具有火警、故障无源输出触点；具有自诊断功能；保护面积大，安装位置较高；具有自动补偿功能，对于一定程度上的灰尘污染、位置偏移及发射管的老化等致使接收信号减小的因素可自动进行补偿；可现场设置三个级别的灵敏度，适用于不同扬尘程度的场所；电子编码，地址码可现场设定；探测光路设计巧妙，抗干扰性能强；密封设计，具有防腐、防水性能。在相对湿度较高和强电场环境中反应速度快，适宜保护较大空间的场所，尤其适宜保护难以使用点型探测器甚至根本不可能使用点型探测器的场所，主要适合下列场所：

①古建筑、文物保护的厅堂馆所等；

②变电站、发电厂等；

③隧道工程；

④遮挡大空间的库房、飞机库、纪念馆、档案馆、博物馆等。

不宜使用线型光束探测器的场所：有剧烈振动的场所；有日光照射或强红外光辐射源的场所；在保护空间有一定浓度的灰尘、水气粒子且粒子浓度变化较快的场所。

5. 感烟探测器的灵敏度

感烟灵敏度(或称响应灵敏度)是探测器响应烟参数的敏感程度。感烟探测器分为高、中、低(或 I、II、III)级灵敏度，在烟雾相同的情况下，高灵敏度意味着可对较低的烟粒子数浓度响应。

灵敏度等级用标准烟(试验气溶胶)在烟箱中标定感烟探测器几个不同的响应阈值的范围。

感烟灵敏度等级的调整有两种方法:一种是电调整法,另一种是机械调整法。

电调整法:将双源双室或单源双室探测器的触发电压按不同档次响应阈值的设定电压调准,从而得到相应等级的烟粒子数浓度。这种方法增加了电子元件,使探测器可靠性下降。

机械调整法:这种方法是改变放射源片对中间电极的距离,电离室的初始阻抗 R_0 与极间距离 L 成正比。L 小时,R_0 小,灵敏度高;当 L 大时,R_0 大,灵敏度低。不同厂家根据产品情况确定的灵敏度等级所对应的烟浓度是不一致的。

一般来讲,高灵敏度用于禁烟场所,中级灵敏度用于卧室等少烟场所,低级灵敏度用于多烟场所。高、中、低级灵敏度的探测器的感烟动作率分别为 10 ％、20％、30％。

二、火焰探测器

点型火焰探测器是一种能对物质燃烧火焰的光谱特性、光照强度和火焰的闪烁频率敏感响应的火灾探测器。响应波长低于 400mm 辐射能通量的探测器称紫外火焰探测器,响应波长高于 700mm 辐射能通量的探测器称作红外火焰探测器。

1. 分类及特点

火焰探测器的分类及特点见表 1-2-1 所示。

火焰探测器的分类及特点　　表 1-2-1

序号	分类名称	特点
1	单通道红外火焰探测器	优点:对大多数含碳氢化合物的火灾响应较好;对弧焊不敏感;透过烟雾及其他许多污染的能力强;日光盲;对一般的电力照明、人工光源和电弧不响应;其他形式辐射的影响很小 缺点:透镜上结冰可造成探测器失灵,对受调制的黑体热源敏感。由于只能对具有闪烁特征的火灾响应,因而使得探测器对高压气体火焰的探测较为困难
2	双通道红外火焰探测器	优点:对大多含碳氢化合物的火灾响应较好;对电弧焊不敏感;能够透过烟雾和其他许多污染;日光盲;对一般的电力照明、人工光源和电弧不响应;其他形式辐射影响很小;对稳定的或经调制的黑体辐射不敏感,误报率较低 缺点:灵敏度低
3	紫外火焰探测器	优点:对绝大多数燃烧物质能够响应,但响应的快慢有不同,最快响应可达 12ms,可用于抑爆等特殊场合。不要求考虑火焰闪烁效应。在高达 125℃的高温场合下,可采用特种形式的紫外探测器。对固定的或移动的黑体热源反应不灵敏,对日光辐射和绝大多数人工照明辐射不响应,可带自检机构,某些类型探测器可进行现场调整,调整探测器的灵敏度和响应时间,具有较大的灵活性 缺点:易产生误报
4	紫外/红外火焰探测器	优点:对大多含碳氢化合物的火灾响应较好。对电弧焊不敏感。比单通道红外火焰探测器响应稍快,单比紫外火焰探测器稍慢。对一般的电力照明、大多数人工光源和电弧不响应。其他形式辐射的影响很小。日光盲;对黑体辐射不敏感。即使背景正在进行电弧焊,但经过简单的表决单元也能响应一个真实的火灾。同样,即使存在高的背景红外辐射源,也不能降低其响应真实火灾的灵敏度。带简单表决单元的紫外/红外探测器的火焰灵敏度可现场调整,以适合特殊安装场合的应用 缺点:火焰灵敏度可能受紫外和红外吸收物质沉积的影响

2. 构造及原理

以紫外火焰探测器为例说明之。紫外火焰探测器由圆柱形紫外充气光敏管、自检管、屏蔽套、反光环、石英窗口等组成，如图 1-2-12 所示。

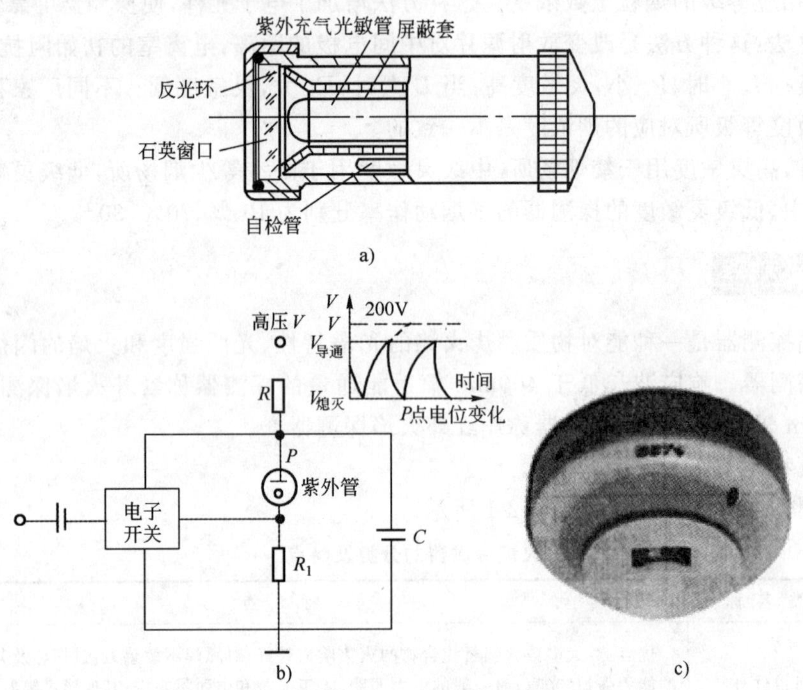

图 1-2-12　紫外火焰探测器

a)结构示意图；b)工作原理示意图；c)智能紫外火焰探测器 JTGzW—G1

当光敏管接收到 185～245nm 的紫外线时，产生电离作用而放电，使其内阻变小，导电电流增加，使电子开关导通，光敏管工作电压降低，当电压降低到 $V_{熄灭}$ 电压时，光敏管停止放电，使导电电流减小，电子开关断开，此时电源电压通过 RC 电路充电，又使光敏管的工作电压重新升高到 $V_{导通}$ 电压，于是又重复上述过程，这样便产生了一串脉冲，脉冲的频率与紫外线强度成正比，同时与电路参数有关。

3. 一般安装及接线方式

智能紫外火焰探测器也分为探头和底座两部分，其接线主要在底座上完成，底座上有 4 个导体片，片上带接线端子，底座上不设定位卡，便于调整探测器报警指示灯的方向。预埋管内的探测器总线分别接在任意对角的两个接线端子上(不分极性)，另一对导体片用来辅助固定探测器。待底座安装牢固后，将探测器底部对正底座顺时针旋转，即可将探测器安装在底座上。其具体安装时的注意事项如下：

①不宜安装在可能发生无焰火灾的场所；

②不宜安装在火焰出现前有浓烟扩散的场所；

③不宜安装在探测器的镜头易被污染的场所；

④不宜安装在探测器的“视线”易被遮挡的场所；

⑤不宜安装在探测器易受阳光或其他光源直接或间接照射的场所；

⑥不宜安装在正常情况下有明火作业以及X射线、弧光等影响的场所。

三、感温探测器

感温探测器是响应异常温度、温升速率和温差等参数的探测器。

感温式火灾探测器按其结构可分为电子式和机械式两种。按原理又分为定温、差温、差定温组合式三种。

1. 定温式探测器

定温式探测器是随着环境温度的升高,达到或超过预定值时响应的探测器。

(1)双金属型定温探测器

双金属定温火灾探测器是以具有不同热膨胀系数的双金属片为敏感元件的一种定温火灾探测器。常用的结构形式有圆筒状和圆盘状两种。圆筒状的结构如图1-2-13所示,由不锈钢管、铜合金片以及调节螺栓等组成。两个铜合金片上各装有一个电接点,其两端通过固定块分别固定在不锈钢管上和调节螺栓上。由于不锈钢管的膨胀系数大于铜合金片,当环境温度升高时,不锈钢外筒的伸长大于铜合金片,因此铜合金片被拉直。

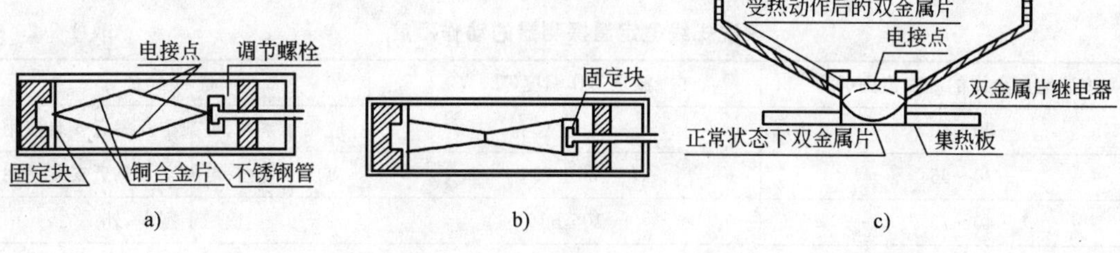

图1-2-13 定温火灾探测器结构示意图

在图1-2-13a)中两接点闭合发出火灾报警信号;在图1-2-13b)中两接点打开发出火灾报警信号;图1-2-13c)所示为双金属圆盘状定温火灾探测器结构示意图。

(2)缆式线型定温探测器

缆线式采用线缆式结构的线型定温探测器。

①热敏电缆线型定温探测器的构造及原理

该探测器由两根弹性钢丝、热敏绝缘材料、塑料色带及塑料外护套组成,如图1-2-14所示。在正常时,两根钢丝间呈绝缘状态。该探测器主要由智能缆式线型感温探测器编码接口箱、热敏电缆及终端模块三部分构成一个报警回路,此报警回路再通过智能缆式线型感温探测器编码接口箱与报警总线相连,以便传输火灾信息到报警主机上。其系统示意如图1-2-15所示。

在每一热敏电缆中有一极小的电流流动。当热敏电缆线路上任何一点的温度(可以是"电缆"周围空气或它所接触物品的表面温度)上升达额定动作温度时,其绝缘材料熔化,两根钢丝互相接触,此时报警回路电流骤然增大,报警控制器发出声、光报警的同时,数码管显示火灾报警的回路号和火警的距离(即热敏电缆动作部分的米数)。报警后,经人工处理热敏电缆可重复使用。当热敏电缆或传输线任何一处断线时,报警控制器可自动发出故障信号。探测器的动作温度如表1-2-2所列。

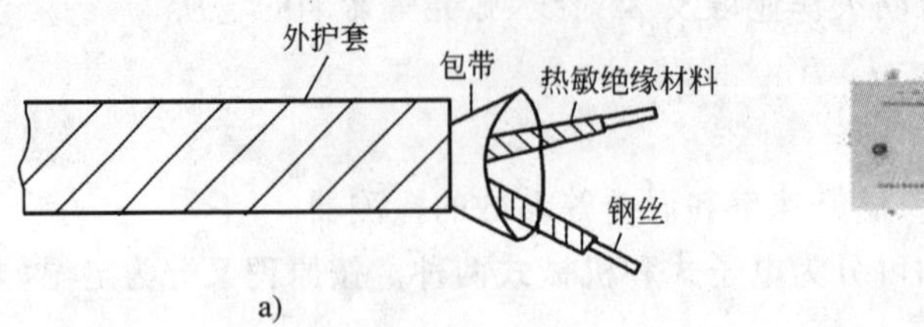

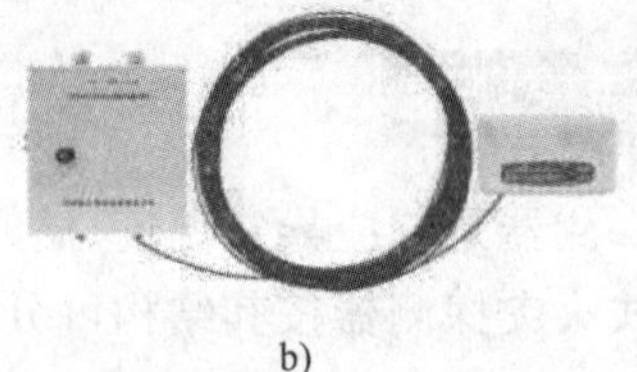

图 1-2-14 缆式线型定温探测器构造及外形

a)缆式线型定温探测器构造;b)智能线型缆式感温探测器外形

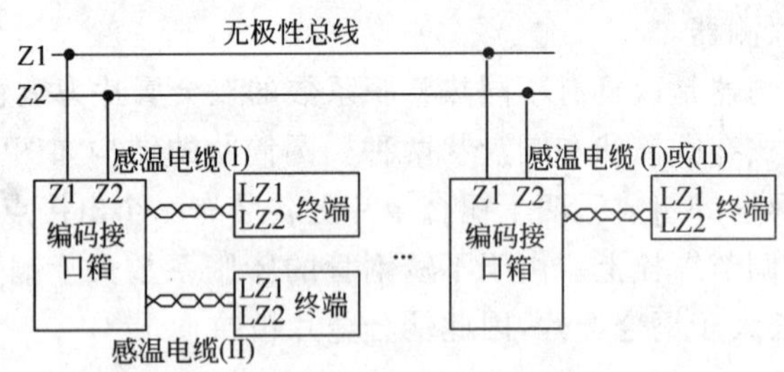

图 1-2-15 智能缆式线型感温探测器系统示意图

缆式线型定温探测器的动作温度 表 1-2-2

安装地点允许的温度范围(℃)	额定动作温度(℃)	备 注
−30～40	68±10	应用于室内、可架空及靠近安装使用
−30～55	85±10	应用于室内、可架空及靠近安装使用
−40～75	105±10	适用于室内、外
−40～100	138±10	适用于室内、外

②探测器的适用场所:

a. 控制室、计算机室的闷顶内、地板下及重要设施隐蔽处等。

b. 配电装置:包括电阻排、电机控制中心、变压器、变电所、开关设备等。

c. 灰尘收集器、高架仓库、市政设施、冷却塔等。

d. 卷烟厂、造纸厂、纸浆厂及其他工业易燃的原料垛等。

e. 各种皮带输送装置、生产流水线和滑道的易燃部位等。

f. 电缆桥架、电缆夹层、电缆隧道、电缆竖井等。

g. 其他环境恶劣不适合点型探测器安装的危险场所。

图 1-2-16 热敏电缆在动力电缆上表面接触安装

③探测器的动作温度及热敏电缆长度的选择：

a. 探测器动作温度：应按表 1-2-2 选择。

b. 热敏电缆长度的选择：热敏电缆在托架或支架上的动力电缆上表面接触安装时，如图 1-2-16 所示，热敏电缆的长度按下列公式计算：

热敏电缆的长度＝托架长×倍率系数，倍率系数可按表 1-2-3 选定。

倍率系数的确定 表 1-2-3

托架宽(m)	倍率系数	托架宽(m)	倍率系数
1.2	1.75	0.5	1.15
0.9	1.50	0.4	1.10
0.6	1.25		

热敏电缆以正弦波方式安装在动力电缆上时，其固定卡具的数目计算方法如下：

固定卡具数目＝正弦波半波个数×2＋1

2. 差温探测器

差温探测器是当火灾发生时，室内温度升高速率达到预定值时响应的探测器。按其工作原理又分机械式、电子式和空气管线型几种。

(1)点型差温火灾探测器

当火灾发生时，室内局部温度将以超过常温数倍的异常速率升高。差温火灾探测器就是利用对这种异常速率产生感应而研制的一种火灾探测器。

当环境温度以不大于 1℃/min 的温升速率缓慢上升时，差温火灾探测器将不发出火灾报警信号，较为适用于产生火灾时温度快速变化的场所。点型差温火灾探测器主要有膜盒差温、双金属片差温、热敏电阻差温火灾探测器等几种类型。常见的是膜盒差温火灾探测器，它由感温外壳、波纹片、漏气孔及电接点等几部分构成，其结构如图 1-2-17 所示。

这种探测器具有灵敏度高、可靠性好、不受气候变化影响的特点，因而应用较广泛。

(2)空气管线型差温探测器：它是一种感受温升速率的火灾探测器，由敏感元件空气管为 ϕ3mm×0.5mm 紫铜管(安装于要保护的场所)、传感元件膜盒和电路部分(安装在保护现场或装在保护现场之外)组成，如图 1-2-18 所示。

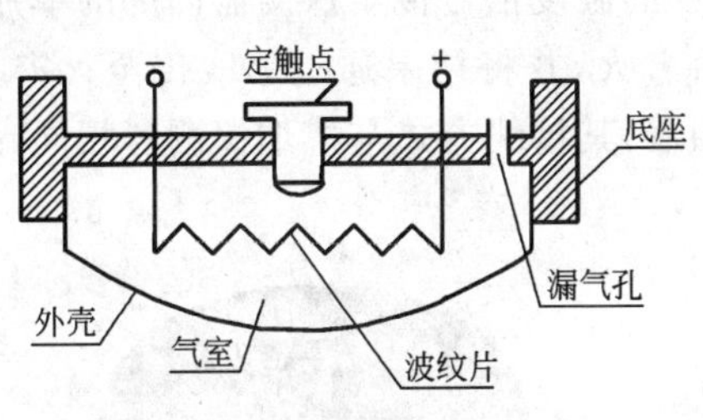

图 1-2-17 膜盒差温火灾探测器结构示意图

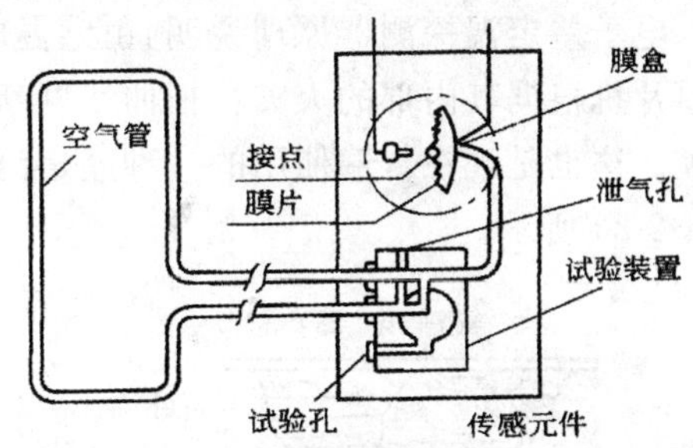

图 1-2-18 空气管线型差温探测器

其工作原理是：当正常时，气温正常，受热膨胀的气体能从传感元件泄气孔排出，不推动膜盒片，动、静结点不闭合；当发生火灾时，火灾区温度快速升高，使空气管感受到温度变化，管内的空气受热膨胀，泄气孔无法立即排出，膜盒内压力增加推动膜片，使之产生位移，动、静接点闭合，接通电路，输出报警信号。

空气管式线型差温探测器的灵敏度分为三级，如表 1-2-4 所列。由于灵敏度不同，其使用场所也不同，如表 1-2-5 所列给出了不同灵敏度空气管式线型差温探测器的适用场合。

空气管式线型差温探测器灵敏度 表 1-2-4

灵敏度	动作温升速率(℃/min)	不动作温升速率	灵敏度	动作温升速率(℃/min)	不动作温升速率
1	7.5	1℃/min 持续上升 10min	3	30	3℃/min 持续上升 10min
2	15	2℃/min 持续上升 10min			

说明：以第 2 种规格为例，当空气管总长度的 1/3 感受到以 15℃/min 速率上升的温度时，1min 之内会给出报警信号。而空气管总长度的 2/3 感受到以 2℃/min 速率上升的温度时，10min 之内不应发出报警信号。

3 种不同灵敏度空气管式线型差温探测器的适用场合 表 1-2-5

种类	最大空气管长度(m)	使用场合
1	<80	书库、仓库、电缆隧道、地沟等温度变化率较小的场所
2	<80	暖房设备等温度变化较大的场所
3	<80	消防设备中要与消防泵自动灭火装置联动的场所

以上所描述的差温和定温感温探测器中除缆式线型定温探测器因其特殊的用途还在使用外，其他均已被下面介绍的差定温组合式探测器所取代。

3. 差定温组合式探测器

这种探测器是将温差式、定温式两种感温探测元件组合在一起，同时兼有两种功能。其中某一种功能失效，另一种功能仍能起作用，因而大大提高了可靠性，分为机械式和电子式两种。

机械式差定温探测器原理说明：图 1-2-19 为 JW—JC 型差定温探测器的结构示意图，它的温差探测部分与膜盒形基本相同，而定温探测部分与易熔金属定温探测器相同。其工作原理是：差温部分，当发生火情时，环境温升速率达到某一数值，波纹片在受热膨胀的气体作用下，压迫固定在波纹片上的弹性接触片向上移动与固定触头接触，发出报警。定温部分，当环境温度达到一定值时，易熔金属熔化，弹簧片弹回，也迫使弹性接触片和固定触点接触，发出报警信号。

电子差定温探测器原理说明：由感温电阻将现场的温度信号传至探测器内部的单片机，再由单片机根据其内部的火灾特征曲线判断现场是否着火，并将结果通过总线传至火灾报警主机上。这也是现在普遍使用的一种差定温感温探测器，其接线方式与感烟探测器相同，外型如图 1-2-20 所示。

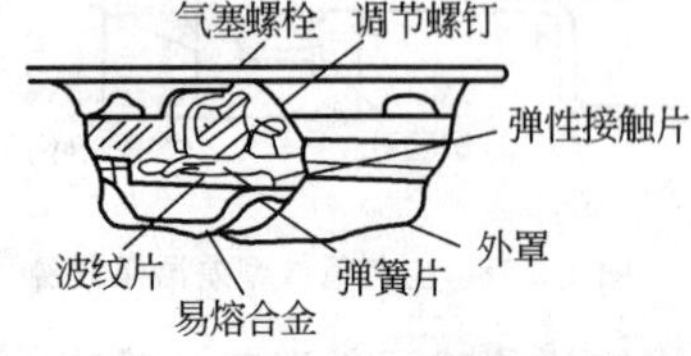

图 1-2-19 JW—JC 型差定温探测器结构图

图 1-2-20 智能电子差定温感温探测器 JTW—ZCD—G3N

4. 感温探测器灵敏度

火灾探测器在火灾条件下响应温度参数的敏感程度称感温探测器的灵敏度。

感温探测器分为I、II、III级灵敏度。定温、差定温探测器灵敏度级别标志如下：

I级灵敏度(62℃)：绿色；

II级灵敏度(70℃)：黄色；

III级灵敏度(78℃)：红色。

四、气体火灾探测器

对探测区域内某一点周围的特殊气体参数敏感响应的探测器称为气体火灾探测器(又称可燃气体探测器)。其探测的主要气体种类有天然气、液化气、酒精、一氧化碳等。

1. 适用场所及作用

用于探测溶剂仓库、压气机站、炼油厂、输油输气管道的可燃性气体方面，用于预防潜在的爆炸或毒气危害的工业场所及民用建筑(煤气管道、液化气罐等)，起防爆、防火、监测环境污染的作用。

2. 构造及原理

(1)敏感元件

①金属氧化物半导体元件：当氧化物暴露在温度200～300℃的还原性气体中时，大多数氧化物的电阻将明显降低。由于半导体表面接触的气体的氧化作用，被离子吸收的氧从半导体表面移出，自由形成的电子有益于电传导。再加上特殊的催化剂，例如Pt、Pd和Gd的混合物可加速表面反应。这一效应是可逆的，即当除掉还原性气体时，半导体恢复到初始的高阻值。

应用较多的是以二氧化锡(SnO_2)材料适量掺杂[添加微量钯(Pd)等贵金属做催化剂]，在高温下烧结成多晶体为N型半导体材料，在其工作温度(250～300℃)下，如遇可燃性气体，例如大约1.0×10^{-5}的一氧化碳气体，是足够灵敏的，因此，它们能够构成用来研制探测器初期火灾的气体探测器的基础。

其他类型的燃气体探测器还有氧化锌系列，它是在氧化锌材料中掺杂铂(Pt)做催化剂，对煤气具有较高的灵敏度；掺杂钯(Pd)做催化剂，对一氧化碳和氢气比较敏感。

有时还采用其他材料做敏感元件，例如γ-Fe_2O_3系列，它不使用催化剂也能获得足够的灵敏度，并因不使用催化剂而大大延长其使用寿命。

②催化燃烧元件：一个很小的多孔的陶瓷小珠(直径约为1mm)，例如氧化铝和一个Pt加热线圈结到一起，如图1-2-21所示，把小球浸渍一种催化剂(Pt、Th、Pd等)以加速某些气体的氧化作用。该催化的活性小珠所在电路是桥式连接，其参考桥臂由一类似结构的惰性小珠构成。两个小珠相邻地放于探测器壳体中，Pt线圈加热到500℃左右的温度。可氧化的气体在催化的活性小珠热表面上氧化，但在惰性小珠上不氧化。因此，活性小珠的温度稍高于惰性小珠的温度。两个小珠的温差可由Pt加热线圈电阻的相应变化测出。对于低气体浓度来说，电路输出信号与气体浓度C成正比，

即：

$$S=A\cdot C$$

式中：S——电路输出信号；

A——系数(*A* 与燃烧热成正比);

C——气体浓度。

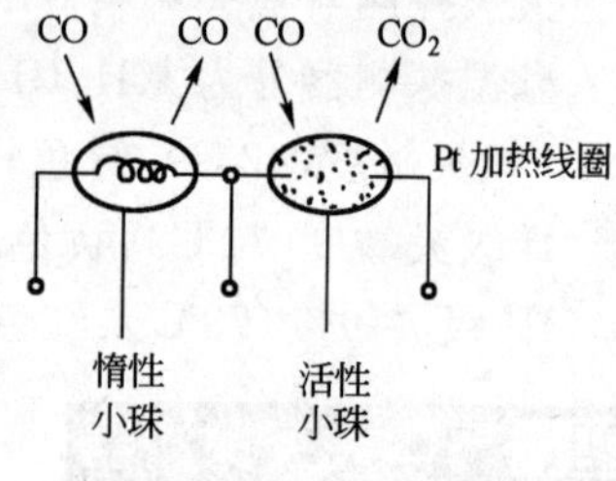

图 1-2-21　催化燃烧气体敏感元件示意

催化燃烧气体敏感元件制成的探测器仅对可氧化的气体敏感。它主要用于监测易爆气体(其浓度在爆炸下限的 1/100 到 1/10,即大于 1.0×10^{-4})。探测器的灵敏度可勉强探出典型火灾初期阶段的气体浓度,而且探测器的功能较大(约 1W),在大多数情况下,由于在 1 年左右时间内将有较大的漂移,所以它需要重新进行电气调零。

(2)气体火灾探测器的响应性能

①火灾包括有机物质的不完全燃烧,产生大量的一氧化碳气体。一氧化碳往往先于火焰或烟出现,因此,可能提供最早期的火灾报警。

②使用半导体气体探测器探测低浓度的一氧化碳(体积比在百万分之几数量级),这一浓度远小于一般火灾产生的浓度。一氧化碳气体按扩散方式到达探测器,不受火灾对气流的影响,对探测火灾是一个有利的因素。

③一氧化碳半导体气体探测器对各种火灾具有较普通的响应性,这是其他火灾探测器无法比拟的。可燃气体探测器的主要技术性能如表 1-2-6 所列。

④半导体气体探测器结构简单,由较大表面积的陶瓷元件构成,对大气有一定的抵御能力,体积可以做得较小,且坚固,成本较低。

可燃气体探测器的主要技术性能　　表 1-2-6

项　目	型　号	
	HRB—15 型	RH—101 型
测量对象	一般可燃性气体	一般可燃性气体
测量范围	0%～120%LEL	0%～100%LEL
防爆性能	BH_4IIIe	B_3d
测量精度	混合档±30%LEL 专用档±10%LEL	满刻度的±5%
指定稳定时间	5s	
警报启动点	20%LEL 或自定	25%LEL 或自定
被测点数	1 点	15 点
环境条件	温度－20～＋40℃ 环境湿度 0%～98%	－30～40℃
质量	小于 2kg	检测器:9kg 显示器:46kg

注:LEL 指爆炸下限。

(3)可燃气体探测器的安装接线方式

可燃气体探测器主要分为两种存在形式,一种是编码可燃气体探测器,该可燃气体探测器可直接接到报警总线上,与其他类型报警设备一同构成综合型的报警网络;另一种为独立型的可燃气体探测器,该探测器本身不带编码,且有一个独立可燃气体报警控制器与之配套(电源为 24V 或 220V),自成系统。下面以海湾公司编码型可燃气体探测器 GST—BF003M 为例具体加以说明。GST—BF003M 隔爆点型可燃气体探测器通过四芯电缆与处在安全区的 GST 系列火灾报警控制器连接,其中两根线为 DC24V 电源线,另两根为信号总线。本探测器防爆标志为 ExdIICT6,适用于石油、化工、机械、医药、储运等行业爆炸危险环境的 1 区和 2 区。其主要技术指标为:

①工作电压:DC24V;

②使用电压范围:DCl9~DC29V:

③工作电流≤40mA;

④传感原理:催化燃烧;

⑤取样方式:自然扩散;

⑥检测范围:0%~100%LEL:

⑦线制:四线——两根 DC24V 电源线,两根为总线,传输距离可达到 1000m;

⑧检测气体:天然气、液化气、酒精;

⑨使用环境:温度:-40~+70℃,相对湿度≤95%,不结露;

⑩外壳防护等级:IP43;

⑪防爆标志:ExdIICT6。

GST—BF003M 隔爆点型可燃气体探测器外形如图 1-2-22 所示,接线端子示意图如图 1-2-23所示。图中 Z1、Z2 为接火灾报警控制器信号二总线的端子,无极性;D1、D2 为接 DC24V 电源的端子,无极性;⏚为探测器机壳保护地端子。GST—BF003M 隔爆点型可燃气体探测器安装方式有两种,一种是安装到钢管上,另一种是安装到墙上。当被探测气体比空气重时,探测器应安装在低处;反之,则应安装在高处。在室外安装时应加装防雨罩,防止雨水溅湿探测器。该隔爆点型可燃气体探测器必须和海湾公司的 GST 系列火灾报警控制器配接。每一只探测器和控制回路使用四芯电缆连接,具体接线方法如图 1-2-24 所示。

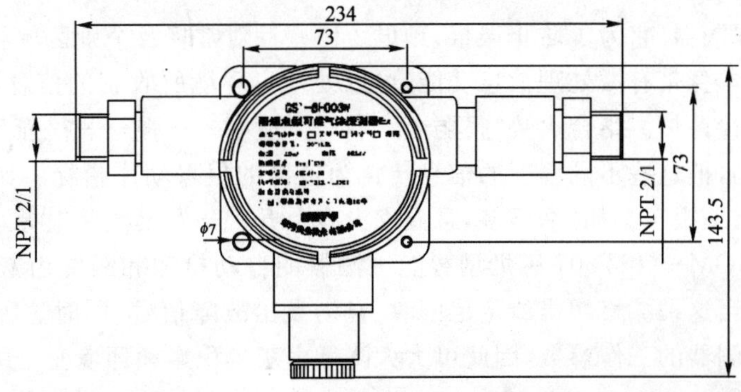

图 1-2-22 GST—BF003M 隔爆点型可燃气体探测器外形图

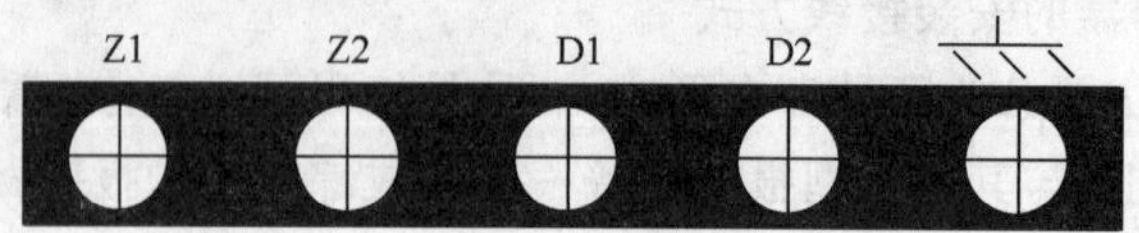

图 1-2-23　GST—BF003M 隔爆点型可燃气体探测器端子图

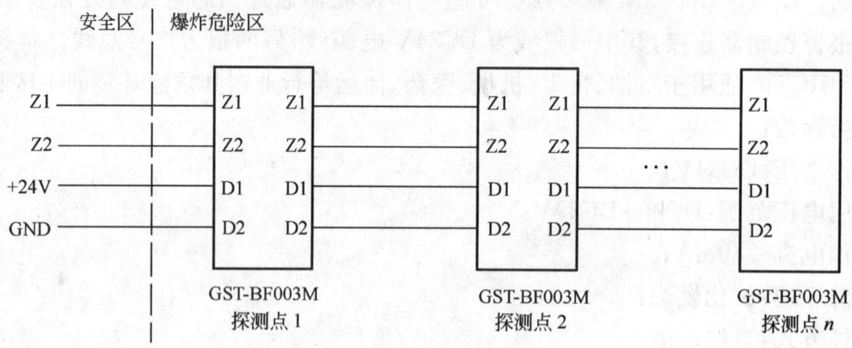

图 1-2-24　GST—BF003M 隔爆点型可燃气体探测器连接示意图

五、复合火灾探测器

复合火灾探测器是一种可以响应两种或两种以上火灾参数的探测器，是两种或两种以上火灾探测器性能的优化组合，集成在每个探测器内的微处理机芯片，对相互关联的每个探测器的测值进行计算，从而降低了误报率。通常有感烟感温型、感温感光型、感烟感光型、红外光束感烟感光型、感烟感温感光型复合探测器。其中以烟温复合探测器使用最为频繁，其工作原理为无论是温度信号还是烟气信号，只要有一种火灾信号达到相应的阀值时探测器即可报警。其接线方式同光电感烟探测器。烟温复合探测器外型如图 1-2-25 所示。

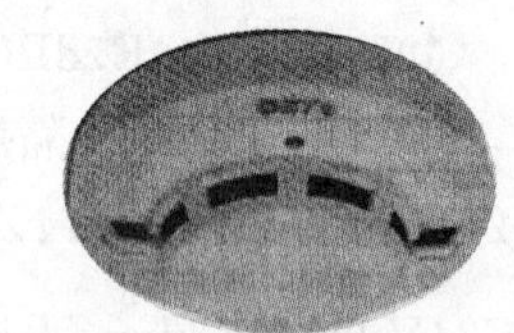

图 1-2-25　智能烟温复合探测器 JTF—GOM—GST601

六、智能型火灾探测器

智能型火灾探测器：它为了防止误报，预设了一些针对常规及个别区域和用途的火情判定计算规则，探测器本身带有微处理信息功能，可以处理由环境所收到的信息，并针对这些信息进行计算处理，统计评估。结合火势“很弱——弱——适中——强——很强”的不同程度，再根据预设的有关规则，把这些不同程度的信息转化为适当的报警动作指标。如“烟不多，但温度快速上升——发出警报”，又如“烟不多，且温度没有上升——发出预警报等。

例如 JTF—GOM—GST601 感烟型智能探测器能自动检测和跟踪由灰尘积累而引起的工作状态的漂移，当这种漂移超出给定范围时，自动发出故障信号，同时这种探测器跟踪环境变化，自动调节探测器的工作参数，因此可大大降低由灰尘积累和环境变化所造成的误报和漏报。

以上提到的几种智能型火灾探测器都有一些共同的特点，比如为了防止误报，预设了一些

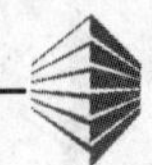

针对常规及个别区域和用途的火情判定计算规则，探测器本身带有微处理信息功能，可以处理由环境所收到的信息，并针对这些信息进行计算处理、统计评估，能自动检测和跟踪由灰尘积累而引起的工作状态的漂移，当这种漂移超出给定范围时，自动发出清洗信号，同时这种探测器跟踪环境变化，自动调节探测器的工作参数，因此可大大降低由灰尘积累和环境变化所造成的误报和漏报。同时还具备自动存储最近时期的火警记录的功能。随着科技水平的不断提高，这类智能型探测器现在已经成为主流。

七、探测器的编码

1. 传统的编码方式

编码探测器是最常用的探测器。传统的编码探测器是由编码电路通过两条、三条或四条总线(即 P、S、T、G 线)将信息传到区域报警器。现以离子感烟探测器为例，如图 1-2-26 所示为离子感烟探测器编码电路的方框图。

四条总线用不同的颜色表示，其中 P 为红色电源线，S 为绿色讯号线，T 为蓝色或黄色巡检线，G 为黑色地线。探测器的编码简单容易，一般可做到与房间号一致。编号是用探测器上的一个七位微型开关来实现的，该微型开关每位所对应的数见表 1-2-7 所示。探测器编成的号等于所有处于“ON”(接通)位置的开关所对应的数之和。例如，当第 2、3、5、6 位开关处于“ON”时，该探测器编号为 54，探测器可编码范围为 1～127。

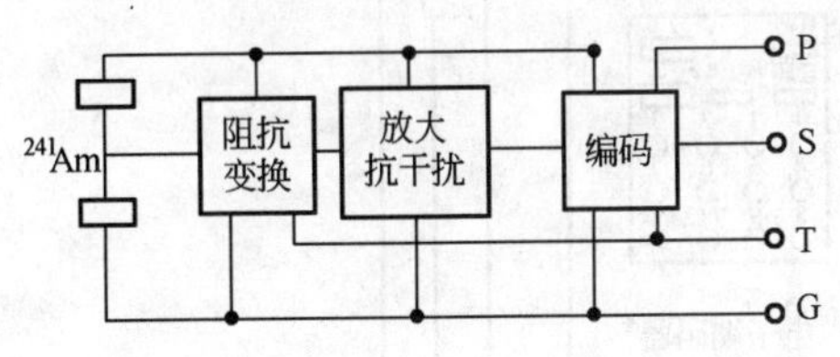

图 1-2-26 离子感烟探测器编码电路

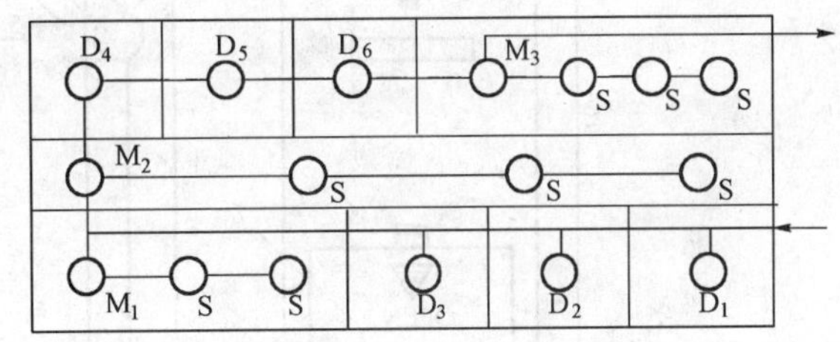

图 1-2-27 可寻开关量报警系统探测器编码示意

七位编码开关位数及所对应的数　　表 1-2-7

编码开关位 n	1	2	3	4	5	6	7
对应数 2^{n-1}	1	2	4	8	16	32	64

可寻址开关量报警系统比传统系统能够较准确地确定着火地点，增强了火灾探测或判断火灾发生的及时性，比传统的多线制系统更加节省安装导线的数量。同一房间的多只探测器可用同一个地址编码，如图 1-2-27 所示，这样不影响火情的探测，方便控制器信号处理。但是在每只探测器底座(编码底座)上单独装设地址编码(编码开关)的缺点是：编码开关本身要求较高的可靠性，以防止受环境(潮湿、腐蚀、灰尘)的影响；因为其需要进制换算，编码难度相对较大，所以在安装和调试期间，要仔细检查每只探测器的地址，避免几只探测器误装成同一地址编码(同一房间内除外)；在顶棚或不容易接近的地点，调整地址编码不方便，浪费时间，甚至不容易更换地址编码；因为任何人均可对编码进行改动，所以整个系统的编码可靠性较差。

2. 多线路传输技术编码方式

为了克服传统地址编码的缺点，多线路传输技术即不专门设址而采用链式结构。探测器的寻址是使各个开关顺序动作，每个开关有一定延时，不同的延时电流脉动分别代表正常、故障和报警三种状态。其特点是不需要拨码开关，也就是不需要赋予地址，在现场把探测器一个接一个地串入回路即可。

3. 现代电子编码方式

电子编码方式主要是通过电子编码器对与之配套的编码设备（如探测器、模块等）进行十进制电子编码。该编码方式因为采用的是十进制电子编码不用进行换算，所以编码简单快捷，又因为没有编码器任何人均无法随便改动编码，所以整个系统的编码可靠性非常高。其具体的操作方式如下：将编码器的两根线（带线夹）夹在探测器底座的两斜对角接点上，开机，按下所编号码对应的数字键后，再按"编码"键，待出现"P"时即表示编码成功，需确定是否成功时按下"读码"键，所编号码即显示出来。然后将编号写在探测器底座上，再进行安装即可。其电子编码器的外形如图 1-2-28 所示。

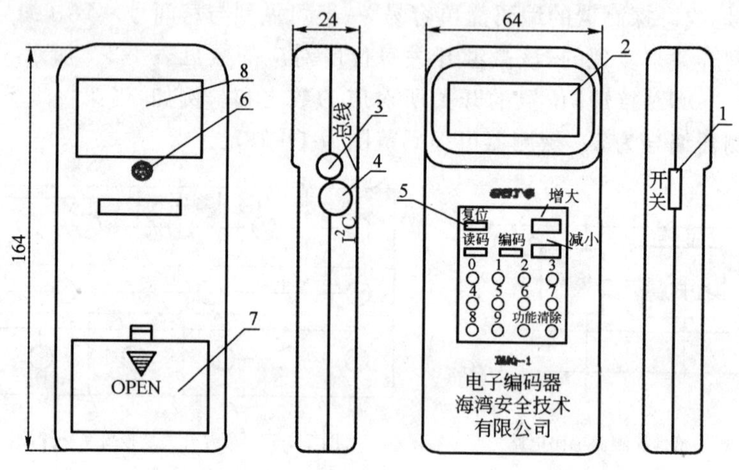

图 1-2-28　电子编码器 GST—BMQ—1 的外形示意

1-电源；2-液晶屏；3-总线插口；4-火灾显示盘接口（I^2C）；5-复位键；6-固定螺栓；7-电池盒盖；8-铭牌

电子编码器利用键盘操作，输入十进制数，简单易学，可以用电子编码器读写探测器的地址和灵敏度，读写模块类产品的地址和工作方式；并可以用电子编码器浏览设备批次号，电子编码器还可以用来设置 ZF—GST8903 图形式火灾显示盘地址、灯的总数及每个灯所对应的用户编码，现场调试维护十分方便。其中部分功能说明如下：

①电源开关：完成系统硬件开机和关机操作。

②液晶屏：显示有关设备的一切信息和操作人员输入的相关信息，并且当电源欠电压时给出指示。

③总线插口：电子编码器通过总线插口与探测器、现场模块或指示部件相连。

④火灾显示盘接口（I^2C）：电子编码器通过此接口与火灾显示盘相连，进行各指示灯的二次码的编写。

⑤复位键：当电子编码器由于长时间不使用而自动关机后，按下复位键可以使系统重新通

电并进入工作状态。

第三节 探测器的选择及布置

按火灾自动报警系统设计的特点和要求，将各类建筑物归类分级，并对各级保护对象火灾探测器设置部位作出相应规定。再正确合理的选择探测器种类及数量是十分重要的，它关系到系统的可靠性，另外，探测器选择后的合理布置是保证探测质量的关键环节，为此应在符合国家规范的前提下选择和布置探测器。

一、保护对象级别的确定

火灾自动报警系统的保护对象应根据其使用性质、火灾危险性、疏散和扑救的难度等分为特级、一级和二级。

(1)特级保护对象是建筑物高度超过100m的高层民用建筑。它属于严重危险级。超过100m高度的建筑不包括构架式电视塔、纪念性或标志性的构架或塔类，以及工业厂房的烟囱、高炉、冷却塔、化学反应塔、石油裂解塔等构筑物。

特级保护对象基本全面设置火灾探测器。

(2)一级保护对象包括《高层民用建筑设计防火规范》范围的建筑高度不超过100m的一类建筑，即一类高层建筑为一级保护对象。如：可燃物品库、空调机房、变配电室、电话机房、电脑房、自备发电机房、高级旅馆的客房和公共场所公共走道、电信广播及省级邮政楼的重要机房、高层医院火灾危险性较大的房间和物品库、重要的图书资料档案库、大中型电子计算机房、贵重的设备间。

一级保护对象大部分设置火灾探测器。

另外，多层或单层民用建筑中的国家级重点保护单位的木结构房屋，国家和省级重要的图书、档案、博物馆及资料馆等也可视为一级保护对象。

(3)二级保护对象以《高层民用建筑设计防火规范》范围的二类建筑为主，即二类高层建筑为二级保护对象。如：百货楼或财贸金融楼的营业厅、展览楼的展览厅、重要的办公科研楼的火灾危险性较大的房间和物品库等均属此级保护。

二级保护对象局部设置火灾探测器。

火灾探测器的设置部位应于保护对象的等级相适应，并应符合国家现行有关标准、规范的规定。

二、报警区域、探测区域和防烟防火分区的划分

1. 报警区域(Alarm Zone)的划分

将火灾自动报警系统的警戒范围按防火分区或楼层划分的单元。

在系统设计中，在报警区域的划分中既可将一个防火分区划分为一个报警区域，也可将同层相邻的几个防火分区划为一个报警区域。但这种情况下，报警区域不得跨越楼层。

一般情况下，一个报警区域设一台区域报警控制器。当用一台区控警戒数个楼层时，应在每层各主要楼梯口处明显部位装设识别楼层的声光显示器。

区控的容量应不小于报警区域内探测部位的总数。采用总线制时，每只探测器都有自已独立的编址，有时区域内几只探测器可按探测器组编成同一个报警部位号。报警部位号的编号应做到有规律，便于操作人员识别，以达到迅速断定着火地点或范围的目的。对不同类别的信号，如感烟探测器、水流指示器、手动报警按钮等应以不同显示方式或不同的编码区段加以区别。

合理正确划分报警区域，能在火灾初期及早地发现火灾发生的部位，尽快扑灭火灾。

2. 探测区域(Detection Zone)的划分

探测区域是将报警区域按探测火灾的部位划分的单元。探测出被保护区内发生火灾的部位，需将被保护区按顺序划分成若干探测区域。

探测区域可以是一只探测器所保护的区域，也可以是几只探测器共同保护的区域。但一个探测区域在区控器上只能占有一个报警部位号。探测区域的划分应符合下列规定：

①探测区域应按独立房(套)间划分。一个探测区域的面积不宜超过 500m²。从主要出入口能看清其内部，且面积不超过 1000m² 房间，也可划为一个探测区域。

②符合下列条件之一的二级保护对象，可将几个房间划为一个探测区域。

a. 相邻房间不超过 5 个，总面积不超过 400m² 房间，并在每个门口设有灯光显示装置。

b. 相邻房间不超过 10 个，总面积不超过 1000m² 房间，在每个房间门口均能看清其内部，并在每个门口设有灯光显示装置。

③下列场所应分别单独划分探测区域：

a. 敞开、封闭楼梯间；

b. 防烟楼梯间前室、消防电梯前室、消防电梯与防烟楼梯间合用前室；

c. 走道、坡道、管道井、电缆隧道；

d. 建筑物闷顶、夹层。

3. 防火和防烟分区

高层建筑内应采用防火墙、防火门、防火卷帘、宽度不小于 6m 的水幕带等划分防火分区，每个防火分区允许最大建筑面积应不超过表 1-2-8 的规定。

每个防火分区的允许最大建筑面积　　　　表 1-2-8

建 筑 分 类	每个防火分区建筑面积(m²)	建 筑 分 类	每个防火分区建筑面积(m²)
一类	1000	地下室	500
二类	1500		

注：1. 地下室用途广泛，可燃物较多，人流较大。从安全角度来看，地下室一般是无窗房间，其出入口(楼梯)即是人流疏散，又是热流、烟气的排放口，同时又是消防队救火的进入口。一旦形成火灾时，人员交叉混乱，不仅造成疏散扑救困难，而且威协上部建筑的安全。因此，地下室防火分区面积为 500 m² 是合适的。

2. 当高层建筑与其裙房之间设有防火墙等防火分隔设施时，其裙房的防火分区允许最大建筑面积可按本表增加一倍，当设有自动喷水灭火时，防火分区允许最大建筑面积可增加一倍。

三、探测器种类的选择

应根据探测区域内的环境条件、火灾特点、房间高度、安装场所的气流状况等，选用其所适宜类型的探测器或几种探测器的组合。

1. 根据火灾特点、环境条件及安装场所确定探测器的类型

火灾受可燃物质的类别、着火的性质、可燃物质的分布、着火场所的条件、新鲜空气的供给程度以及环境温度等因素的影响。一般把火灾的发生与发展分为四个阶段：

前期：火灾尚未形成，只出现一定量的烟，基本上未造成物质损失。

早期：火灾开始形成，烟量大增，温度上升，已开始出现火，造成较小的损失。

中期：火灾已经形成，温度很高，燃烧加速，造成了较大的物质损失。

晚期：火灾已经扩散。

根据以上对火灾特点的分析，选择火灾探测器，应符合下列原则：

(1)火灾初期有阴燃阶段，产生大量的烟和少量的热，很少或没有火焰辐射，应选用感烟探测器；如：棉、麻织物的烧燃等。

不适于选用感烟探测器的场所：正常情况下有烟的场所，经常有粉尘及水蒸气等固体。液体微粒出现的场所，火灾发展迅速、产生烟极少爆炸性场合。

离子感烟与光电感烟探测器的适用场合基本相同，但应注意它们各有不同的特点。离子感烟探测器对人眼看不到的微小颗粒同样敏感，例如人能嗅到的油漆味、烤焦味等都能引起探测器动作，甚至一些分子量大的气体分子，也会使探测器发生动作，在风速过大的场合(例如大于6m/s)将引起探测器不稳定，且其敏感元件的寿命较光电感烟探测器的短。

(2)火灾发展迅速，产生大量的热、烟和火焰辐射，可选用感温探测器、感烟探测器、火焰探测器或其组合；

(3)火灾发展迅速，有强烈的火焰辐射和少量烟、热，应选用火焰探测器；

(4)在通风条件较好的车库内可采用感烟探测器，一般的车库内可采用感温探测器；

(5)火灾形成特征不可预料，可进行模拟试验，根据试验结果选择探测器。

各种探测器都可配合使用，如感烟与感温探测器的组合，宜用于大中型机房、洁净厂房以及防火卷帘设施的部位等处。

总之，感烟探测器具有稳定性好、误报率低、寿命长、结构紧凑、保护面积大等优点，得到广泛应用。其他类型的探测器，只在某些特殊场合作为补充才用到。为选用方便，归纳为表1-2-9所列。

点型探测器的适用场所或情形一览表(举例) 表1-2-9

序号	探测器类型 场所或情形	感烟		感温				火焰		说明
		离子	光电	定温	差温	差定温	缆式	红外	紫外	
1	饭店、宾馆、教学楼、办公楼的厅堂、卧室、办公室等	○	○							厅堂、办公室、会议室、值班室、娱乐室、接待室等，灵敏度档次为中、低，可延时；卧室、病房、休息厅、衣帽室、展览室等，灵敏度档次为高

续上表

序号	探测器类型 场所或情形	感烟		感温				火焰		说明
		离子	光电	定温	差温	差定温	缆式	红外	紫外	
2	电子计算机房、通讯机房、电影电视放映室等	○	○							这些场所灵敏度要高或高、中档次联合使用
3	楼梯、走道、电梯、机房等	○	○							灵敏度档次为高、中
4	书库、档案库	○	○							灵敏度档次为高
5	有电器火灾危险	○	○							早期热解产物，气溶胶微粒小，可用离子型；气溶胶微粒大，可用光电型
6	气温速度大于5m/s	×	○							
7	相对湿度经常高于95%以上	×				○				根据不同要求也可选用定温或差温
8	有大量粉尘、水雾滞留	×	×	○	○	○				根据具体要求选用
9	有可能发生无烟火灾	×	×	○	○	○				
10	在正常情况下有烟和蒸汽滞留	×	×	○	○	○				
11	有可能产生蒸汽和油雾		×							
12	厨房、锅炉房、发电机房、茶炉房、烘干车间等			○		○				在正常高温环境下，感温探测器的额定动作温度值可定得高些，或选用高温感温探测器
13	吸烟室、小会议室等				○	○				若选用感烟探测器则应选低灵敏度档次
14	汽车库				○	○				
15	其他不宜安装感烟探测器的厅堂和公共场所	×	×	○	○	○				

续上表

序号	探测器类型 场所或情形	感烟		感温				火焰		说明
		离子	光电	定温	差温	差定温	缆式	红外	紫外	
16	可能产生阴燃火或者发生火灾不及早报警将造成重大损失的场所	○	○	×	×	×				
17	温度在0℃以下			×						
18	正常情况下，温度变化较大的场所				×					
19	可能产生腐蚀性气体	×								
20	产生醇类、醚类、酮类等有机物质	×								
21	可能产生黑烟		×							
22	存在高频电磁干扰		×							
23	银行、百货店、商场、仓库	○	○							
24	火灾时有强烈的火焰辐射							○	○	含有易燃材料的房间、飞机库、油库、海上石油钻井和开采平台；炼油裂化厂
25	需要对火焰作出快速反映							○	○	镁和金属粉末的生产、大型仓库、码头
26	无阴燃阶段的火灾							○	○	
27	博物馆、美术馆、图书馆	○	○					○	○	
28	电站、变压器间、配电室	○	○					○	○	
29	可能发生无焰火灾							×	×	
30	在火焰出现前有浓烟扩散							×	×	
31	探测器的镜头易被污染							×	×	
32	探测器的“视线”易被遮挡							×	×	
33	探测器易受阳光或其他光源直接或间接照射							×	×	

续上表

序号	探测器类型 场所或情形	感烟		感温				火焰		说明
		离子	光电	定温	差温	差定温	缆式	红外	紫外	
34	在正常情况下有明火作业以及X射线、弧光等影响							×	×	
35	电缆隧道、电缆竖井、电缆夹层								○	发电厂、发电站、化工厂、钢铁厂
36	原料堆垛								○	纸浆厂、造纸厂、卷烟厂及工业易燃堆垛
37	仓库堆垛								○	粮食、棉花仓库及易燃仓库堆垛
38	配电装置、开关设备、变压器、电控中心							○		
39	地铁、名胜古迹、市政设施						○			
40	耐碱、防潮、耐低温等恶劣环境						○			
41	皮带运输机生产流水线和滑道的易燃部位						○			
42	控制室、计算机室的闷顶内、地板下及重要设备隐蔽处等						○			
43	其他恶劣不适合点型感烟探测器安装场所						○			

注：1. 符号说明：在表中"o"适合的探测器，应优先选用："×"不适合的探测器，不应选用；空白，无符号表示，须谨慎使用。

2. 在散发可燃气体和可燃气的场所宜选用可燃气体探测器，实现早期报警。

3. 对可靠性要求高，需要有自动联动装置或安装自动灭火系统时，采用感烟、感温、火焰探测器(同类型或不同类型)的组合。这些场所通常都是重要性很高，火灾危险性很大的。

4. 在实际使用时，如果在所列项目中找不到时，可以参照类似场所，如果没有把握或很难判定是否合适时，最好做燃烧模拟试验最终确定。

5. 下列场所可不设火灾探测器

(1)厕所、浴室等；

(2)不能有效探测火灾者；

(3)不便维修、使用(重点部位除外)的场所。

6. 在工程实际中，在危险性大又很重要的场所即需设置自动灭火系统或设有联动装置的场所，均应采用感烟、感温、火焰探测器的组合。

(1)线型探测器的适用场所：

①下列场所宜选用缆式线型定温探测器：

a. 计算机室、控制室的闷顶内、地板下及重要设施隐蔽处等；

b. 开关设备、发电厂、变电站及配电装置等；

c. 各种皮带运输装置；

d. 电缆夹层、电缆竖井、电缆隧道等；

e. 其他环境恶劣不适合点型探测器安装的危险场所。

②下列场所宜选用空气管线型差温探测器：

a. 不易安装点型探测器的夹层、闷顶；
b. 公路隧道工程；
c. 古建筑；
d. 可能产生油类火灾且环境恶劣的场所；
e. 大型室内停车场。
③下列场所宜选用红外光束感烟探测器：
a. 隧道工程；
b. 古建筑、文物保护的厅堂馆所等；
c. 档案馆、博物馆、飞机库、无遮挡大空间的库房等；
d. 发电厂、变电站等。
(2)可燃气体探测器的选择：下列场所宜选用可燃气体探测器：
①煤气表房、煤气站以及大量存放液化石油气罐的场所；
②使用管道煤气或燃气的房屋；
③其他散发或积聚可燃气体和可燃液体蒸气的场所；
④有可能产生大量一氧化碳气体的场所，宜选用一氧化碳气体探测器。

2. 根据房间高度选择探测器

由于各种探测器特点各异，其适于房间高度也不一致，为了使选择的探测器能更有效地达到保护目的，表1-2-10列举了几种常用的探测器对房间高度的要求，仅供学习及设计参考。

根据房间高度选择探测器

表1-2-10

房间高度 h(m)	感烟探测器	感温探测器			火焰探测器
		一级	二级	三级	适合
$12<h\leqslant 20$	不适合	不适合	不适合	不适合	适合
$8<h\leqslant 12$	适合	不适合	不适合	不适合	适合
$6<h\leqslant 8$	适合	适合	不适合	不适合	适合
$4<h\leqslant 6$	适合	适合	适合	不适合	适合
$h\leqslant 4$	适合	适合	适合	适合	适合

当同一房间内高度不同时，且较高部分的顶棚面积小于整个房间顶棚面积的10%，只要这一顶棚部分的面积不大于1只探测器的保护面积，则该较高的顶棚部分同整个顶棚面积一样看待。否则，较高的顶棚部分应如同分隔开的房间处理。

在按房间高度选用探测器时，应注意这仅仅是按房间高度对探测器选用的大致划分，具体选用时尚需结合火灾的危险度和探测器本身的灵敏度档次来进行。如判断不准时，需做模拟试验后最终确定。

在符合表1-2-9和表1-2-10的情况下便确定了探测器。如同时有两种以上探测器符合，应选保护面积大的探测器。

四、探测器数量的确定

在实际工程中房间功能及探测区域大小不一，房间高度、棚顶坡度也各异，那么怎样确定探测器的数量呢？规范规定：每个探测区域内至少设置一只火灾探测器。一个探测区域内所设置探测器的数量应按下式计算：

$$N\geqslant \frac{S}{k\cdot A}(只) \tag{1-2-1}$$

式中：N——一个探测区域内所设置的探测器的数量，单位用"只"表示，N应取整数（即小数进位取整数）；

S——一个探测区域的地面面积（m^2）；

A——探测器的保护面积（m^2），指一只探测器能有效探测的地面面积。由于建筑物房间的地面通常为矩形，因此，所谓"有效"探测器的地面面积实际上是指探测器能探测到矩形地面面积。探测器的保护半径R（m）是指一只探测器能有效探测的单向最大水平距离；

k——安全修正系数。特级保护对象k取0.7～0.8，一级保护对象k取值为0.8～0.9，二级保护对象k取0.9～1.0。

选取时根据设计者的实际经验，并考虑发生火灾对人和财产的损失程度、火灾危险性大小、疏散及扑救火灾的难易程度及对社会的影响大小等多种因素。

对于一个探测器而言，其保护面积和保护半径的大小与其探测器的类型、探测区域的面积、房间高度及屋顶坡度都有一定的联系。表1-2-11说明了两种常用的探测器保护面积、保护半径与其他参量的相互关系。

感烟、感温探测器的保护面积和保护半径与其他参量的相互关系 表1-2-11

火灾探测器的种类	地面面积S（m^2）	房间高度h（m）	探测器的保护面积A和保护半径R					
			房顶坡度θ					
			$\theta\leqslant15°$		$15°<\theta\leqslant30°$		$\theta>30°$	
			A（m^2）	R（m）	A（m^2）	R（m）	A（m^2）	R（m）
感烟探测器	$S\leqslant80$	$h\leqslant12$	80	6.7	80	7.2	80	8.0
	$S>80$	$6<h\leqslant12$	80	6.7	100	8.0	120	9.9
		$h\leqslant6$	60	5.8	80	7.2	100	9.0
感温探测器	$S\leqslant30$	$h\leqslant8$	30	4.4	30	4.9	30	5.5
	$S>30$	$h\leqslant8$	20	3.6	30	4.9	40	6.3

另外，通风换气对感烟探测器的面积有影响，在通风换气房间，烟的自然蔓延方式受到破坏。换气越频，燃烧产物（烟气体）的浓度越低，部分烟被空气带走，导致探测器接受烟量的减少，或者说探测器感烟灵敏度相对降低。常用的补偿方法有两种：一是压缩每只探测器的保护面积；二是增大探测器的灵敏度，但要注意误报。感烟探测器的换气系数如表1-2-12所列。可根据房间每小时换气次数（N）将探测器的保护面积乘以一个压缩系数。

感烟探测器的换气系数表 表1-2-12

每小时换气次数N	保护面积的压缩系数	每小时换气系数N	保护面积的压缩系数
$10<N\leqslant20$	0.9	$40<N\leqslant50$	0.6
$20<N\leqslant30$	0.8	$50<N$	0.5
$30<N\leqslant40$	0.7		

例，设房间换气系数为 50/h，感烟探测器的保护面积为 80m²，考虑换气影响后，探测器的保护面积为：$A=80\times0.6=48(\text{m}^2)$

【例 1】 某高层教学楼的其中一个被划为一个探测区域的阶梯教室，其地面面积为 30m×40m，房顶坡度为 13°，房间高度为 8m，属于二级保护对象，试求：(1)应选用何种类型的探测器？(2)探测器的数量为多少只？

【解】 (1)根据使用场所，从表 1-2-9 知选感烟探测器。

(2)由式(1-2-1)知，因属二级保护对象故 k 取 1，地面面积 $S=30\text{m}\times40\text{m}=1200\text{m}^2>80\text{m}^2$，房间高度 $h=8\text{m}$，即 $6\text{m}<h\leqslant12\text{m}$，房顶坡度 θ 为 13°，即 $\theta\leqslant15°$，于是根据 S、h、θ 查表 1-2-11 得，保护面积 $A=80\text{m}^2$，保护半径 $R=6.7\text{m}$

$$\therefore N=\frac{1200}{1\times80}=15\ (\text{只})$$

由上例可知：对探测器类型的确定必须全面考虑，确定了类型，数量也就被确定了。那么数量确定之后如何布置及安装，以及在有梁等特殊情况下探测区域如何划分，下面就是如何解决这个问题。

五、探测器的布置

探测器布置及安装得合理与否，直接影响保护效果。一般火灾探测器应安装在屋内顶棚表面或顶棚内部(没有顶棚的场合，安装在室内吊顶板表面上)。考虑到维护管理的方便，其安装面的高度不宜超过 20m。

在布置探测器时，首先考虑安装间距如何确定，再考虑梁的影响及特殊场所探测器安装要求，下面分别叙述。

1. 安装间距的确定

相关规范：探测器周围 0.5m 内，不应有遮挡物(以确保探测效果)。探测器至墙壁、梁边的水平距离，不应小于 0.5m，如图 1-2-29 所示。

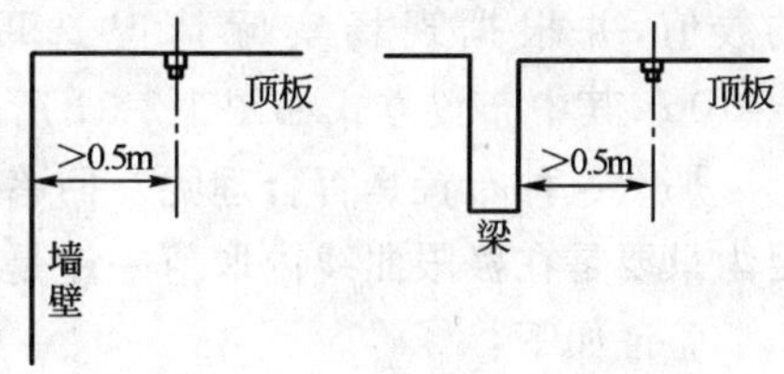

图 1-2-29 探测器在顶棚上安装时与墙或梁的距离

安装间距的确定：探测器在房间中布置时，如果是多只探测器，那么两只相邻探测器中心之间的水平距离称为安装间距，分别用以 a 和 b 表示。

安装间距 a、b 的确定方法有如下五种：

(1)计算法

根据从表 1-2-11 中查得保护面积 A 和保护半径 R，计算直径 $D=2R$，根据所算 D 值大小对应保护面积 A 在图 1-2-30 曲线粗实线上即由 D 值所包围部分上取一点，此点所对应的数即为安装间距 a、b 值。注意实际应不大于查得的 a、b 值。具体布置后，再检验探测器到最远点水平距离是否超过了探测器的保护半径，如超过时应重新布置或增加探测器的数量。

图 1-2-30 曲线中的安装间距是以二维坐标的极限曲线的形式给出的，即给出感温探测器的 3 种保护面积(20m²、30m² 和 40m²)及其 5 种保护半径(3.6m、4.4m、4.9m、5.5m 和 6.3m)所适宜的安装间距极限曲线 $D_1\sim D_5$，给出感烟探测器的 4 种保护面积(60 m²、80 m²、100 m² 和 120 m²)及其 6

种保护半径(5.8m、6.7m、7.2m、8.0m 和 9.9m)所适宜的安装间距极限曲线 $D_6 \sim D_{11}$(含 D'_9)。

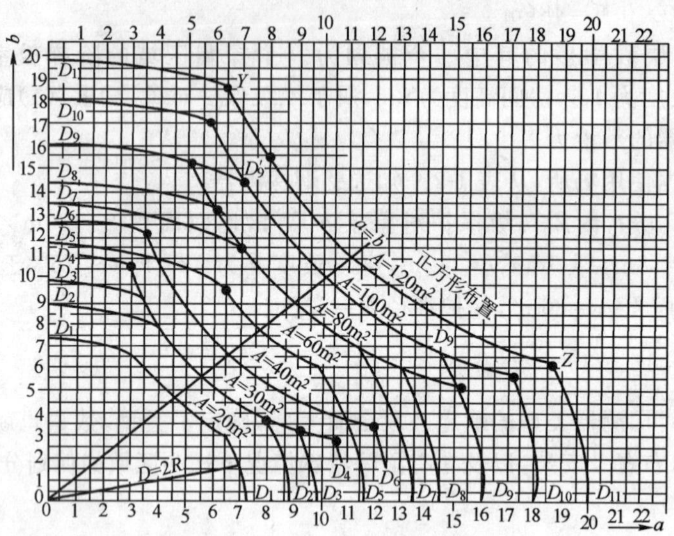

图 1-2-30 探测器安装间距的极限曲线

A-探测器的保护面积(m^2);a、b-探测器的安装间距(m);$D_1 \sim D_{11}$(含 D'_9)-在不同保护面积 A 和保护半径 R 下确定探测器安装间距 a、b 的极限曲线;Y、Z-极限曲线的端点(在 Y 和 Z 两点间的曲线范围内,保护面积可得到充分利用)

【例 2】 对例 1 中确定的 15 只感烟探测器的布置如下:

由已查得的 $A=80m^2$ 和 $R=6.7m$,计算得:

$$D=2R=2\times6.7=13.4m$$

根据 $D=13.4m$,由图 1-2-30 曲线中 D_7 上查得的 Y、Z 线段上选取探测器安装间距 a、b 的数值,并根据现场实际情况选取 $a=8m$,$b=10m$,其中布置方式如图 1-2-31 所示。

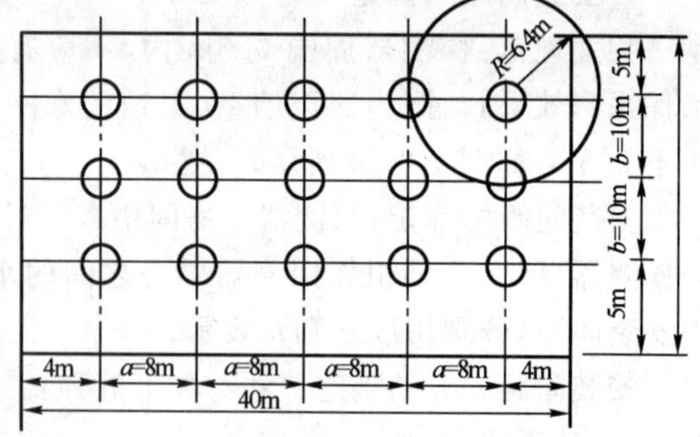

图 1-2-31 探测器的布置示例

那么这种布置是否合理呢?回答是肯定的,因为只要是在极限曲线内取值一定是合理的。

验证如下:

本例中所采用的探测器 $R=6.7m$,只要每个探测器之间的半径都小于或等于 6.7m 即可有效地进行保护。图 1-2-31 中,探测器间距最远的半径 $R=\sqrt{4^2+5^2}=6.4m$,小于 6.7m,距墙的最大值为 5m,不大于安装间距 10m 的一半,显然布置合理。

(2)经验法

一般点型探测器的布置为均匀布置法,根据工程实际总结计算法如下:

$$横向间距\ a=\frac{该房间(该探测区域)的长度}{横向安装间距个数+1}=\frac{该房间的长度}{横向控测器个数}$$

$$纵向间距\ b=\frac{该房间(该探测区域)的宽度}{纵向安装间距个数+1}=\frac{该房间的宽度}{纵向控测器个数}$$

因为距墙的最大距离为安装间距的一半,两侧墙为 1 个安装间距。上例中按经验法布置如下:

$$a=\frac{40}{4+1}=8\text{m},b=\frac{30}{2+1}=10\text{m}$$

由此可见，这种方法不需要查表可非常方便地求出 a、b 值。其布置同上。

另外，根据人们的实际工作经验，这里推荐由保护面积和保护半径决定最佳安装间距的选择表，供设计使用，如表 1-2-13 所列。

由保护面积和保护半径决定最佳安装间距选择表 表 1-2-13

探测器种类	保护面积 $A(m^2)$	保护半径 R 的极限值(m)	参照的极限曲线	最佳安装间距 a、b 及保护半径 R 值(m)									
				$a\times b$	R	$a\times b$	R	$a\times b$	R	$a\times b$	R	$a\times b$	R
感温探测器	20	3.6	D_1	4.5×4.5	3.2	5.0×4.0	3.2	5.5×3.6	3.3	6.0×3.3	3.4	6.5×3.1	3.6
	30	4.4	D_2	5.5×5.5	3.9	6.1×4.9	3.9	6.7×4.8	4.1	7.3×4.1	4.2	7.9×3.8	4.4
	30	4.9	D_3	5.5×5.5	3.9	6.5×4.6	4.0	7.4×4.1	4.2	8.4×3.6	4.6	9.2×3.2	4.9
	30	5.5	D_4	5.5×5.5	3.9	6.8×4.4	4.0	8.1×3.7	4.5	9.4×3.2	5.0	10.6×2.8	5.5
	40	6.3	D_6	6.5×6.5	4.6	8.0×5.0	4.7	9.4×4.3	5.2	10.9×3.7	5.8	12.2×3.3	6.3
感烟探测器	60	5.8	D_5	7.7×7.7	5.4	8.3×7.2	5.5	8.8×6.8	5.6	9.4×6.4	5.7	9.9×6.1	5.8
	80	6.7	D_7	9.0×9.0	6.4	9.6×8.3	6.3	10.2×7.8	6.4	10.8×7.4	6.5	11.4×7.0	6.7
	80	7.2	D_8	9.0×9.0	6.4	10.0×8.0	6.4	11.0×7.3	6.6	12.0×6.7	6.9	13.0×6.1	7.2
	80	8.0	D_9	9.0×9.0	6.4	10.6×7.5	6.5	12.1×6.6	6.9	13.7×5.8	7.4	15.4×5.3	8.0
	100	8.0	D_9	10.0×10.0	7.1	11.1×9.0	7.1	12.2×8.2	7.3	13.3×7.5	7.6	14.4×6.9	8.0
	100	9.0	D_{10}	10.0×10.0	7.1	11.8×8.5	7.3	13.5×7.4	7.7	15.3×6.5	8.3	17.0×5.9	9.0
	120	9.9	D_{11}	11.0×11.0	7.8	13.0×9.2	8.0	14.9×8.1	8.5	16.9×7.1	9.2	18.7×6.4	9.9

在较小面积的场所（$S\leqslant 80m^2$）时，探测器尽量居中布置，使保护半径较小，探测效果较好。

【例 3】 某锅炉房地面长为 20m，宽为 10m，房间高度为 3.5m，房顶坡度为 12°，属于二级保护对象。①选探测器类型；②确定探测器数量；③进行探测器的布置。

【解】 ①由表 1-2-9 查得应选用感温探测器。

② $$N\geqslant\frac{S}{k\cdot A}=\frac{20\times10}{1\times20}=10(\text{只})$$

由表 1-2-11 查得 $A=20m^2$，$R=3.6m$。

③布置：

采用经验法布置：

横向间距 $a=\frac{20}{5}=4m$，$a_1=2m$

纵向间距 $b=\frac{10}{2}=5m$，$b_1=2.5m$

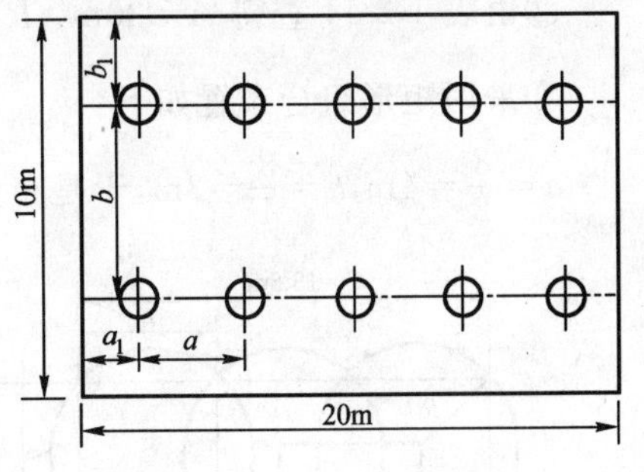

图 1-2-32 探测器的布置示例

布置如图 1-2-32 所示，可见满足要求，布置合理。

(3)查表法

所谓查表法是根据探测器种类和数量直接从表 1-2-13 中查得适当的安装间距 a 和 b 值，按其布置既可。

(4)正方形组合布置法

这种方法的安装间距 $a=b$，且完全无“死角”，但使用时受到房间尺寸及探测器数量多少的约束，很难合适。

【例 4】 某学院吸烟室地面面积为 9m×13.5m，房间高度为 3m，平顶棚，属于二级保护对象。①确定探测器类型；②求探测器数量；③进行探测器布置。

【解】①由表 1-2-9 查得应选感温探测器。

②k 取 1，由表 1-2-11 查得 $A=20\text{m}^2$，$R=3.6\text{m}$

$N=\dfrac{9\times13.5}{1\times20}=6.075$ 只，取 6 只（因有些厂家产品 k 可取 1～1.2，为布置方便取 6 只）

③布置：采用正方形组合布置法，从表 1-2-13 中查得 $a=b=4.5\text{m}$（基本符合本项目各方面要求），布置如图 1-2-33 所示。

校检：$R=\dfrac{\sqrt{a^2+b^2}}{2}=3.18\text{m}$，小于 3.6，合理。布置如图 1-2-33 所示。

本题是将查表法和正方形组合布置法混合使用的。如果不采用查表法怎样得到以 a 和 b 呢？a 和 b 可用下式计算：

$$\text{横向安装间距 } a=\frac{\text{房间长度}}{\text{横向探测器个数}}$$

$$\text{纵向安装间距 } b=\frac{\text{房间宽度}}{\text{纵向探测器个数}}$$

如果恰好以 $a=b$ 时可采用正方形组合布置法。

(5)矩形组合布置法

具体做法是：当求得探测器的数量后，用正方形组合布置法的 a、b 求法公式计算，如 $a\neq b$ 时可采用矩形组合布置法。

【例 5】 某开水间地面面积为 3m×8m，平顶棚，属特级保护建筑，房间高度为 2.8m。①确定探测器类型；②求探测器数量；③布置探测器。

【解】 ①由表 1-2-9 查得应选感温探测器。

②由表 1-2-11 查得 $A=30\text{m}^2$，$R=4.4\text{m}$。取 $k=0.7$，$N=\dfrac{8\times3}{0.7\times30}=1.1$ 只，取 2 只

③采用矩形组合布置如下：

$a=\dfrac{8}{2}=4\text{m}$，$b=\dfrac{3}{1}=3\text{m}$，于是布置如图 1-2-34 所示。

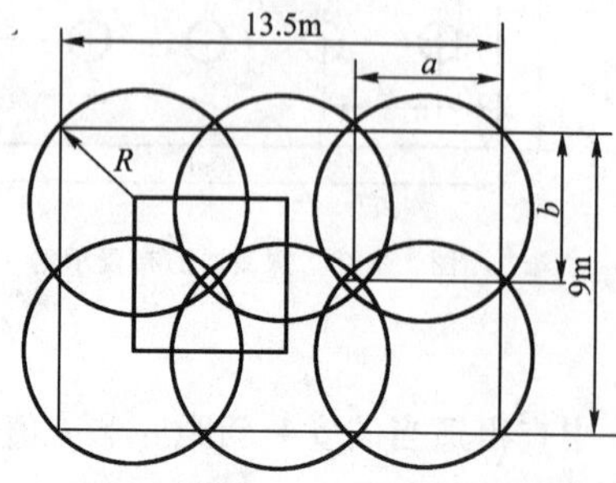

图 1-2-33　正方形组合布置法

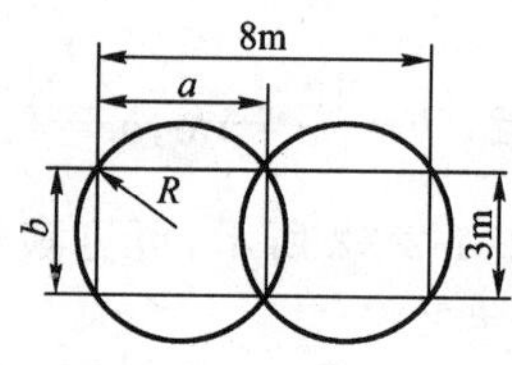

图 1-2-34　矩形组合布置法

校检：$R=\sqrt{a^2+b^2}/2=2.5\text{m}$ 小于 4.4m，满足要求。

综上可知，正方形和矩形组合布置法的优点是：可将保护区的各点完全保护起来，保护区内不存在得不到保护的“死角”，且布置均匀美观。上述五种布置法可根据实际情况选取。

2. 梁对探测器的影响

在顶棚有梁时，由于烟的蔓延受到梁的阻碍，探测器的保护面积会受梁的影响。如果梁间区域的面积较小，梁对热气流（或烟气流）形成障碍，并吸收一部分热量，因而探测器的保护面积必然下降。梁对探测器的影响如图 1-2-35 及表 1-2-14 所示。查表可以决定一只探测器能够保护的梁间区域的个数，减少了计算工作量，按图 1-2-35 规定房间高度在 5m 以下，感烟探测器在梁高小于 200mm 时，无须考虑其梁的影响；房间高度在 5m 以上，梁高大于 200mm 时，探测器的保护面积受房高的影响，可按房间高度与梁高的线性关系考虑。

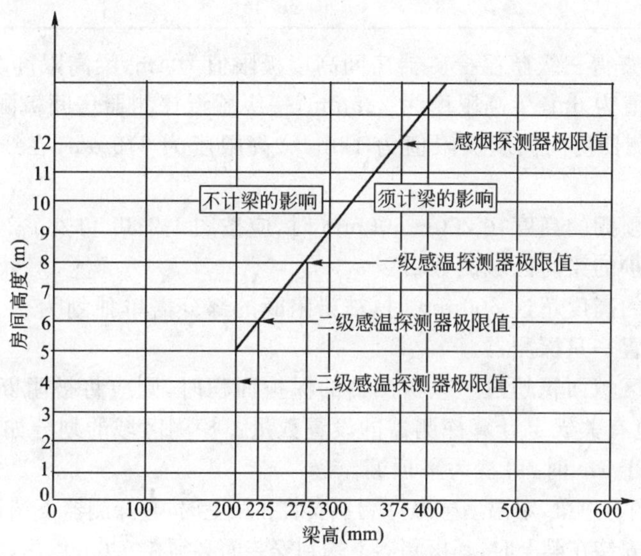

图 1-2-35 不同高度的房间梁对探测器设置的影响

按梁间区域面积确定一只探测器能够保护的梁间区域的个数 表 1-2-14

探测器的保护面积 $A(\text{m}^2)$		梁隔断的梁间区域面积 $Q(\text{m}^2)$	一只探测器保护的梁间区域的个数
感温探测器	20	$Q>12$	1
		$8<Q\leqslant12$	2
		$6<Q\leqslant8$	3
		$4<Q\leqslant6$	4
		$Q\leqslant4$	5
	30	$Q>18$	1
		$12<Q\leqslant18$	2
		$9<Q\leqslant12$	3
		$6<Q\leqslant9$	4
		$Q\leqslant6$	5

续上表

探测器的保护面积 $A(m^2)$		梁隔断的梁间区域面积 $Q(m^2)$	一只探测器保护的梁间区域的个数
感烟探测器	60	$Q>36$	1
		$24<Q\leqslant36$	2
		$18<Q\leqslant24$	3
		$12<Q\leqslant18$	4
		$Q\leqslant12$	5
	80	$Q>48$	1
		$32<Q\leqslant48$	2
		$24<Q\leqslant32$	3
		$16<Q\leqslant24$	4
		$Q\leqslant10$	5

由图 1-2-35 可查得三级感温探测器房间高度极限值为 4m，梁高限度 200mm，二级感温探测器房间高度极限值为 6m，梁高限度为 225mm，一级感温探测器房间极限值为 8m，梁高限度为 275mm；感烟探测器房间高度极限值为 12m，梁高限度为 375mm，在线性曲线左边部分均无须考虑梁的影响。

可见当梁突出顶棚的高度在 200～600mm 时，应按图 1-2-35 和表 1-2-14 确定梁的影响和一只探测器能够保护的梁间区域的数目。

当梁突出顶棚的高度超过 600mm 时，被梁阻断的部分需单独划为一个探测区域，即每个梁间区域应至少设置一只探测器。

当被梁阻断的区域面积超过一只探测器的保护面积时，则应将被阻断的区域视为一个探测区域，并应按规范有关规定计算探测器的设置数量。探测区域的划分如图 1-2-36 所示。

当梁间净距小于 1m 时，可视为平顶棚。

如果探测区域内有过梁，定温型感温探测器安装在梁上时，其探测器下端到安装面必须在0.3m 以内，感烟型探测器安装在梁上时，其探测器下端到安装面必须在 0.6m 以内，如图 1-2-37 所示。

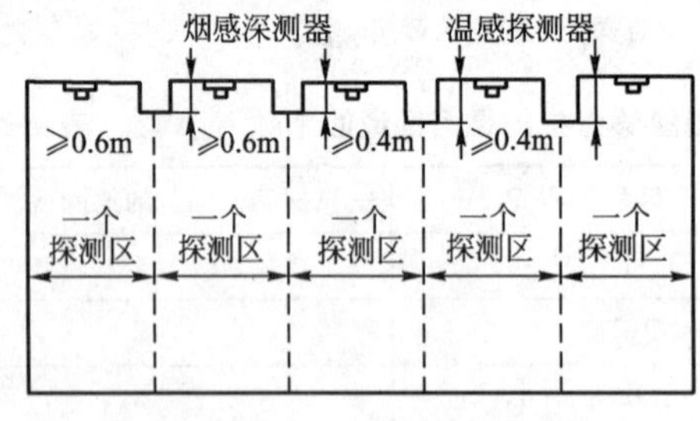

图 1-2-36　探测区域的划分

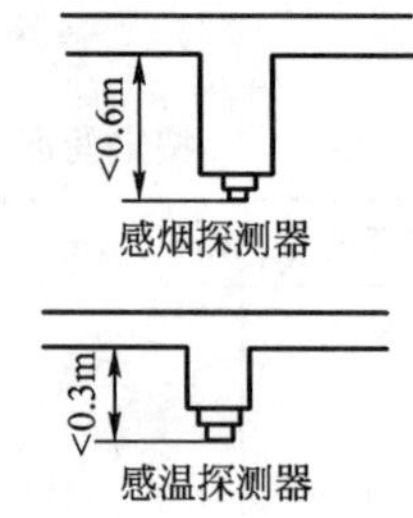

图 1-2-37　探测器在梁下端安装时至顶棚的尺寸

3. 探测器在一些特殊场合安装时注意事项

(1)在宽度小于 3m 的内走道的顶棚设置探测器时应居中布置，感温探测器的安装间距不应超过 10m，感烟探测器安装间距不应超过 15m，探测器至端墙的距离，不应大于安装间距的一半，在内走道的交叉和汇合区域上，必须安装 1 只探测器，如图 1-2-38 所示。

(2)房间被书架、贮藏架或设备等阻断分隔，其顶部至顶棚或梁的距离小于房间净高 5%时，则每个被隔开的部分应至少安装一只探测器，如图 1-2-39 所示。

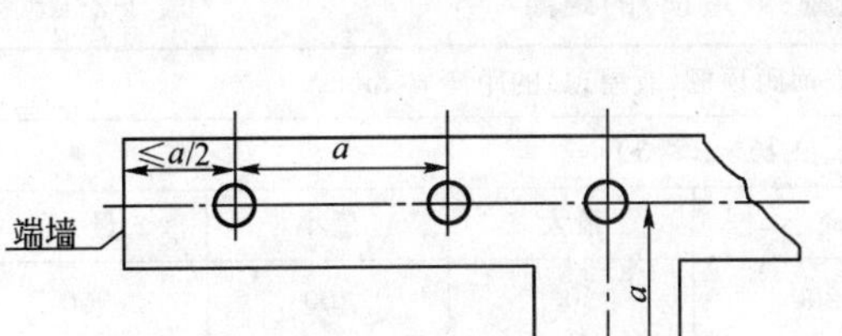

图 1-2-38 探测器布置在内走道的顶棚上

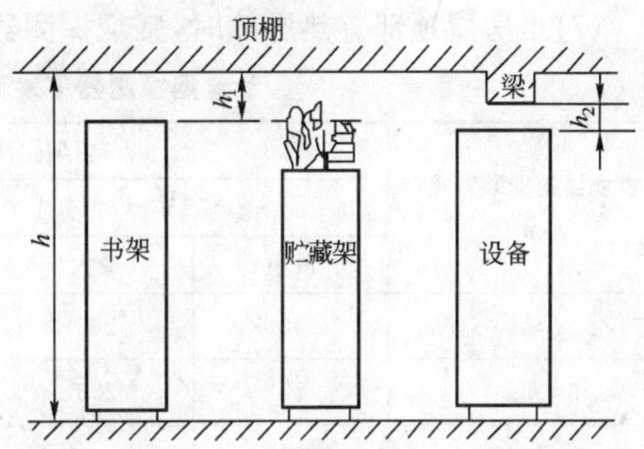

图 1-2-39 房间有书架、设备分时、探测器设置

$h_1 \geqslant 5\%h$ 或 $h_2 \geqslant 5\%h$

【例】 如果书库地面面积为 $40m^2$，房间高度为 3m，内有两书架分别安在房间，书架高度为 2.9m，问选用感烟探测器应几只？

房间高度减去架高度等于 0.1m，为净高的 3.3%，可见书架顶部至顶棚的距离小于房间净高 5%，所以应选用 3 只探测器，即每个被隔开的部分均应安一只探测器。

(3)在空调机房内，探测器应安装在离送风口 1.5m 以上的地方，离多孔送风顶棚孔口的距离不应小于 0.5m，如图 1-2-40 所示。

(4)楼梯或斜坡道至少垂直距离每 15m(III 级灵敏度的火灾探测器为 10m)应安装一只探测器。

(5)探测器宜水平安装，如需倾斜安装时，角度不应大于 45°。当屋顶坡度大于 45°时，应加木台或类似方法安装探测器，如图 1-2-41 所示。

(6)在电梯井、升降机井设置探测器时，其位置宜在井道上方的机房顶棚上，如图 1-2-42 所示。这种设置既有利于井道中火灾的探测，又便于日常检验维修。因为通常在电梯井、升降机井的提升井绳索的井道盖上有一定的开口，烟会顺着井绳冲到机房内部，为尽早探测火灾，规定用感烟探测器保护，且在顶棚上安装。

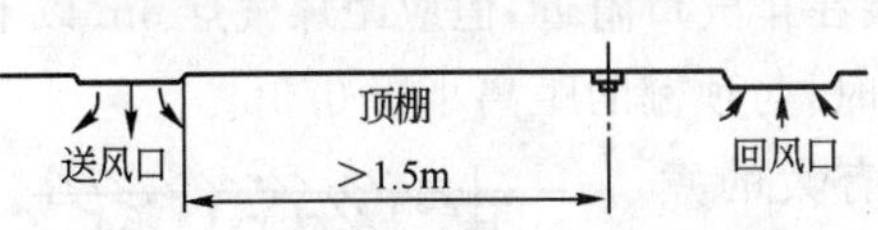

图 1-2-40 探测器装于有空调房间时的位置示意

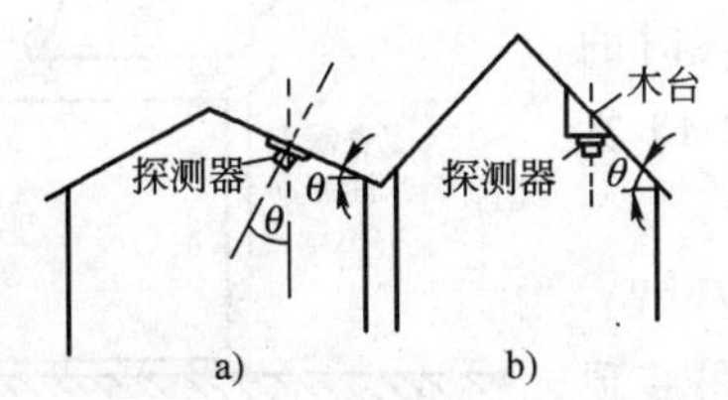

图 1-2-41 探测器安装角度

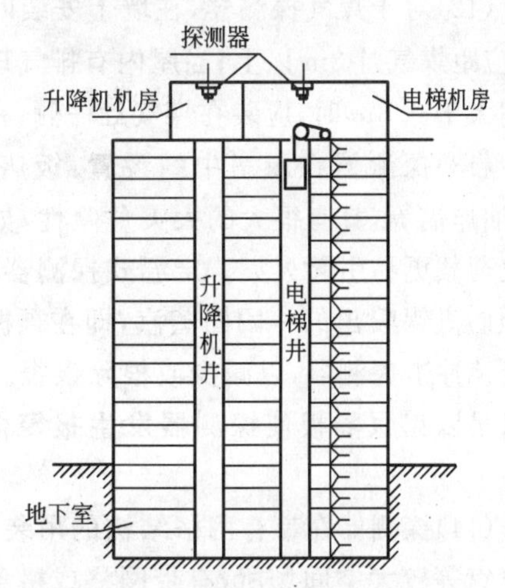

图 1-2-42 探测器在井道上方机房顶棚上的设置

(7)当房屋顶部有热屏障时，感烟探测器下表面距顶棚的距离应符合表 1-2-15 所列。

感烟探测器下表面距顶棚(或屋顶)的距离　　表 1-2-15

探测器的安装高度 h(m)	感烟探测器下表面距顶棚(或屋顶)的距离 d(mm)					
	$\theta \leqslant 15°$		$15° < \theta \leqslant 30°$		$\theta > 30°$	
	最小	最大	最小	最大	最小	最大
$h \leqslant 6$	30	200	200	300	300	500
$6 < h \leqslant 8$	70	250	250	400	400	600
$8 < h \leqslant 10$	100	300	300	500	500	700
$10 < h \leqslant 12$	150	350	350	600	600	800

(8)顶棚较低(小于 2.2m)、面积较小(不大于 $10m^2$)的房间，安装感烟探测器时，宜设置在入口附近。

(9)在楼梯间、走廊等处安装感烟探测器时，宜安装在不直接受外部风吹入的位置处。安装光电感烟探测器时，应避开日光或强光直射的位置。

(10)在浴室、厨房、开水房等房间连接的走廊安装探测器时，应避开其入口边缘 1.5m。

(11)安装在顶棚上的探测器边缘与下列设施的边缘水平间距宜保持在：

与不突出的扬声器，不小于 0.1m；

与照明灯具，不小于 0.2m；

与自动喷水灭火喷头，不小于 0.3m；

与多孔送风顶棚孔口，不小于 0.5m；

与高温光源灯具(如碘钨灯、容量大于 100W 的白炽灯等)，不小于 0.5m；

与电风扇，不小于 1.5m；

与防火卷帘、防火门，一般在 1～2m 的适当位置。

(12)对于煤气探测器，在墙上安装时，应距煤气灶 4m 以上，距地面 0.3m；在顶棚上安装时，应距煤气灶 8m 以上；当屋内有排气口时，允许装在排气口附近，但应距煤气灶 8m 以上，当梁高大于 0.8m 时，应装在煤气灶一侧；在梁上安装时，与顶棚的距离小于 0.3m。

(13)探测器在厨房中的设置：饭店的厨房常有大的煮锅、油炸锅等，具有很大的火灾危险性，如果过热或遇到高的火灾荷载更易引起火灾。定温式探测器适宜厨房使用，但是应预防煮锅喷出的一团团蒸汽，即在顶棚上使用隔板可防止热气流冲击探测器，以减少或根除误报。而当发生火灾时的热量足以克服隔板使探测器发生报警信号，如图 1-2-43 所示。

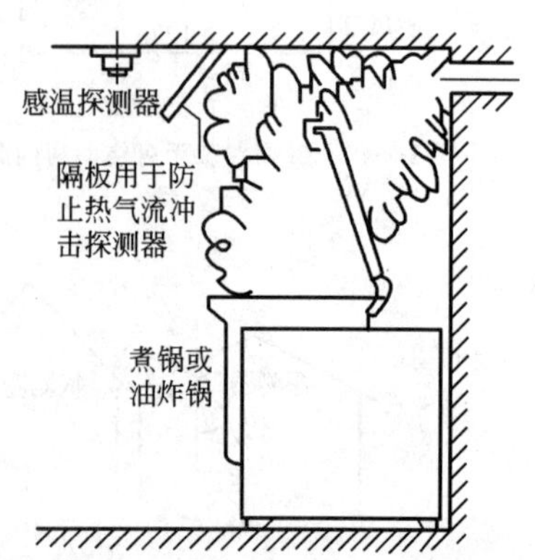

图 1-2-43　感温探测器在厨房中布置

(14)探测器在带有网格结构的吊装顶棚场所下的设置，在宾馆等较大空间场所，有带网格或格条结构的轻质吊装顶棚，起到装饰或屏蔽作用。这种吊装顶棚允许烟进入其内部，并影响烟的蔓延，在此情况下设置探测器应谨慎处理。

①如果至少有一半以上网格面积是通风的，可把烟的进入看成是开放式的。如果烟可以充分地进入顶棚内部，则只在吊装顶棚内部设置感烟探测器，探测器的保护面积除考虑火灾危险性外，仍按保护面与房间高度的关系考虑，如图 1-2-44 所示。

②如果网格结构的吊装顶棚开孔面积相当小（一半以上顶棚面积被覆盖），则可看成是封闭式顶棚，在顶棚上方和下方空间须单独监视。尤其是当阴燃火发生时，产生热量极少，不能提供充足的热气流推动烟的蔓延，烟达不到顶棚中的探测器，此时可采取二级探测方式，如图 1-2-45 所示。在吊装顶棚下方光电感烟探测器对阴燃火响应较好，在吊装顶棚上方，采用离子感烟探测器，对明火响应较好，每只探测器的保护面积仍按火灾危险度及地板和顶棚之间的距离确定。

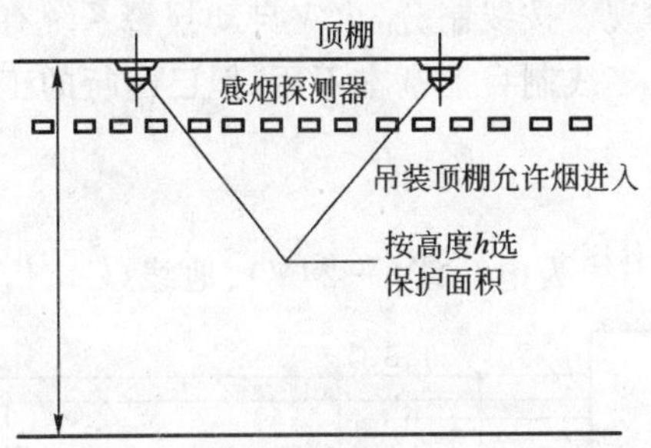

图 1-2-44　探测器在吊装顶棚中定位

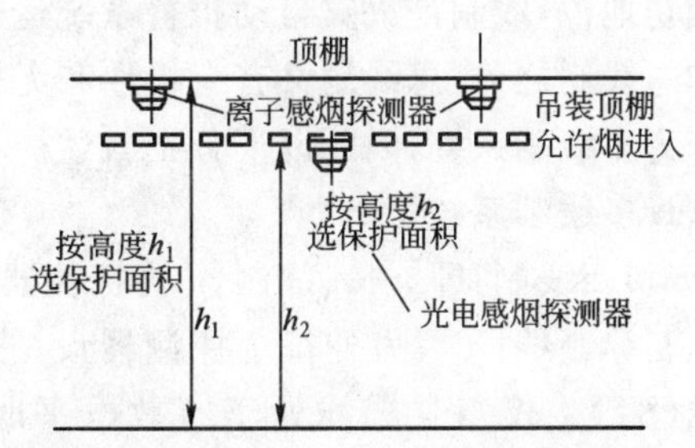

图 1-2-45　吊装顶棚探测阴燃火的改进方法

(15)下列场所可不设置探测器：

厕所、浴室及其类似场所；

不能有效探测火灾的场所；

不便维修、使用（重点部位除外）的场所。

第四节　探测器的线制

由于消防设备快速发展，探测器的接线形式变化也很快，即从多线向少线到总线发展，给施工、调试和维护带来了极大的方便。我国采用的线制有四线制、三线制、两线制及四总线制、二总线制等几种。对于不同厂家生产的不同型号的探测器其线制各异，从探测器到区域报警器的线数也有很大差别。

一、火灾自动报警系统的技术特点

火灾自动报警系统包括四部分：火灾探测器、配套设备（中继器、显示器、模块总线隔离器、报警开关等）、报警控制器（又叫报警主机）及导线，这就形成了系统本身的技术特点。

(1)系统必须保证长期不间断地运行，在运行期间不但发生火情能报出着火点，而且应具备自动判断系统设备传输线的断路、短路、电源失电等情况的能力，并给出有相应的声光报警，以确保系统的高可靠性。

(2)探测部位之间的距离可以从几米至几十米。控制器到探测部位间可以从几十米到几百米、上千米。一台区域报警控制器可带几十或上百只探测器，有的通用报警控制器做到了带上千个点，甚至上万点。无论什么情况，都要求将探测点的信号准确无误地传输到控制器去。

(3)系统应具有低功耗运行性能。探测器对系统而言是无源的，它只是从控制器上获取正常运行的电源。探测器的有效空间是狭小有限的，要求设计时电子部分必须是简练的。探测器必须低功耗，否则给控制器供电带来问题，也就是给控制探测点的容量带来限制。主电源失电时，应有备用电源可连续供电 8h，并在火警发生后，声光报警能长达 50min，这就要求控制器亦应低功耗运行。

二、火灾自动报警系统的线制

由技术特点可知，线制对系统是相当重要的。线制是指探测器和控制器间的导线数量。更确切地说，线制是火灾自动报警系统运行机制的体现。按线制分，火灾自动报警系统有多线制和总线制之分，总线制又有有极性和无极性之分。多线制目前基本不用，但已运行的工程大部分为多线制系统，因此以下分别叙述。

1. 多线制系统

(1)四线制：即 $n+4$ 线制，n 为探测器数，4 指公用线为电源线（+24V）、地线(G)、信号线(S)、自诊断线(T)，另外每个探测器设一根选通线(ST)。仅当某选线处于有效电平时，在信号线上传送的信息才是该探测部位的状态信号，如图 1-2-46 所示。这种方式的优点是探测器的电路比较简单，供电和取信息相当直观，缺点是线多，配管直径大，穿线复杂，线路故障也多，故已不用。

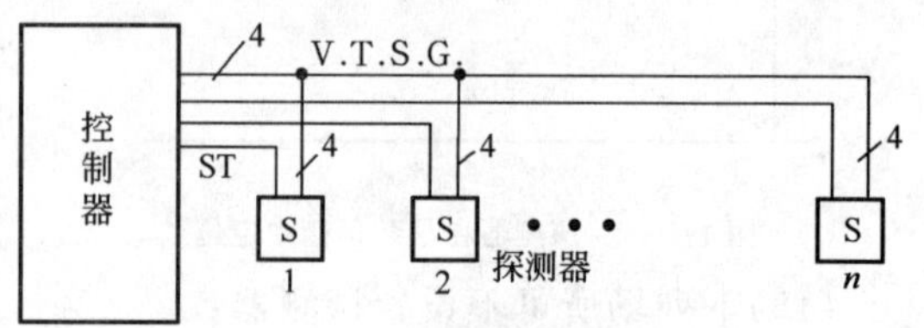

图 1-2-46　多线制(四线制)接线方式

(2)两线制：也称 $n+1$ 线制，即一条公用地线，另一条则承担供电，选通信息与自检的功能，这种线制比四线制简化得多，但仍为多线制系统。

探测器采用两线制时，可完成电源供电故障检查、火灾报警、断线报警（包括接触不良，探测器被取走）等功能。

火灾探测器与区域报警器的最少接线是 $n+n/10$，其中 n 为占用部位号的线数，即探测器信号线的数量，$n/10$（小数进位取整数）为正电源线数（采用红线导线），也就是每 10 个部位合用一根正电源线。

另外也可以用另一种算法，即 $n+1$，其中 n 为探测器数目（准确地说是房号数），如探测器数 $n=50$，则总线为 51 根。

前一种计算方法是 50+50/10=55 根，这是已进行了巡检分组的根数，与后一种分组后是一致的。

每个探测器各占一个部位时底座的接线方法：

例如有 10 只探测器，占 10 个部位，无论采用那种计算方法其接线及线数均相同，如图 1-2-47 所示。

在施工中应注意：

为保证区域控制器的自检功能，布线时每根连接底座 L_1 的正电源红色导线不能超过十个部位数的底座（并联底座时作为一个处理）。

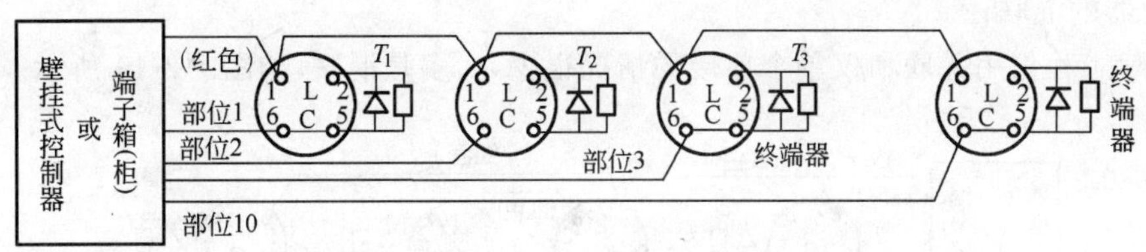

图 1-2-47 探测器各占一个部位时的接线方法

每台区域报警器允许引出的正电源线数为 $n/10$(小数进位取整数),n 为区域控制器的部位数。当管道较多时,要特别注意这一情况,以每 10 个部位分成一组,有时某些管道要多放一根电源正线,以便分组。

探测器底座安装好并确定接线无误后,将终端器接上,然后用小塑料袋罩紧,防止损坏和污染,待装上探测器时才除去塑料罩。

终端器为一个半导体硅二极管(2CK 或 2CZ 型)和一个电阻并联,安装时注意二极管负极接+24V 端子或底座 L_2 端,其终端电阻值大小不一,一般取 5～36kΩ 之间。凡是没有接探测器的区域控制器的空位,应在其相应接线端子上接上终端器,如设计时有特殊要求可与厂家联系解决。

同一部位上,为增大保护面积,可以将探测器并联使用,这些并联在一起的探测器仅占用一个部位号,不同部位的探测器不宜并联使用。

如比较大的会议室,使用一个探测器保护面积不够,假如使用 3 个探测器并联才能满足时,则这 3 个探测器中的任何一个发出火灾信号时,区域报警器的相应部位信号灯燃亮,但无法知道哪一个探测器报警,需要现场确认。

某些同一部位但情况特殊时,探测器不应并联使用。如大仓库,由于货物堆放较高,当探测器发生火灾信号后,到现场确认困难。所以从使用方便、准确角度看,应尽量不使用并联探测器为好。不同的报警控制器所允许探测器并联的只数也不一样,如 JB-QB(T)-10～50-101 报警控制器只允许并联 3 只感烟探测器和 7 只感温探测器;JB- QB(T)-10～50-101A 允许并联感烟、感温探测器分别为 10 只。

探测器并联时,其底座配线是串联式配线连接,这样可以保证取走任何一只探测器时,火灾报警控制器均能报出故障。当装上探测器后,L_1 和 L_2 通过探测器连接起来,这时对探测器来说就是并联使用了。

探测器并联时,其底座应依次接线,如图 1-2-48 所示,不应有分支线路,这样才能保证终端器接在最后一只底座的 L_2～L_5 两端,以保证火灾报警控制器的自检功能。

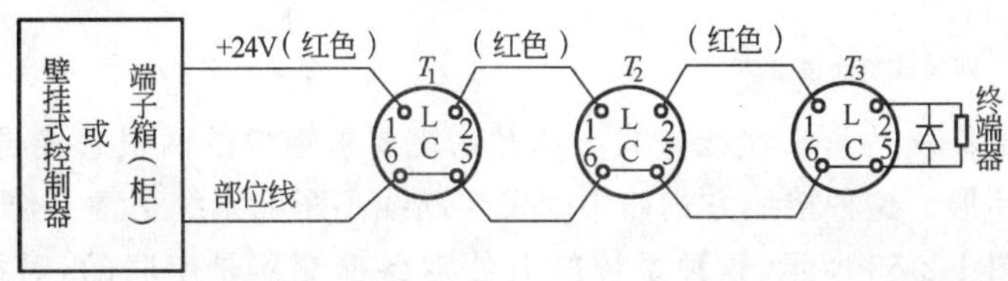

图 1-2-48 探测器并联时的接线图

探测器的混联：

在实际工程仅用并联和仅单个连接的情况很少，大多是混联，如图1-2-49所示。

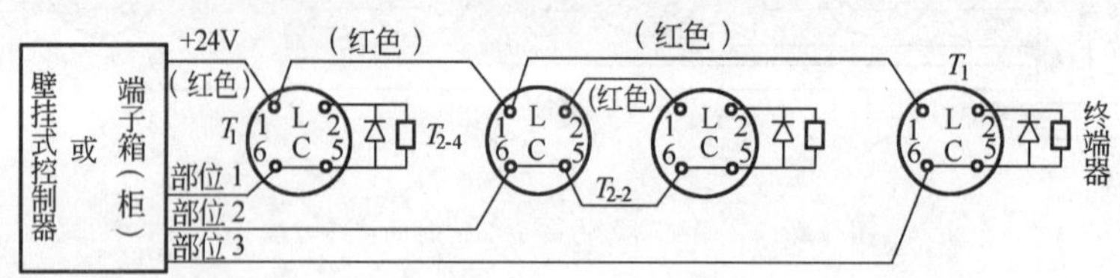

图1-2-49　探测器混合联接

2. 总线制系统

采用地址编码技术，整个系统只用几根总线，建筑物内布线极其简单，给设计、施工及维护带来了极大的方便，因此被广泛采用。

(1)四总线制：四条总线为：P线给出探测器的电源、编码、选址信号；T线给出自检信号以判断探测部位传输线是否有故障；控制器从S线上获得探测部位的信息；G为公共地线。P、T、S、G均为并联方式连接，S线上的信号对探测部位而言是分时的，如图1-2-50所示。由图可见，从探测器到区域报警器只用四根全总线，另外一根V线为DC24V，也以总线形式由区域报警控制器接出来，其他现场设备也可使用(见后述)。这样控制器与区域报警器的布线为5线，大大简化了系统，尤其是在大系统中，这种线制的优点尤为突出。

(2)二总线制：是一种最简单的接线方法，用线量更少，但技术的复杂性和难度也提高了。二总线中的G线为公共地线，P线则完成供电、选址、自检、获取信息等功能。目前，二总线制应用最多，新型智能火灾报警系统也建立在二总线的运行机制上。二总线系统有树枝型和环型、链接式及混合型几种方式，同时又有有极性和无极性之分，相比之下无极性二总线技术最先进。

树枝型接线：图1-2-51为树枝型接线方式，这种方式应用广泛，这种接线如果发生断线，可以报出断线故障点，但断点之后的探测器不能工作。

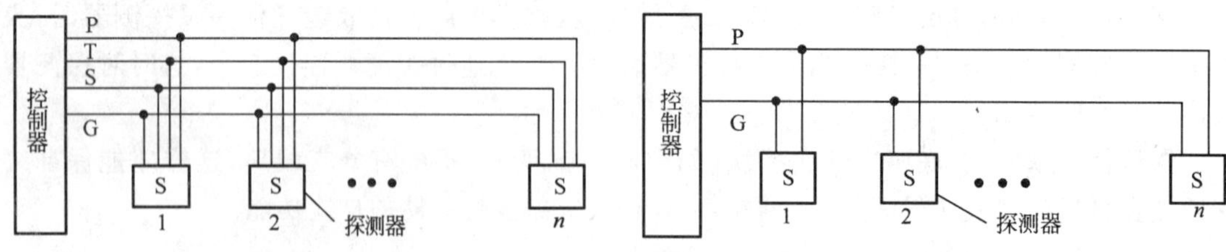

图1-2-50　四总线制连接方式

图1-2-51　树枝型接线(二总线制)

环形接线：图1-2-52为环形接线方式。这种系统要求输出的两根总线再返回控制器另两个输出端子，构成环形。这种接线方式如中间发生断线不影响系统正常工作。

链式接线：如图1-2-53所示，这种系统的P线对各探测器是串联的，对探测器而言，变成了三根线，而对控制器还是两根线。

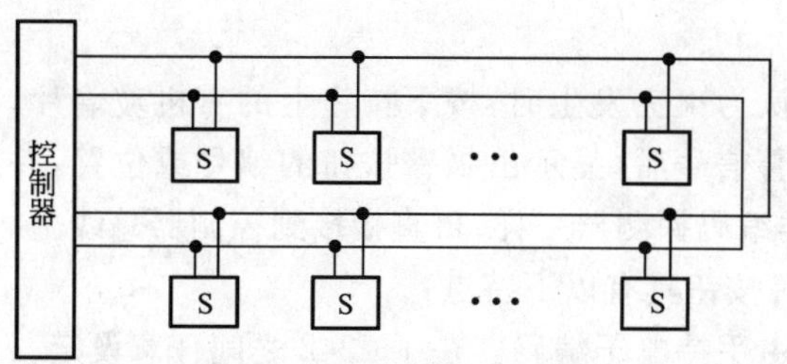

图 1-2-52 环形接线(二总线制)

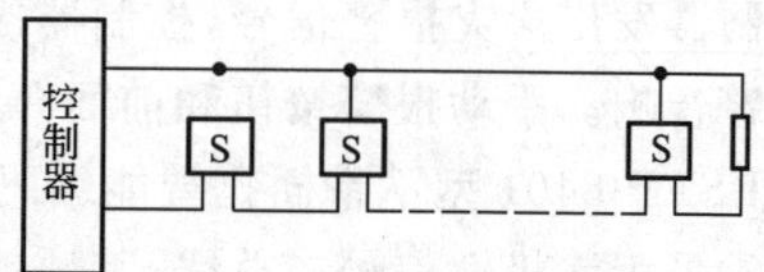

图 1-2-53 链式连接方式

在实际工程设计中,应根据情况选用适当的线制。

第五节 手动报警按钮

一、手动报警按钮的分类及作用原理

1. 分类

编码手动报警按钮分成两种,一种为不带电话插孔,另一种为带电话插孔,其编码方式如前面所述分为微动开关编码(二、三进制)或电子编码器编码(十进制)。编码示意图如表 1-2-16 所示。下面以海湾公司电子编码手动报警按钮为例详细说明。不带电话插孔的手动报警按钮为红色全塑结构,分底盒与上盖两部分,其外形如图示 1-2-54 所示。带电话插孔的手动报警按钮外形如图 1-2-55 所示。手动报警按钮设置在公共场所如走廊、楼梯口及人员密集的场所。

图 1-2-54 不带电话插孔手动报警按钮 J-SAP-8401 外形示意图

图 1-2-55 带电话插孔手动报警按钮 J-SAP-8402 外形示意图

消防按钮编码开关编码方式示例 表 1-2-16

n 次幂数	0 1 2 3 4 5 6
拨码 ON=1 状态 OFF=1	
2^n	1 2 4 8 16 32 64
真值表	0 0 0 1 1 1 0
二、十加权运算	$0\times2^0+0\times2^1+0\times2^2+1\times2^3+1\times2^4+1\times2^5+0\times2^6$
十进制地址码	$0\times1+0\times2+0\times4+1\times8+1\times16+1\times32+0\times64=56$

2. 作用原理

手动报警按钮安装在公共场所，当人工确认为火灾发生时，按下按钮上的有机玻璃片，可向控制器发出火灾报警信号，控制器接收到报警信号后，显示出报警按钮的编号或位置，并发出报警音响。手动报警按钮和前面介绍的各类编码探测器一样，可直接接到控制器总线上。

J-SAP-8401 型不带插孔智能编码手动报警按钮具有以下特点：

①采用无极性信号二总线，其地址编码可由手持电子编码器在 1～242 之间任意设定。

②采用拔插式结构设计，安装简单方便；按钮上的有机玻璃片在按下后可用专用工具复位。

③按下手动报警按钮玻璃片，可由按钮提供额定 DC60V/100mA 无源输出触点信号，可直接控制其他外部设备。

3. 主要技术指标

①工作电压：总线 24V；

②监视电流≤0. 8mA；

③动作电流≤2mA；

④线制：与控制器无极性信号二总线连接；

⑤使用环境：温度：－10～＋50℃，相对湿度≤95％，不结露；

⑥外形尺寸：90 mm×122mm×44mm。

二、设计要求与布线

1. 设计要求

每个防火分区应至少设置一只手动火灾报警按钮。从一个防火分区内任何位置到最邻近的一只手动火灾报警按钮的距离不应大于 30m。手动报警按钮宜设置在公共活动场所的出入口处，设置在明显的和便于操作的部位。当安装在墙上时，其底边距地高度宜为 1. 3～1. 5m，且应有明显标志。安装时应牢固，不应倾斜，外接导线应留不小于 10cm 的余量。

2. 线制

手动报警按钮接线端子如图 1-2-56 及图 1-2-57 所示。

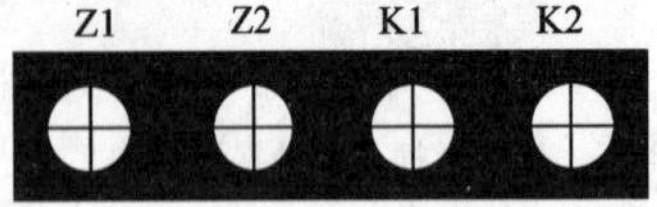

图 1-2-56　手动报警按钮(不带插孔)接线端子示意

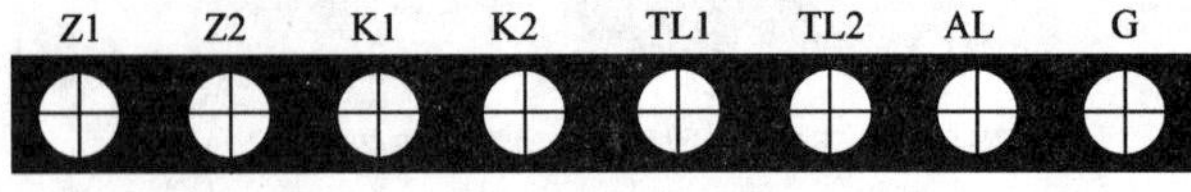

图 1-2-57　手动报警按钮(带消防电话插孔)接线端子示意

Z1、Z2——无极性信号二总线端子；

K1、K2——无源常开输出端子

布线要求：Z1、Z2 采用 RVS 双绞线，导线截面≥1. 0mm^2。

Z1、Z2——与控制器信号端二总线连接的端子；

K1、K2——DC24V 进线端子及控制线输出端子，用于提供直流 24V 开关信号；

TL1、TL2—与总线制编码电话插孔或多线制电话主机连接音频接线端子；

AL、G—与总线制编码电话插孔连接的报警请求线端子；

布线要求：信号 Z1、Z2 采用 RVS 双绞线，截面积≥1. 0mm^2；消防电话线 TLl、TL2 采用

RVVP屏蔽线，截面积≥1.0mm^2；报警请求线AL、G采用BV线，截面积≥1.0mm^2。

本章小结

火灾探测器是消防控制系统中重要组成部分，本章共分五个小节。先对探测器的分类、型号及构造原理进行了说明，再对探测器的选择和布置及线制进行了详细的阐述，明确报警区域和探测区域的划分，通过示例验证了不同布置方法的特点，以供读者设计时参考。最后对手动报警按钮的原理及应用进行叙述。总之，通过本章理论知识的学习，明白火灾探测器和手动报警按钮的原理及应用原则，为从事消防设计和施工奠定基础。

复习思考题

1.探测器分为几种？

2.下列型号代表的意义如何：

(1)JTY—LZ—101；

(2)JTW—DZ—262/062；

(3)JTW—BD—C—KA—II。

3.什么叫灵敏度？什么叫感烟(温)探测器的灵敏度？

4.感烟、温、光探测器有何区别？

5.选择探测器主要应考虑哪些方面的因素？

6.智能探测器的特点是什么？

7.布置探测器时应考虑哪些方面的问题？

8.已知某计算机房，房间高度为8m，地面面积为15m×20m，房顶坡度为14°，属于二级保护对象。(1)确定探测器种类；(2)确定探测器的数量；(3)布置探测器。

9.已知某高层建筑规模为40层，每层为一个探测区域，每层有45只探测器，手动报警开关等有20个，系统中设有一台集中报警控制器，试问该系统中还应有什么其他设备？为什么？

10.已知某锅炉房，房间高度为4m，地面面积为10m×20m，房顶坡度为10°，属于二级保护对象。(1)确定探测器种类；(2)确定探测器的数量；(3)布置探测器。

11.怎样用电子编码器编出18、20？

第三章 火灾报警控制器

火灾报警控制器是消防系统的核心部分，可以说是火灾自动报警系统的心脏。控制器可为火灾探测器供电，接收、传递和处理系统的故障及火警信号，并能发出声、光报警信号，同时显示及记录火灾发生的部位和时间，并能向联动控制器发出联动信号。

第一节 火灾报警控制器的分类、功能及型号

一、火灾报警控制器的分类

火灾报警控制器种类繁多，从不同角度有不同分类，具体分类如图 1-3-1 所示，外形如图 1-3-2 所示。

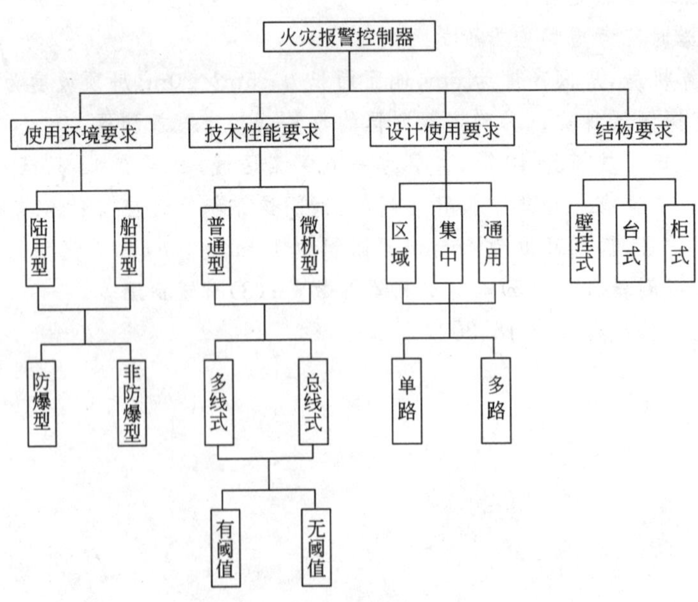

图 1-3-1 火灾报警控制器的分类

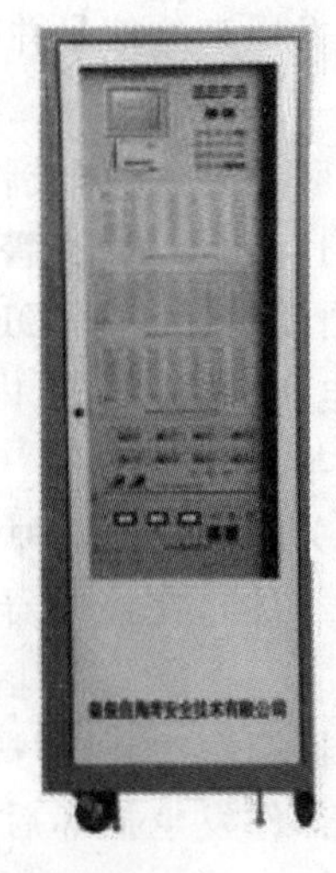
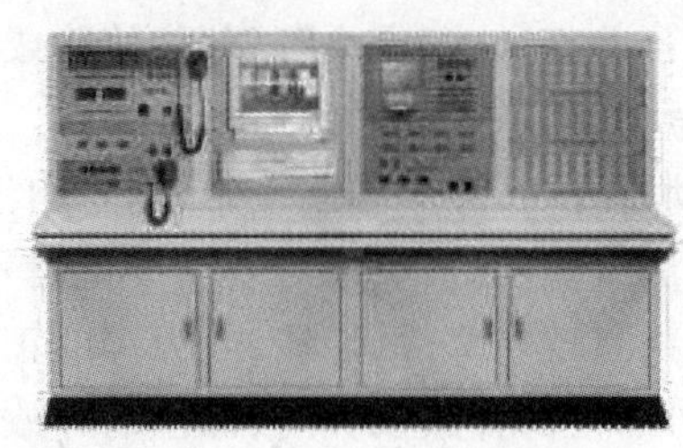

图 1-3-2 壁挂式、立柜式及台式报警控制器外形图

二、火灾报警控制器的基本功能

(1)主备电源:在控制器中备有浮充备用电池,在控制器投入使用时,应将电源盒上方的主、备电开关全打开,当主电网有电时,控制器自动利用主电网供电,同时对电池充电,当主电网断电时,控制器会自动切换改用电池供电,以保证系统的正常运行。在主电供电时,面板主电指示灯亮。时钟正常显示时分值。备电供电时,备电指示灯亮,时钟只有秒点闪烁,无时分显示,这是节省用电,其内部仍在正常走时,当有故障或火警时,时钟重又显示时分值,且锁定首次报警时间。当备电低于 20V 时关机,以防电池过放而损坏。

(2)火灾报警:当接收到探测器、手动报警按钮、消火栓报警按钮及编码模块所配接的设备发来的火警信号时,均可在报警器中报警,火灾指示灯亮并发出火灾变调音响,同时显示首次报警地址号及总数。

(3)故障报警:系统在正常运行时,主控单元能对现场所有的设备(如探测器、手动报警按钮、消火栓报警按钮等)、控制器内部的关键电路及电源进行监视,一有异常立即报警。报警时,故障灯亮并发出长音故障音响,同时显示报警地址号及类型号。

(4)时钟锁定,记录着火时间:系统中时钟走时是软件编程实现的,有年、月、日、时、分。当有火警或故障时,时钟显示锁定,但内部能正常走时,火警或故障一旦恢复,时钟将显示实际时间。

(5)火警优先:在系统存在故障的情况下出现火警,则报警器能由报故障自动转变为报火警,而当火警被清除后又自动恢复报原有故障。当系统存在某些故障而又未被修复时,会影响火警优先功能,如下列情况下:①电源故障;②当本部位探测器损坏时本部位出现火警;③总线部位故障(如信号线对地短路、总线开路与短路等)均会影响火警优先。

(6)调显火警:当火灾报警时,数码管显示首次火警地址,通过键盘操作可以调显其他的火警地址。

(7)自动巡检:报警系统长期处于监控状态,为提高报警的可靠性,控制器设置了检查键,供用户定期或不定期进行电模拟火警检查。处于检查状态时,凡是运行正常的部位均能向控制器发回火警信号，只要控制器能收到现场发回来的信号并有反应而报警，则说明系统处于正常的运行状态。

(8)自动打印：当有火警、部位故障或有联动时，打印机将自动打印记录火警、故障或联动的地址号，此地址号同显示地址号一致，并打印出故障、火警、联动的月、日、时、分。当对系统进行手动检查时，如果控制正常，则打印机自动打印正常(OK)。

(9)测试：控制器可以对现场设备信号电压、总线电压、内部电源电压进行测试。通过测量电压值，判断现场部件、总线、电源等的正常与否。

(10)部位的开放及关闭：部位的开放及关闭有以下几种情况：

①子系统中空置不用的部位(不装现场部件)，在控制器软件制作中即被永久关闭。如需开放新部位应与制造厂联系；

②系统中暂时空置不用的部位，在控制器第一次开机时需要手动关闭；

③系统运行过程中，已被开放的部位其部件发生损坏后，在更新部件之前应暂时关闭，在更新部件之后再将其开放。

(11)显示被关闭的部位：在系统运行过程中，已开放的部位在其部件出现故障后，为了维持整个系统正常运行，应将该部位关闭。但应能显示出被关闭的部位，以便人工监视关闭部位的火情并及时更换部件。操作相应的功能键，控制器便顺序显示所有在运行中被关闭的部位。当部位是多部件部位时，这些部件中只要有一个是关闭的，它的部位号就能被显示出来。

(12)输出：

①控制器中有 V 端子、VG 端子间输出 DC24V、2A。向本控制器所监视的某些现场部件和控制接口提供 24V 电源。

②控制器有端子 L_1,L_2，可用双绞线将多台控制器连通组成多区域集中报警系统，系统中有一台作集中报警控制器，其他作区域报警控制器。

③控制器有 GTRC 端子，用来同 CRT 联机，其输出信号是标准 RS-232 信号。

(13)联机控制：可分“自动”联动和“手动”启动两种方式，但都是总线联动控制方式。在联动方式时，先按 E 键与自动键，“自动”灯亮，使系统处于自动联动状态。当现场主动型设备(包括探测器)发生动作时，满足既定逻辑关系的被动型设备将自动被联动。联动逻辑因工程而异，出厂时已存贮于控制器中。手动启动在“手动允许”时才能实施，手动启动操作应按操作顺序进行。

无论是自动联动还是手动启动，应该动作的设备编号均应在控制板上显示，同时启动灯亮。已经发生动作的设备的编号也在此显示，同时回答灯亮。启动与回答能交替显示。

(14)阈值设定：报警阈值(即提前设定的报警动作值)对于不同类型的探测器其大小不一，目前报警阈值是在控制器的软件中设定。这样控制器不仅具有智能化、高可靠的火灾报警，而且可以按各探测部位所在应用场所的实际情况不同，灵活方便地设定其报警阈值，以便更加可靠地报警。

三、型号

1. 型号的编制

火灾报警产品型号是按照中华人民共和国专业标准(ZBC 81002— 84)编制的。

其型号意义，如图 1-3-3 所示：

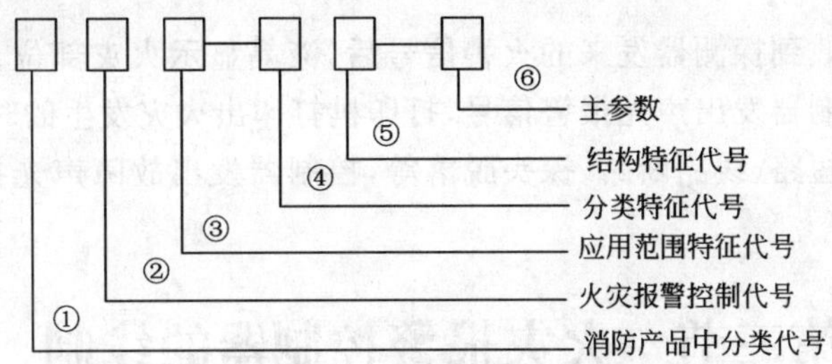

图 1-3-3 火灾报警产品型号组成

图中：①J(警)——消防产品中分类代号(火灾报警设备)；

②B(报)——火灾报警控制代号；

③应用范围特征代号；

B(爆)——防爆型；C——(船用型)。

非防爆型和非船用型可以省略，无需指明。

④分类特征代号：D(单)——单路；Q(区)——区域；J(集)——集中；

T(通)——通用，既可作集中报警，又可作区域报警；

⑤结构特征代号：G(柜)——柜式；T(台)——台式；B(壁)——壁挂式；

⑥主参数：一般表示报警器的路数。例如：40，表示 40 路。

2. 型号举例

JB-TB8—2700/063B：8 路通用壁挂火灾报警控制器。

JB—JG-60—2700/065：60 路柜式集中报警控制器。

JB—QB—40：40 路壁挂式区域报警控制器。

第二节 火灾报警控制器的构造及工作原理

一、火灾报警控制器的构造

火灾报警控制器已完成了模拟化向数字化的转变，其构造分三大部分：信号获取与传送电路、中央处理单元、输出电路，如图 1-3-4 所示。

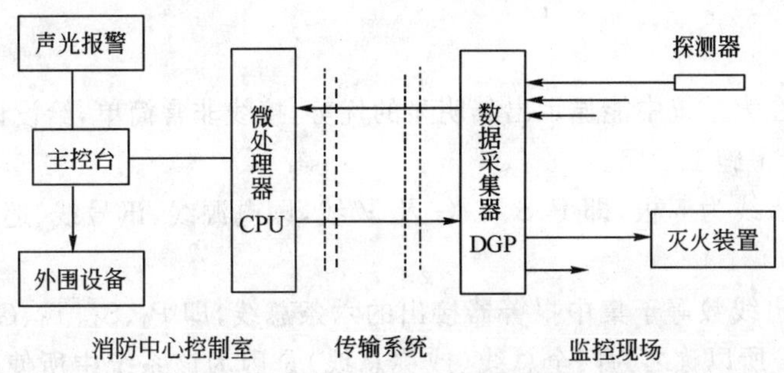

图 1-3-4 火灾报警控制器构造示意图

二、火灾报警控制器的工作原理

火灾时，控制器接收到探测器发来的火警信号后，液晶显示火灾部位、电子钟停在首次火灾发生的时刻，同时控制器发出声光报警信号，打印机打印出火灾发生的时间和部位。当探测器编码电路故障，例如短路、线路断路、探头脱落等，控制器发出故障声光报警，显示故障部位并打印。

第三节　火灾报警控制器的线制

接线形式根据不同产品有不同线制，如三线制、四线制、两线制、全总线制及二总线制等，这里仅介绍传统的两线制、全总线制及现代的二总线制。

一、两线制

两线制的接线计算方法因不同厂家的产品有所区别，以下介绍的计算方法具有一般性。

区域报警器的输入线数等于 $N+1$ 根，N 为本区域报警部位数。

区域报警器的输出线数等于是 $10+\frac{n}{10}+4$，式中：n 为区域报警器所监视的部位数目；10 为部位显示器的个数；$\frac{n}{10}$为巡检分组的线数；4 包括：地线一根，层号线一根，故障线一根，总检线一根。

集中报警的输入线数为 $10+\frac{n}{10}+S+3$，式中：S 为集中报警器所控制区域报警器的台数；3 为故障线一根、总检线一根、地线一根。

【例】 某高层建筑的层数为 50 层，每层一台区域报警器，每台区域报警器带 50 个报警点，每个报警点有一只探测器，试计算报警器的线数并画出布线图。

【解】 区域报警器的输入线数为 $50+1=51$ 根，区域报警器的输出线数为 $10+\frac{50}{10}+4=19$ 根；集中报警器的输入线数为 $10+\frac{50}{10}+50+3=68$ 根。

两线制接线如图 1-3-5 所示，这种接线大多在小系统中应用，目前已很少使用。

二、全总线制

这种接线方式在大系统中能显示出其明显的优势，接线非常简单，给设计和施工带来了较大的方便，大大减少了施工工期。

区域报警器输入线为 5 根，即 P、S、T、G 及 V 线，即电源线、讯号线、巡检控制线、回路地线及 DC24V 线。

区域报警器输出线数等于集中报警器接出的六条总线，即 P_0、S_0、T_0、G_0、C_0，D_0，C_0 为同步线，D_0 为数据线。所以称之为四全总线（或称总线）是因为该系统中所使用的探测器、手动报警按钮等设备均采用 P、S、T、G 四根出线引至区域报警器上。其布线如图 1-3-6 所示。

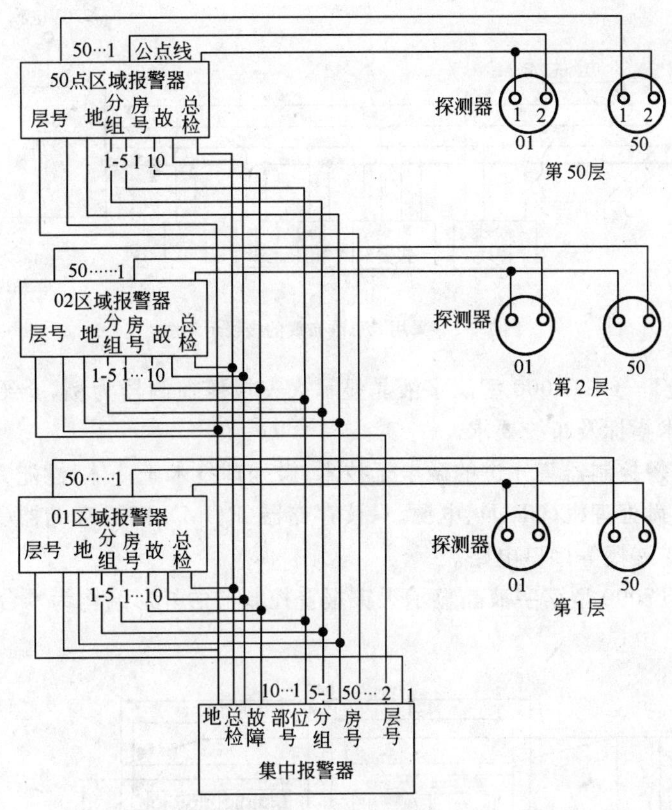

图 1-3-5 两线制的接线

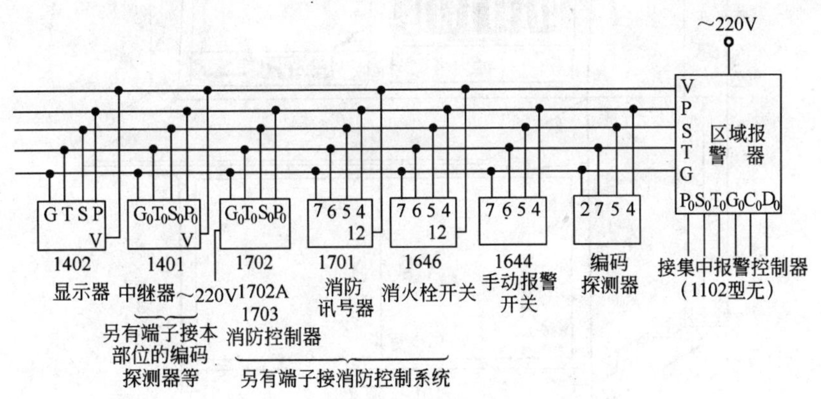

图 1-3-6 采用四全总线的接线示意

三、二总线制

因为是无极性二总线安装接线，因此这种接线方式使用更加简便，需要 24V 电源的部位可引入无极性 24V 电源总线即可。因为整个火灾报警系统中主要以报警设备为主，所以在施工布线中一般只敷设一对电线即可。其布线如图 1-3-7 所示。

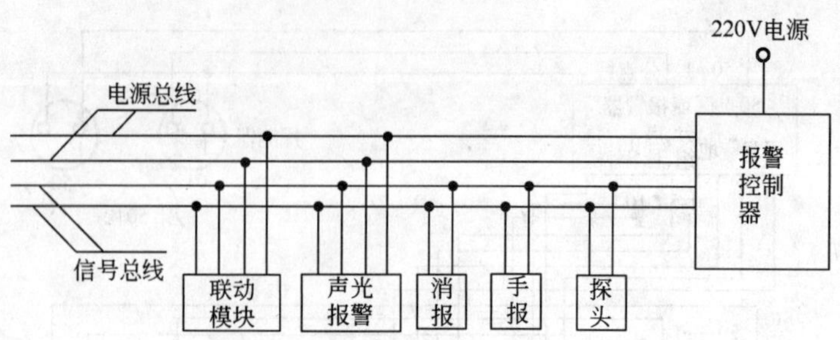

图 1-3-7 采用二总线布线的接线示意图

下面以 JB—QT—GST5000 型汉字液晶显示火灾报警控制器为例，介绍二总线火灾报警控制器的性能、技术指标及布线要求。

二总线火灾报警控制器集先进的微电子技术、微处理技术于一体，性能完善，控制方便、灵活。硬件结构包括微处理机(CPU)、电源、只读存储器(ROM)、随机存储器(RAM)及显示、音响、打印机、总线、扩展槽等接口电路。

JB—QT—GST5000 型汉字液晶显示火灾报警控制器的外形结构为琴台式，如图 1-3-8 所示。

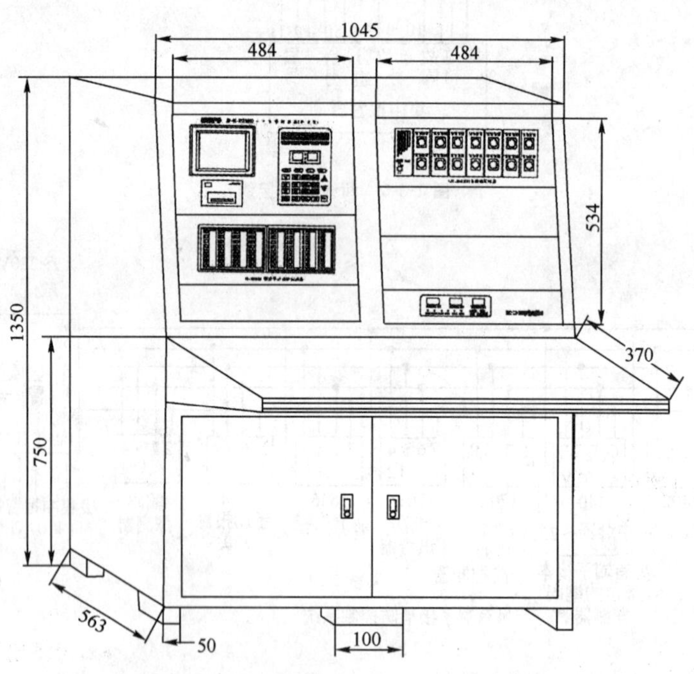

图 1-3-8 JB—QT—GSTS000 型控制器外型示意

1. JB—QT—GST5000 型控制器特点

(1)控制器采用琴台式结构，各信号总线回路板采用拔插设计，系统容量扩充简单、方便。

(2)采用大屏幕汉字液晶显示器，各种报警状态信息均可以直观地以汉字方式显示在屏幕上，便于用户操作使用。

(3)控制器设计高度智能化，与智能探测器一起可组成分布智能式火灾报警系统，极大降低误报，提高系统可靠性。

(4)火灾报警及消防联动控制可按多机分体、分总线回路设计，也可以单机共总线回路设计，同时控制器设计了具有短线、断线检测及设备故障报警功能的多线制控制输出点，专门用于控制风机、水泵等重要设备，可以满足各种设计要求。

(5)控制器可完成自动及手动控制外接消防被控设备，其中手动控制方式具备直接手动操作键控制输出及编码组合键手动控制输出两种方式，系统内的任一地址编码点既可由各种编码探测器占用，也可由各类编码模块占用，设计灵活方便。考虑到控制器自身电源系统容量较低，当控制器接有被控设备时，需另外设置 DC24V 电源系统。

(6)控制器具有极强的现场编程能力，各回路设备间的交叉联动、各种汉字信息注释、总线制设备与多线制控制设备之间的相互联动等均可以现场编程设定。

(7)控制器可外接火灾报警显示盘及彩色 CRT 显示系统等设备，满足各种系统配置要求。

(8)进一步加强了控制器的消防联动控制功能，可配置多块 64 路手动消防启动盘，完成对总线制外控设备的手动控制，并可配置多块 14 路多线制控制盘，完成对消防控制系统中重要设备的控制。

(9)控制器可加配联动控制用电源系统，标准化电源盘可提供 DC24V、6A 电源二总线。

(10)控制器容量内的任一地址编码点，可由编码火灾探测器占用，也可由编码模块占用。

(11)控制器可扩充消防广播控制盘和消防电话控制盘，组成消防广播和消防电话系统。

2. JB—QT—GST5000 型控制器主要技术指标

(1)液晶屏规格：320×240 图形点阵，可显示 12 行汉字信息。

(2)控制器容量：

①最多可带 40 个 242 地址编码点回路，最大容量为 9680 个地址编码点；

②可外接 64 台火灾显示盘；联网时最多可接 32 台其他类型控制器；

③多线制控制点及直接手动操作总线制控制点可按要求配置。

(3)线制：

①控制器与探测器间采用无极性信号二总线连接，与各类控制模块间除无极性二总线外，还需外加二根 DC24V 电源总线。

②与其他类型的控制器采用有极性二总线连接，对于火灾报警显示盘需外加两根 DC24V 电源供电总线。

③与彩色 CRT 系统采用四芯扁平电话线通过 RS-232 标准接口连接，最大连接线长度不宜超过 15m。

(4)使用环境：温度 0～+40℃，相对湿度≤90%，不结露。

(5)电源：主电为交流 $220V^{+10\%}_{-15\%}$，内装 DC24V 10Ah 密封铅电池作备电。

(6)功耗：≤150W。

(7)外形尺寸：1045mm×933 mm×1350mm。

3. 接线端子及布线要求

(1)接线端子如图 1-3-9 所示。

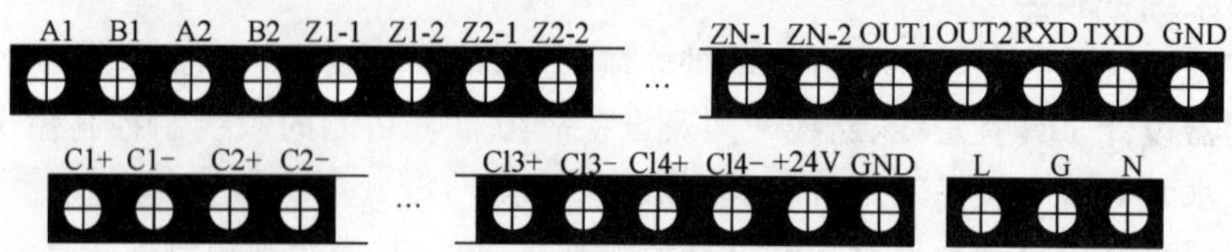

图 1-3-9 JB—QT—GST5000 控制器接线端子示意

图中：A1、B1——连接火灾显示盘的通讯线；

A2、B2——485 网络通讯线；

ZN-1、ZN-2(N=1～18)——无极性信号二总线；

OUTl、OUT2——火灾报警输出端子(无源常开控制点，报警时闭合)；

RXD、TXD、GND——连接彩色 CRT 系统的接线端子；

CN+、CN-(N=1～14)——多线制控制输出端子；

+24V、GND——DC24V、6A 供电电源输出端子；

L、G、N——交流 220V 接线端子及机柜保护接地线端子。

(2)布线要求：

①控制器信号总线采用阻燃 RVS 双绞线，截面积≥1.0mm²；

②控制器与控制器及火灾显示盘之间的通讯总线采用阻燃屏蔽双绞线，截面积≥1.0mm²；

③控制器输出的多线制控制点外接线采用阻燃 BV 线，截面积≥1.0mm²；

④与彩色 CRT 系统采用四芯扁平电话线通过 RS-232 标准接口连接，最大连接线长度不宜超过 15m。

DC24V、6A 供电电源线在竖井内采用 BV 线，截面积≥4.0mm²，在平面采用 BV 线，截面积≥2.5mm²。

第四节　消防自动报警系统设计示例

火灾自动报警系统由传统火灾自动报警系统向现代火灾报警系统发展。无论是火灾探测器，还是报警控制器，都趋于小型化、微机化，目前最先进的系统为模拟量无阈值智能化。

随着消防产品的不断更新换代，不同厂家、不同系列的产品在实际应用中其配套设备各异，但其基本种类及功能相同，并逐渐向总线制、智能化方向发展，使得系统的误报率降低，且由于采用总线制，系统的施工和维护非常方便。下面仅就一些常用的配套设备进行介绍。

一、配套设备

1. 总线隔离器(又称短路隔离器)

作用：当总线发生故障(短路)时，将发生故障的总线部分与整个系统隔离开来，以保证系统的其他部分能正常工作，同时便于确定发出故障的部位。当故障部分的总线修复后，总线隔离器自行恢复工作，将被隔离出去的部分重新纳入系统。

安装与布线：一般安装在总线的分支处。其后可接入 50 个编码设备(含各类探测器或编码模块)。与信号二总线连接，选用截面积≥1.0mm² 的 RVS 双绞线。

2. 消火栓报警按钮

消火栓报警按钮可直接接入控制器总线上，占用一个地址编码。按钮表面有一有机玻璃片，当用消火栓报警时，直接按下有机玻璃片，可直接启动消防泵，此时按钮的红色指示灯亮，表明已向消防控制室发出了报警信号，控制器在确认了消防水泵已经启动运行后，就向消火栓报警按钮发出命令信号点亮消火栓报警按钮上的绿色指示灯。如：LD—8403 型智能编码消火栓按钮，如图 1-3-10 所示。

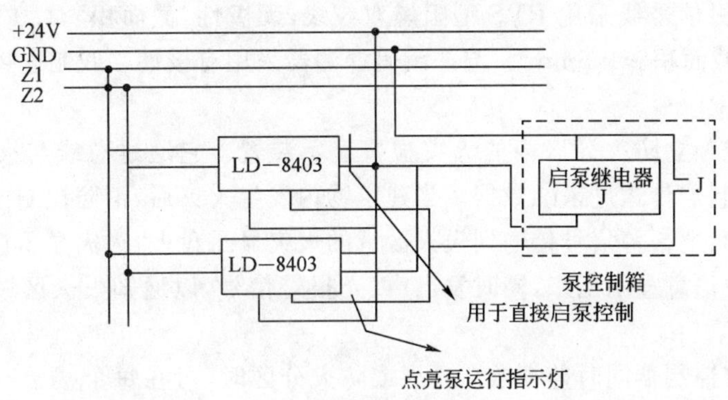

图 1-3-10 消火栓按钮直接启泵方式应用接线示意图

布线要求：消火栓报警按钮与控制器的信号二总线及 DC 24V 电源二总线连接，采用三线制(一根 DC24V 有源输出线，一根回答输入线，一根公共地线)连接，可完成对设备的启动及监视功能。此方式可独立于控制器。

3. 输入模块

用于现场主动型消防设备，如：水流指示器、压力开关、熔断式防火阀、行程开关、湿式报警阀等。这是开关量信号输入模块，可以接收任何无源接点动作的信号。水流指示器水流通过信号，压力开关压力上限、下限信号等。

主动型设备消防控制室无法对其进行控制，取信号控制其他设备，信号由现场到控制室。也适配非编码火灾探测器。

原理：当现场设备动作，其开关量信号转换为控制器可接收的编码信号，模块通过探测总线把信号传送到控制器，模块上的发光二极管常亮以显示报警状态，再由控制器给出相应的信号去联动其他有关设备。

布线要求：信号二总线，采用阻燃 RVS 型双绞线，截面积≥1.0 mm²。

4. 单输入/输出模块

用于控制各种一次动作的被动型设备。如：电动脱扣阀(排烟口、送风口、防火门等)、电梯迫降、切非消防用电、空调、电防火阀等。

布线要求：信号二总线，采用阻燃 RVS 型双绞线，截面积≥1.0 mm²；二根电源线采用阻燃 BV 线，截面积≥1.5 mm²。

5. 双输入/双单输出模块

用于完成对二步降防火卷帘门、水泵、排烟风机等双动作设备的控制。该模块也可作为两个独立的单输入/输出模块使用。

布线要求：信号二总线，采用阻燃 RVS 型双绞线，截面积≥1.0 mm^2；二根电源线采用阻燃 BV 线，截面积≥1.5 mm^2。

6. 编码中继器

一种编码模块，只点用一个编码点，用于连接非编码探测器等现场设备，当接入编码中继器的输出回路的任何一只现场设备报警后，编码中继器都会将报警信息传输给报警控制器，控制器产生报警信号并显示出编码中继器的地址编号。

布线要求：二根信号线采用 RVS 型阻燃双绞线，无极性，截面积≥1.0 mm^2；电源线采用二根阻燃 BV 线，截面积≥1.5mm^2。与非编码探测器采用有极性二线制连接。

7. 显示盘(XSP)

安装在楼层或独立防火分区内的火灾报警显示装置。它通过总线与火灾报警控制器相连，处理并显示控制器传送过来的数据。当建筑物内发生火灾后，消防控制中心的火灾报警控制器产生报警，同时把报警信号传输到失火区域的火灾显示盘上，火灾显示盘上将产生报警的探测器编号及相关信息显示出来，同时发出声、光报警信号，以通知失火区域的人员。不占探测地址。

当用一台报警控制器同时监视数个楼层或防火分区时，可在每个楼层或防火分区设置火灾显示盘以取代区域报警控制器，如图 1-3-11 所示。

其中：

A、B：接火灾报警控制器的通讯总线端子，采用 RVVP 屏蔽线，截面积≥1.0mm^2。

+24V、DGND：DC24V 电源线端子，阻燃 BV 线，截面积≥2.5mm^2。

●	●	●	●
A	B	+24V	DGND

图 1-3-11 显示盘

8. 探测器门灯(LD-8314)

报警门灯一般安装在巡视观察方便的地方，如会议室、餐厅、房间等门口上方。便于从外部了解内部的火灾探测器是否报警。可与探测器并联使用，并与探测器的编码一致。也可单独使用。

布线要求：信号二总线，采用阻燃 RVS 型双绞线，截面积≥1.0mm^2。

9. 声光讯响器

作用是当发生火灾并被确认后，安装在现场的声光讯响器可由消防控制中心的火灾报警控制器启动，发出强烈的声光信号，以达到提醒人员注意的目的。

声光讯响器一般分为非编码型与编码型两种。编码型可直接接入报警控制器的信号二总线(需由电源系统提供二根 DC24V 电源线)，非编码型可直接由有源 24V 常开触点进行控制，例如用手动报警按钮的输出触点控制等。讯响器安装在现场，采用壁挂式安装，一般情况下安装在距顶棚 0.2m 处。

布线要求：二根信号线采用阻燃 RVS 型双绞线，截面积≥1.0mm^2；电源线+24V，DGND 采用阻燃 BV 线，截面积≥1.5mm^2。

二、火灾自动报警系统设计

1. 区域火灾自动报警系统

1)报警控制系统的设计要求

(1)一个报警区域宜设置一台区域火灾报警控制器。

(2)区域火灾报警系统报警器台数不应超过两台。

(3)当一台区域报警器垂直方向警戒多个楼层时,应在每个数层的楼梯口或消防电梯前室等明显部位,设置识别楼层的灯光显示装置,以便发生火警时能及时找到火警区域,并迅速采取相应措施。

(4)区域报警器安装在墙上时,其底边距地宜1.3~1.5m,靠近其门轴的侧面距墙不应小于0.5m,正面操作距离不应小于1.2m。

(5)区域报警器宜设置在有人值班的房间或场所。

(6)区域报警器的容量应大于所监控设备的总容量。

(7)系统中可设置功能简单的消防联动控制设备。

2)区域报警控制系统应用场所

区域报警系统简单且使用广泛,一般在工矿企业的计算机房等重要部位和民用建筑的塔楼公寓、写字楼等处采用区域报警系统,另外,还可作为集中报警系统和控制中心系统中最基本的组成设备。塔楼式公寓火灾自动报警系统如图1-3-12所示。目前区域系统多数由环状网络构成(如右边所示),也可能是支状线路构成(如左边所示),但必须加设楼层报警确认灯。

2. 集中火灾自动报警系统

1)集中报警控制系统的设计要求

(1)系统中应设有一台集中报警控制器和两台以上区域报警控制器,或一台集中报警控制器和两台以上区域显示器(或灯光显示装置)。

(2)集中报警控制器应设置在有专人值班的消防控制室或值班室内。

(3)集中报警控制器应能显示火灾报警部位信号和控制信号,亦可进行联动控制。

(4)系统中应设置消防联动控制设备。

(5)集中报警控制器及消防联动设备等在消防控制室内的布置应符合下列要求:

①设备面盘前操作距离,单列布置时不应小于1.5m,双列布置时不应小于2m。

②在值班人员经常工作的一面,设备面盘至墙的距离不应小于3m。

③设备面盘的排列长度大于4m时,其两端应设置宽度不小于1m的通道。

④设备面盘后的维修距离不宜小于1m。

⑤集中火灾报警控制器安装在墙上时,其底边距地高度为1.3~1.5m,靠近其门轴的侧面距墙不应小于0.5m,正面操作距离不应小于1.2m。

2)集中报警控制器应用场所

集中报警控制系统在一般中档宾馆、饭店用得比较多。根据宾馆、饭店的管理情况,区域报警控制器(或楼层显示器)设在各楼层服务台,管理比较方便。

3. 控制中心报警系统

控制中心报警系统主要用于大型宾馆、饭店、商场、办公楼等。此外,多用在大型建筑群和大型综合楼工程中。某公寓火灾自动报警示意图如图 1-3-12 所示。

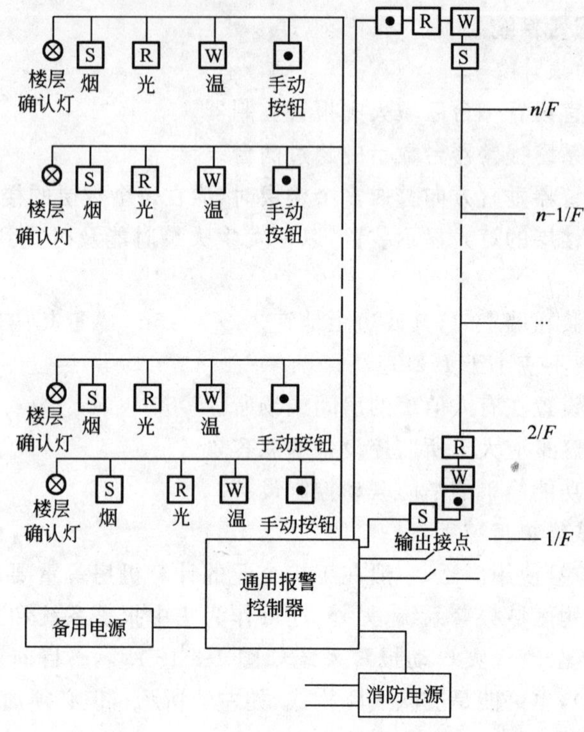

图 1-3-12　某公寓火灾自动报警示意图

本章小结

火灾报警控制器是消防控制系统中的核心部分，在本章中叙述了火灾报警控制器组成、工作原理、功能，最后介绍火灾自动报警系统及应用示例。

总之，通过本章理论知识的学习和基本技能实训，懂得火灾自动报警系统的相关规范、工程设计的基本内容和基本方法，学会识读火灾自动报警系统的施工图，为从事消防工程设计和施工打下了基础。

复习思考题

1. 火灾报警控制器有哪些种类？
2. 火灾报警控制器功能有哪些？
3. 区域报警系统和集中报警系统的设计有哪些要求？

第四章 灭火控制系统

第一节 概 述

建筑物尤其是高层建筑一旦发生火灾，扑救是十分困难的。实践已经证明，依靠室内完善的消防设施，先进的消防技术，实现早期灭火及正规灭火，将是现代楼厦的主要灭火形式。

一、灭火形式

一种是人工灭火，动用消防车、云梯车、消火栓、灭火弹、灭火器等器械进行灭火。优点是直观、灵活及工程造价低等。缺点是消防车、云梯车等所能达到的高度十分有限，灭火人员接近火灾现场困难，灭火缓慢、危险性大。

另一种是自动灭火，自动灭火又分为自动喷洒水灭火系统和固定式喷洒灭火剂灭火系统两种。灭火系统与火灾报警系统联动控制。优点是可在火灾中心实施有效灭火，人身安全，灭火速度快，灭火效率高。缺点是费用高。

二、灭火的基本方法

燃烧是一种发热放光的化学反应，要达到燃烧必须具备三个条件即：有可燃物（如汽油、甲烷、木材、氢气、纸张等）、有助燃物（如高锰酸钾、氯、氯化钾、溴、氧等）、有火源（如高热、化学能、电火、明火等）。

显而易见，只要不使上述三个条件同时具备，就可以实现防火、灭火的目的。一般灭火方法有以下三种：

1. 化学抑制法

将灭火剂施放到燃烧物上，就可以起到中断燃烧的化学连锁反应，达到灭火之目的。如二氧化碳、卤代烷等。

2. 冷却法

将灭火剂喷于燃烧物上，通过吸热使温度降低到燃点以下，火随之熄灭。如水。

3. 窒息法

这种方法是阻止空气流入燃烧区域，即将泡沫喷射到燃烧物体上，将火窒息，或用不燃烧物质进行隔离（如用石棉布、浸水棉被覆盖在燃烧物上），使燃烧物因缺氧而窒息。

三、灭火介质

为了能有效灭火，正确地设计消防系统，就必须了解常用的灭火介质，如水、二氧化碳、烟烙尽、卤代烷，以及干粉、泡沫灭火剂等。只有使灭火剂与灭火设备相配合，才能充分发挥消防系统的灭火能力。

1. 水灭火剂

在诸多灭火剂中，水是人类使用最久、最得力、最常用的灭火介质。俗话说，水火不相容。现代消防系统中，利用水作灭火介质可以设计出性能优良的灭火系统。为了进一步研究开发水灭火系统，学习水的灭火原理是非常必要的。

(1)水的冷却作用

水的冷却作用就是指水温度的升高及蒸发汽化都要吸收大量的热。即在水与火的接触中，在被加热与汽化的过程中，吸收燃烧物燃烧产生的热量，而使燃烧物冷却下来。另一方面，水在与炽热的含碳可燃物接触时，会产生一系列化学反应并吸收大量的热。由此可见，水在与火的接触中，将从燃烧物上吸取大量的热，起到了降温灭火的作用。

(2)水对氧(助燃剂)的稀释作用

当水与炽热的燃烧物接触后，吸收大量热而使水汽化并产生大量水蒸气阻止了外界空气再次侵入燃烧区。另外，水蒸气还可使着火现场的氧得以稀释，即通过水蒸气的阻氧及对着火区氧的稀释作用，就会使着火区的助燃剂不能得到补充，同时现有的氧又被稀释而大大减少，导致火灾由于缺氧而熄灭。

(3)水的冲击作用

在救火现场，由喷水枪喷出的高压水柱具有强烈的冲击作用。燃烧物在这种强烈冲击下，会变成四分五裂，因此可使火势由于分散而减弱。所以水的冲击作用同样是灭火的一个重要作用。

由于水是天然的灭火剂，获取与使用都相当方便，并具有强大的灭火能力，所以以水为灭火剂的灭火系统备受欢迎。

目前我国用水灭火是主要形式，在大面积火灾情况下，人们总是优先考虑用水去灭火。但是电气火灾，可燃粉尘聚集处发生的火灾，贮有大量浓硫酸、浓硝酸场所发生的火灾等都不能用水去灭火。一些与水能发生化学反应产生可燃气体且容易引起爆炸的物质(碱金属、电石、熔化的钢水及铁水等)，由它们引起的火灾，也不能用水去扑灭。

“水”，一种深受人们欢迎的灭火介质，正在发挥越来越大的作用，与水相应的灭火系统如消火栓灭火系统、喷洒水灭火系统及水幕水帘等也正在成为人们不可缺少的主要灭火工具。

2. 泡沫灭火剂

凡能与水混溶，并可通过化学反应或机械方法产生灭火泡沫的灭火剂称为泡沫灭火剂。其组成包括发泡剂、泡沫稳定剂、降粘剂、抗冻剂、助溶剂、防腐剂及水。

泡沫灭火剂主要用于扑灭非水溶性可燃液体及一般固体灭火。其灭火原理是泡沫灭火剂的水溶液通过化学、物理作用，充填大量气体(CO_2、空气)后形成无数小气泡，覆盖在燃烧物表面使燃烧物与空气隔绝，阻断火焰的热辐射，从而形成灭火能力。同时泡沫在灭火过程中析出的液体，可使燃烧物冷却。受热后产生的水蒸气还可降低燃烧物附近的氧气浓度，也起到了较好的灭火作用。

3. 干粉灭火剂

干粉灭火剂又称粉末灭火剂，它是干燥且易于流动的微细固体粉末。主要以碳酸氢钠为基料，用以扑灭各种非水溶性和水溶性可燃易燃液体的火灾以及天然气和液化气可燃气体的火灾。其灭火原理是将干粉以一定的气体压力由容器中喷出并呈粉末雾状，在其与火接触时会发生一系列物理化学反应，从而扑灭火焰。电气设备发生火灾，也可用干粉灭火剂去扑灭。

4. 二氧化碳灭火剂

二氧化碳在常温下无色无臭，是一种不燃烧、不助燃的气体，便于装罐和储存，是应用较广的灭火剂之一。其灭火原理是依靠对火灾的窒息、冷却和降温作用。二氧化碳挤入着火空间时，使空气中的含氧量明显减少，使火灾由于助燃剂的减少而最后“窒息”熄灭。同时，二氧化碳由液态变成气态时，会吸收大量的热量，从而使燃烧区温度大大降低，同样起到灭火作用。

二氧化碳具有不沾污物品，无水渍损失，不导电及无毒等优点，所以二氧化碳被广泛应用在扑灭各种易燃液体火灾，电气火灾以及高层建筑中的重要设备、机房、电子计算机房、图书馆、珍藏库等发生的火灾。重要的写字楼、科研楼及档案楼等发生的火灾也经常采用二氧化碳去灭火。

5. 卤代烷灭火剂

卤代烷是以卤素原子取代烷烃分子中的部分氢原子或全部氢原子而得到的一类有机化合物的总称。一些低级烷烃的卤代物具有不同程度的灭火能力。我们常将这些具有灭火能力的低级卤代物统称为卤代烷灭火剂。常用的卤代烷灭火剂化学表达式及代号分别为：

二氟一氯一溴甲烷	CF_2ClBr	1211
三氟一溴甲烷	CF_3Br	1301
二氟二溴甲烷	CF_2Br_2	1202
四氟二溴乙烷	$C_2F_4Br_2$	2402

卤代烷的灭火原理在于抑制燃烧的化学反应过程，使燃烧中断。灭火过程主要是通过夺取燃烧连锁反应中的活泼物质而形成的断链过程或抑制过程。显然，这一灭火过程是化学反应过程，而其他一些灭火剂大都是冷却和稀释等物理过程，因此，卤代烷灭火速度是非常快的。

卤代烷灭火剂的使用与二氧化碳有很多相似之处，例如灭火后不留痕迹，毒性低，且药剂本身绝缘性好。因此卤代烷灭火剂适用于扑救各种易燃液体火灾和电气设备火灾，而不适用于扑救活泼金属、金属氢化物及能在惰性介质中由自身供氧燃烧的物质的火灾。固体纤维物质火灾需要采用浓度较高的卤代烷灭火剂。

卤代烷灭火剂具有灭火效率高、速度快、灭火后不留痕迹（水渍）、腐蚀性极小、便于贮存且久贮不变质等优点；但卤代烷灭火剂也有毒性、价格高的缺点。

卤代烷 1211、1301 等灭火设备一般应用在不能用水喷洒且保护对象又较重要的场所，如计算机室、通讯电子仪器室、电气控制室、书库、资料库、文物库以及贵重物品的特殊建筑物。

总之，灭火剂的种类很多，目前应用的灭火剂有泡沫，卤代烷 1211、1301，二氧化碳，四氯化碳，干粉，水等。但比较而言，用水灭火具有方便、有效、价格低廉的优点，因此被广泛使用。在实际工作中，应根据现场的实际工况来选择和确定灭火方法和灭火剂，以达到最理想的灭火效果。

第二节　室内消火栓灭火系统

高层建筑或建筑群体着火后，主要做好两方面的工作：一是有组织有步骤的紧急疏散；二是进行有效灭火。为将火灾损失降到最低限度，必须采取最有效的灭火方法。

自动灭火系统一般分为自动水灭火系统和固定喷洒灭火剂灭火系统。

自动水灭火系统，根据结构和灭火过程，基本分为两类，即室内消火栓灭火系统及自动喷水灭火系统。我们学习其结构、原理及自动控制等方面内容。

消火栓灭火是建筑物中最常用的灭火方式。《高层民用建筑设计防火规范》GB 50045—95规定：高层建筑必需设置室内、外消火栓灭火系统。

一、系统构成

由高位水箱（蓄水池）、消防水泵（加压泵）、管网、室内消火栓设备、水泵接合器等组成。如图 1-4-1 所示。这些设备的电气控制包括水池的水位控制、消防用水和加压水泵的启动。水位控制应能显示出水位的变化情况和高、低压水位报警及控制水泵的启停。泵的启、停控制包括远距离控制和就地控制。

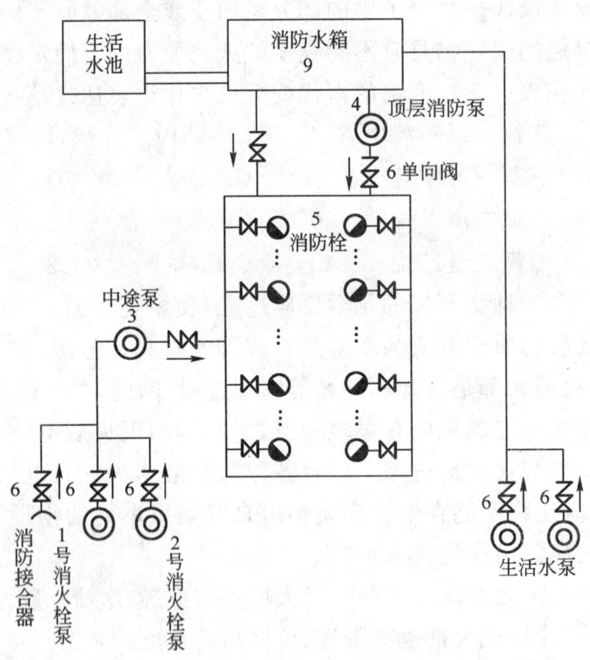

图 1-4-1　室内消火栓灭火系统示意图

室内消火栓设备由水枪、水带、消火栓（消防用水出水阀）、管道等组成，如图 1-4-2 所示。

消防水箱，高层建筑内的消防水箱最好采用两个，在一个水箱检修时，仍可保证必要的消防应急用水。高层建筑的消防水箱应设置在屋顶，宜与其他生产、生活用水的水箱合用，让水箱中的水经常处于流动状态，以防止消防用水长期储存而使水质变坏发臭。

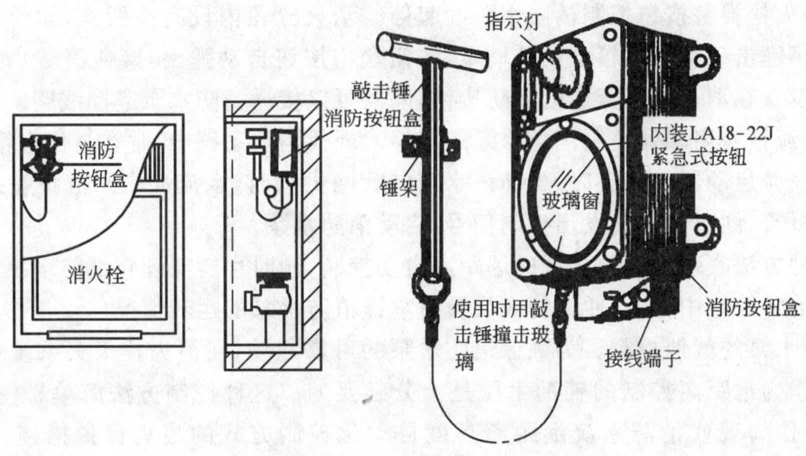

图 1-4-2 消火栓内消防水泵启动按钮示意图

高层建筑设置的两个消防水箱,用联络管在水箱底部将它们连接起来,并在联络管上安设阀门,此阀门应处于常开状态。

高位水箱应充满足够的消防用水,一般规定贮水量应能提供火灾初期消防水泵投入前10min 的消防用水。10min 后的灭火用水要由消防水泵从低位蓄水池或市区供水管网将水注入室内消防管网。

为了使各消火栓中喷水枪具有相当的水压,满足喷水枪喷水灭火需要的充实水柱长度,需要对消防水管加压,需要采用加压设备。常用的加压设备有两种:消防水泵和气压给水装置。采用消防水泵时,在每个消火栓内设置消防按钮,灭火时用小锤击碎按钮上的玻璃小窗,按钮不受压而复位,从而通过控制电路启动消防水泵,水压增高后,灭火水管有水,用水枪喷水灭火。采用气压给水装置时,由于采用了气压水罐,并以气水分离器来保证供水压力,所以水泵功率较小,可采用电接点压力表,通过测量供水压力来控制水泵的起动。

在一些高层建筑中,为弥补消防水泵供水时扬程不足,或降低单台消防水泵的容量,以达到降低自备应急发电机组的额定容量,往往在消火栓灭火系统中增设中途接力泵。

屋顶消火栓的设置,对扑灭楼内和邻近大楼火灾都有良好的效果,同时它又是定期检查室内消火栓供水系统供水能力有效措施。

水泵接合器,是消防车往室内管网供水的接口,为确保消防车从室外消火栓、消防水池或天然水源取水后安全可靠地送入室内管网,在水泵接合器与室内管网的连接管上,应设置阀门、单向阀门及安全阀门,尤其是安全阀门可防止消防车送水压力过高而损坏室内供水管网。

二、消火栓泵的电气控制

1. 消火栓泵的起、停控制方式及其控制电路

(1)由消防控制中心发出主令控制信号控制消防水泵的起停。设置在火灾现场的探测器将测得的火灾信号送至设置在消防控制中心的火灾报警控制器,然后再由报警控制器发出联动控制信号,起、停消防水泵。

(2)由消火栓报警按钮控制消防水泵的起停。消火栓箱内设有按钮盒,如前所述,火灾时用消防专用小锤击碎消火栓箱上的玻璃罩,按钮盒中按钮自动弹出,接通消防水泵起动线路。或用手按下设置在消火栓箱旁边的消防按钮,同样可以接通消防水泵起动线路。

(3)由水流报警启动器控制消防水泵的起停。现代消防系统中,常在高位水箱消防出水管上安装水流报警启动器。火灾时,当高位水箱向管网供水时,水流冲击水流报警启动器,一方面发出火灾报警,同时又快速发出控制信号,启动消防水泵。

以上三种方法实现了消防水泵的远距离自动控制,同时也能实现将消防水泵的起、停状态信号返送至消防控制中心,以便消防人员及时掌握消防水泵的运转情况。

(4)消防水泵的就地控制。为确保消防水泵的可靠起动,在消火栓灭火系统中,消防水泵的就地控制作为远距离控制的辅助手段是十分必要的。这种控制方法简单易行、安全可靠、直观,尤其是作为现代消防系统远距离高度自动化控制方式的最后保护措施,将更加显得重要。

消防水泵控制电路设计是否合理、安全可靠,操作控制是否灵活方便,关系到室内消火栓灭火系统的灭火能力及灭火效果。现代消防系统中消防水泵的控制电路形式不一,但对其基本要求是一样的。下面就以常用控制电路为例,介绍消防水泵控制电路的构成及控制过程。消防水泵控制电路如图 1-4-3 所示。

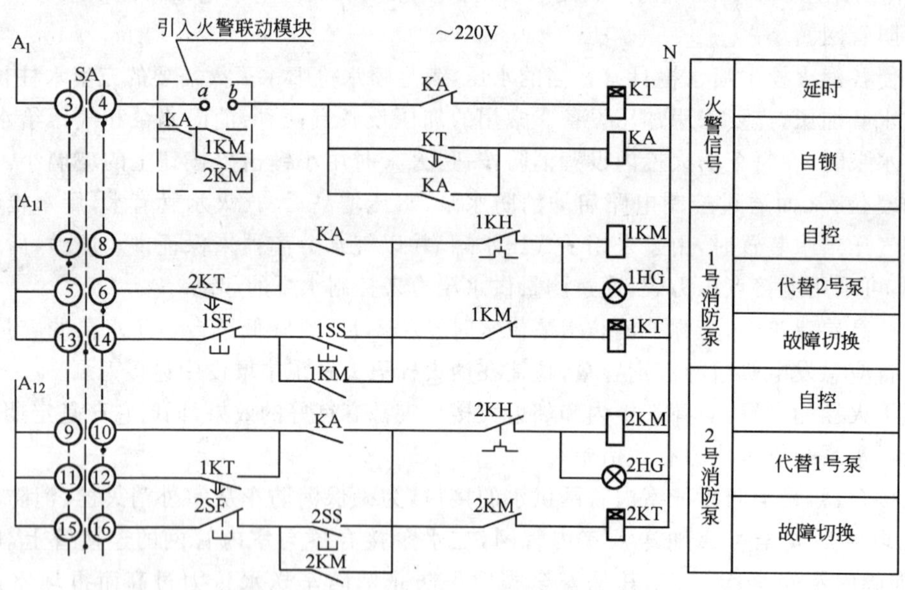

图 1-4-3 二泵互为备用,直接起动的消防水泵控制接线

SA-LW5-15D1041/4;KA-JZ7-62,220V;KT-JS7-1A220V,0～60s;SS、SF-LA18-22;HG-XD7,220V,绿色;1KM、2KM-随电机容量而定

图 1-4-3 为二台消防泵互为备用,直接启动控制。放 SA 于左边,则 1 号消防泵工作,2 号消防泵备用。a、b 两点之间接入火警联动接点,火警信号使 a、b 两点接通,经 KT 时间继电器延时,最多不超过 15s,接通中间继电器 KA 并自锁,同时开断 KT。KA 常开接点闭合使 1KM

通电，1号消防泵投入运行。当其故障时，1KM的常闭辅助接点使1KT时间继电器通电，经短延时1KT延时常开接点闭合2KM，使2号消防泵代替1号消防泵投入运行。火警解除，a、b两点断开，KA失电，停泵。

放SA于右边，则2号消防泵工作。1号消防泵备用。放SA于中间，则两泵可就地操作和维修。

1号、2号消防泵的接触器常开辅助接点并接后串入KA接点，经火警联动模块送入消防控制中心，凡是由于火警起动的运行信号才能送入消防控制中心，不是火警起动的运行信号不应进入消防控制中心。以防混淆，因此串入KA接点。

2. 消火栓灭火系统的设计要求

(1)消火栓按钮必须设置在消火栓箱旁，有的将消火栓按钮和警铃设计成内藏式。消火栓按钮为红色塑料小方盒，一般隔25m一个。消火栓按钮在发生火灾时可用于启动消火栓水泵，保证消防用水。

(2)消火栓按钮必须是选用打碎玻璃启动的按钮，火灾时，要击碎按钮面板的玻璃，通过其触点(一对常开，一对常闭)动作起动消防水泵，其动作发出的信号是确认火灾发生的信号，这个信号直接置于泵房的控制箱中，起动消防水泵。工程中应保证每一个按钮都能起泵，即各按钮以"或"逻辑条件去起动消防水泵。串并联接法都可以实现"或"逻辑关系。但建议各按钮之间优先采用串联接法，原因是：消火栓按钮有长期不用也不检查的现象，采用串联接法通过中间继电器的失电去发现因按钮接触不好或故障的情况而及时处理。

消火栓系统由"一用一备"两台水泵组成，互为备用，工作泵发生故障备用泵自动投入。也可以手动强投。只有当两台泵都不能工作时，才显示为故障。故障一般是指水泵电机断电、过载及短路。工作状态显示，由起动接触器的辅助触点回馈到消防控制室，对于消火栓内设置有指示灯的还要回馈给指示灯，表示泵已起动。故障显示，通常由空气开关或热继电器的触点回馈到消防控制室。消防按钮启动后，消火栓泵应自动启动投入运行，同时应在建筑物内部发出声光报警，通告住户。在控制室的信号盘上也应有声光显示，并应能表明火灾地点和消防泵的运行状态。

(3)为防止消防泵误启动使管网水压过高而导致管网爆裂，需加设管网压力监视保护，当水压达到一定压力时，压力继电器动作，使消火栓停止运行。

(4)泵房应设有检修用开关和启动、停止按钮，检修时，将检修开关接通，切断消火栓泵的控制回路以确保维修安全，并设有有关信号灯。

(5)水泵由消火栓箱内按钮及消防中心(或计算机DDC系统)集中控制。设有工作状态选择开关SAC，可使水泵处在手动、自动或备用状态。当水源水池无水时，水泵能自动停止运转，并设有水泵故障指示灯。

(6)水池的液位控制器，可采用浮球式液位计或干簧式液位计。

火灾时，消防控制电路接收消防水泵启动指令并发出消防水泵起动的主令控制信号，消防水泵起动，向室内管网供消防用水，压力传感器用以监视管网水压，并将监视水压信号送至消防控制电路，形成反馈控制。所以从控制角度看，室内消火栓灭火系统的消防水泵控制实际上是闭环控制。消火栓灭火系统原理图如图1-4-4所示。

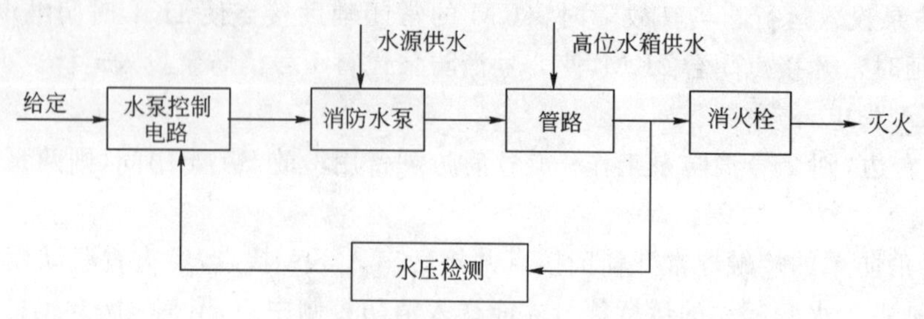

图 1-4-4　消火栓灭火系统原理图

第三节　自动喷水灭火系统

自动喷水灭火系统是一种利用固定管网、喷头能自动作用喷水灭火,并同时发出火警信号的灭火系统。它利用火灾时产生的光、热,可见或不可见的燃烧生成物及压力等信号传感器而自动启动(在某些类型中,当火灾被扑灭后,能自动停止喷水),将水和以水为主的灭火剂洒向着火区域,用来扑灭火灾或控制火势蔓延。它即有探测火灾并报警的功能,又有喷水灭火、控制火灾发展的功能,它是分秒不离开值勤岗位,不怕浓烟烈火,随时监视火灾,安全可靠的自动灭火装置。效率高,用水量小,水渍损失少,能把水直接喷向最需要的地方。

自动喷水灭火系统两个基本功能:

(1)能在火灾发生后,自动地进行喷水灭火;

(2)能在喷水灭火的同时发出警报。

我国《高层民用建筑设计防火规范》规定,在高层建筑或建筑群体中,除了设置重要的消火栓灭火系统以外,还要求设置自动喷水灭火系统。

自动喷水灭火系统具有安全可靠、灭火效率高,结构简单,使用、维护方便,成本低且使用期长等特点。在灭火初期,灭火效果尤为显著。

自动喷水灭火系统根据使用环境和技术要求,该系统分为湿式、干式、雨淋式、预作用式、喷雾式及水幕式等。本节重点介绍湿式灭火系统。

一、湿式自动喷水灭火系统

1. 系统简介

湿式自动喷水灭火系统属于固定式灭火系统。它分秒不离开值勤岗位,随时监视火灾,不怕浓烟烈火,是最安全可靠的灭火装置,适用于室内温度不低于 4℃(低于 4℃受冻)和不高于 70℃(高于 70℃失控,误动作造成水灾)的场所。

2. 系统组成

湿式自动喷水灭火系统是由闭式洒水喷头、湿式报警阀、压力开关、延迟器、水流指示器、管道系统、供水设施、报警装置及控制盘等组成,如图 1-4-5 所示。表 1-4-1 为主要部件表。

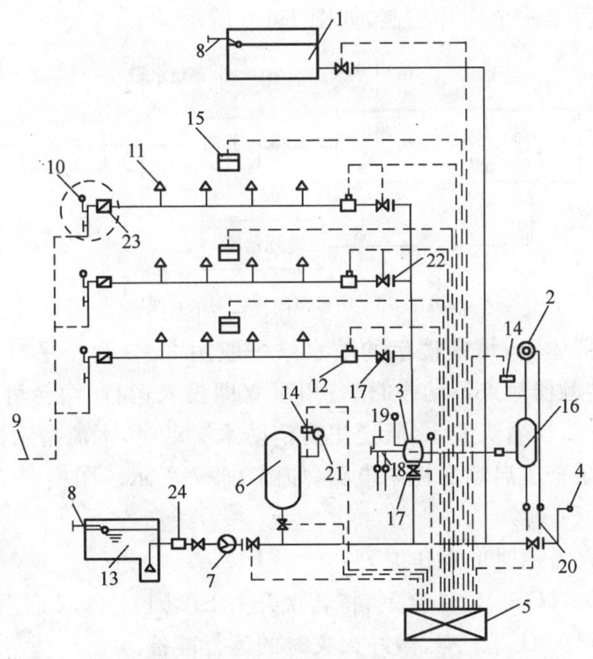

图 1-4-5 湿式自动喷水灭火系统示意图

主要部件表

表 1-4-1

编号	名 称	用 途	编号	名 称	用 途
1	高位水箱	贮存初期火灾用水	13	水池	贮存 1h 火灾用水
2	水力警铃	发出音响报警信号	14	压力开关	自动报警或自动控制
3	湿式报警阀	系统控制阀,输出报警水流	15	感烟探测器	感知火灾,自动报警
4	消防水泵接合器	消防车供水口	16	延迟器	克服水压液动引起的误报警
5	控制箱	接收电信号并发出指令	17	消防安全指示阀	显示阀门启闭状态
6	压力罐	自动起闭消防水泵	18	放水阀	试警铃阀
7	消防水泵	专用消防增压泵	19	放水阀	检修系统时,放空用
8	进水管	水源管	20	排水漏斗(或管)	排走系统的出水
9	排水管	末端试水装置排水	21	压力表	指示系统压力
10	末端试水装置	试验系统功能	22	节流孔板	减压
11	闭式喷头	感知火灾,出水灭火	23	水表	计量末端试验装置出水量
12	水流指示器	输出电信号,指示火灾区域	24	过滤器	过滤水中杂质

湿式自动喷水灭火系统的原理是当发生火灾时,由于着火现场温度急剧升高,当温度上升到一定值时,使闭式喷头中玻璃球体内的热敏液体受热膨胀而导致玻璃球炸裂,喷头打开,喷出压力水灭火。喷水后管网压力下降,湿式报警阀自动打开,接通管网和水源以供水灭火。管网中设置的水流指示器感应到水流动时,发出电信号。管网中压力开关在管网压力下降到一定值时,也发出电信号,起动喷淋泵,当水压超过某一规定值时,停止喷淋泵。消防控制室同时接到信号。

喷淋泵的控制过程是一个闭环控制，如图 1-4-6 所示。

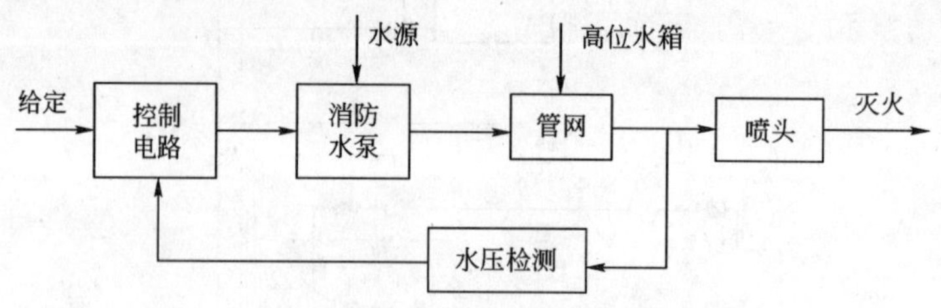

图 1-4-6　喷淋泵闭环控制示意图

高层建筑及建筑群体中，每座楼宇的喷水泵一般用 2～3 台。平时一台工作，一台备用。当一台因故障停转，接触器触点不动作时，备用泵立即投入运行，两台可互为备用。平时管网中压力水来自高位水池，当喷头喷水，管道里有消防水流动时，水流指示器启动消防泵，向管网里补充压力水。两台泵全压启动的控制电路，如图 1-4-7 所示。图中 B_1、B_2、B_n 为区域水流指示器的 n 个电结点。

1 号泵工作，2 号泵备用时的工作原理：

正常时，将开关 QS_1、QS_2、QS_3 合上，将转换开关 SA 到“1 自，2 备”位置，其 SA 的 2、6、7 号触头闭合，电源信号灯 $HL_{(n+1)}$ 亮，做好火灾时的运行准备。

如二层着火，且当二楼的喷头爆裂并喷出水流。由于喷水后压力降低，压力开关动作，向消防中心发出信号的同时，管网里有消防水流动时，B_2 闭合，使中间继电器 KA_2 线圈通电，时间继电器 KT_2 线圈通电，经延时后，中间继电器 $KA_{(n+1)}$ 线圈通电，使接触器 KM_1 线圈通电，1 号喷淋泵电动机 M_1 启动运行，向管网补充压力水，信号灯 $HL_{(n+1)}$ 亮，同时警铃 HA_2 响，信号灯 HL_2 亮，即发出声光报警信号。

若因为机械故障卡住 1 号泵故障时，时间继电器 KT_1 线圈通电，使备用中间继电器 KA 通电，2 号备用泵电动机 M_2 自动投入运行，向管网补充压力水。

手动强投，如果 KM_1 机械卡住，而且 KT_1 也损坏时，应将 SA 至"手动"位置，其 SA 的 1、4 号触头闭合，按下按钮 SB_4，使 KM_2 通电，2 号泵启动，停止时按下按钮 SB_3，KM_2 线圈失电，2 号电动机停止。

当 2 号泵工作，1 号泵备用时，其工作过程请读者自行分析。

3. 系统中主要器件

(1)水流指示器(水流开关)

水流指示器的作用是把水的流动转换成电信号报警的部件。其电接点即可直接启动消防水泵，也可接通电警铃报警。

在多层或大型建筑的自动喷水系统中，在每一层或每一分区的干管或支管的始端必须安装一个水流指示器。当发生火灾时，喷头喷水，水流指示器将水流信号转换成电信号传送到消防控制室，即发送报警信号，但不能作起泵信号。这是因为，水流指示器主要用以显示喷水管中有无水流通过，它的动作有几种可能，主要有自动喷水灭火系统管网中有水流动压力突变，或是受水压影响，或是在管网末端放水试验和管网检修等，显然这些不都是发生火灾的情况，因此不能用来起动消防水泵。水流指示器用在系统中，需经输入模块与报警总线相连接。如图1-4-8 所示。

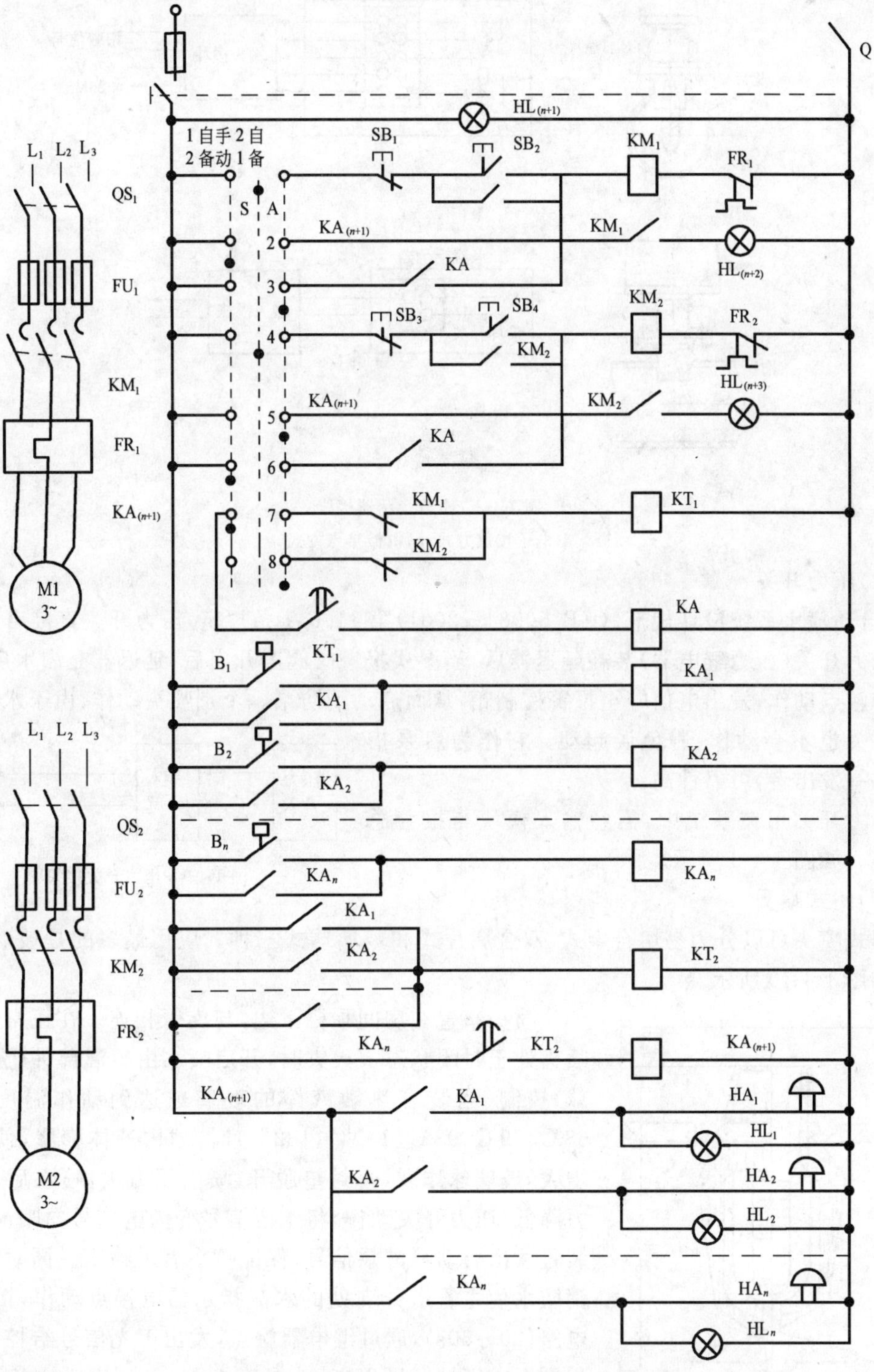

图 1-4-7 两台喷淋泵全压启动的控制电路

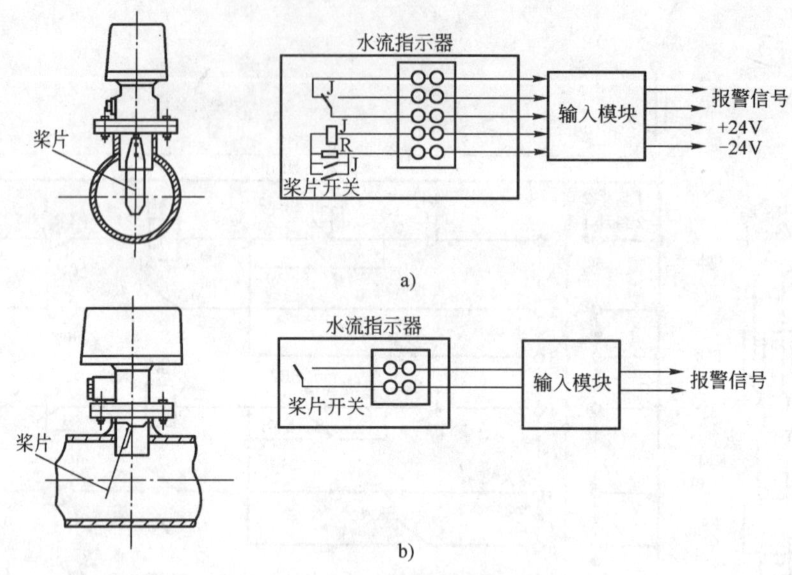

图 1-4-8　水流指示器接线

a)电子接点方式；b)机械接点方式

(2)压力开关

《自动喷水系统设计规范》(GB 50084—2001)第 11.0.1 条规定，压力开关直接启泵。

压力开关(压力继电器)装在延迟器后，当湿式报警阀阀瓣开启后，延迟器充满水后才能动作。其触点动作，发出电信号至报警控制箱，从而启动消防泵。个别喷头动作，由于水流较小，压力开关也不会动作，避免误起动。它作为启泵指令的唯一发出者，可靠性高。

压力开关用在系统中，需经输入模块与报警总线连接。如图 1-4-9 所示。

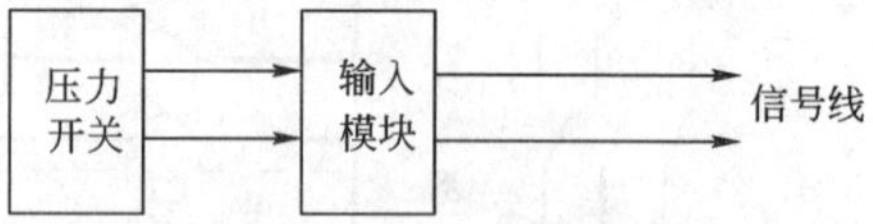

图 1-4-9　压力开关接线图

(3)闭式喷头

闭式喷头可以分为易熔合金式、双金属片式和玻璃球式三种。应用最多的是玻璃球式喷头。如图 1-4-10 所示。

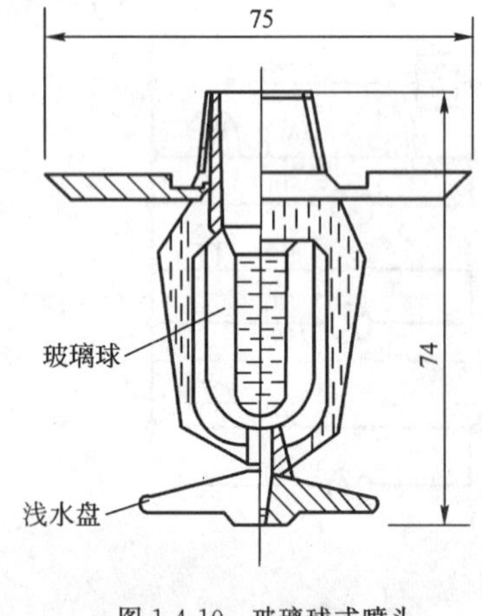

图 1-4-10　玻璃球式喷头

喷头布置在房间顶棚下边，与支管相连。在正常情况下，喷头处于封闭状态。火灾时，开启喷水由感温部件(充液玻璃球)控制，当装有热敏液体的玻璃球达到动作温度(57℃、68℃、79℃、93℃、141℃、182℃)时，球内液体膨胀，使内压力增大，玻璃球炸裂，密封垫脱开，喷出压力水，喷水后，由于压力降低，压力开关动作，将水压信号变为电信号向喷淋泵控制装置发出启动喷淋泵信号，保证喷头有水喷出。同时，流动的消防水使主管道分支处的水流指示器电接点动作，接通延时电路(20～30s)，通过继电器触点，发出声光信号给控制室，以识别火灾区域。所以，喷头具有探测火情、启动水流指示器、扑灭早期火灾的重要作用。

(4)湿式报警阀

湿式报警阀是湿式喷水灭火系统中的重要部件,安装在总供水干管上,是一种直立式单向阀,连接供水设备和配水管网。报警阀打开,接通水源和配水管;同时部分水流通过阀座上的环形槽,经信号管道送至水力警铃,发出音响报警信号。它必须十分灵敏,当管网中即使有一个喷头喷水,破坏了阀门上下的静止平衡压力,就必须立即开启。任何延迟都会耽误报警的发生。

湿式报警阀的作用是平时阀芯前后水压相等,水通过导向杆中的水压平衡小孔保持阀板前后水压平衡,由于阀芯的自重和阀芯前后所受水的总压力不同,阀芯处于关闭状态(阀芯上面的总压力大于阀芯下面的总压力)。发生火灾时,闭式喷头喷水,由于水压平衡小孔来不及补水,报警阀上面的水压下降,此时阀下水压大于阀上水压,于是阀板开启,向洒水管网及洒水喷头供水,同时水沿着报警阀的环形槽进入延迟器、压力继电器及水力警铃等设施,发出火警信号,并起动消防水泵等设施。如图 1-4-11 所示。

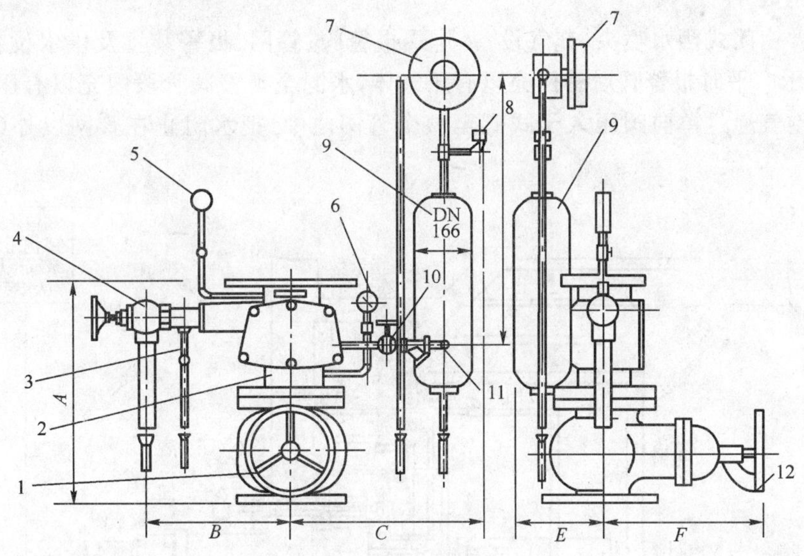

图 1-4-11 湿式报警阀

1-控制阀;2-报警阀;3-试警铃阀;4-放水阀;5、6-压力表;7-水力警铃;8-压力开关;9-延时器;10-警铃管阀门;11-滤网;12-软锁

(5)延迟器是一个罐式容器,安装在报警阀与水力警铃之间,用以防止由于水源压力突然发生变化而引起报警阀短暂开启,或对因报警阀局部渗漏而进入警铃管道的水流起一个暂时容纳的作用,从而避免虚假报警。只有在火灾真正发生时,喷头和报警阀相继打开,水流源源不断地大量流入延迟器,经过 30s 左右充满整个容器,然后冲入水力警铃。

(6)压力罐要与稳压泵结合,用来稳定管网内水的压力。通过装设在压力罐上的电接点压力表的上、下限接点,使稳压泵自动在高压力时停止和低压力时起动,以确保水的压力在设计规定的范围内,保证消防用水正常供应。

3. 设计要求

①设置在系统中的水流指示器虽然也能反映水流信号,但一般不宜用作起停消防水泵。

②消防水泵的起停应采用能准确反应管网水压变化的压力开关，让其直接作用于喷淋泵起停回路，而无需与火灾报警控制器联动控制。尽管如此，在消防控制室内仍要设置喷淋泵的起停控制按钮。

③系统中的水流指示器、压力开关将水流转换成火灾报警信号，控制报警控制箱发出声、光报警并显示灭火地址。

④水泵接合器的设置是考虑到系统自备水源有限时，可以利用消防车水泵或机动消防泵取别处水源向系统加压供水。

二、干式自动喷水灭火系统

1. 系统简介

适用于室内温度低于4℃或年采暖期超过240天的不采暖房间，或高于70m的建筑物、构筑物内。它是除湿式系统以外使用历史最长的一种闭式自动喷水灭火系统。

2. 系统组成

系统主要由闭式洒水喷头、充气设备、干式报警阀、管网、报警装置及供水设备等组成，如图1-4-12所示。平时报警阀后管网充以有压气体，水源至报警阀管段内充以有压水。空气压缩机把压缩空气通过单向阀压入干式阀至整个管网之中，把水阻止在管网以外（即干式阀以下）。

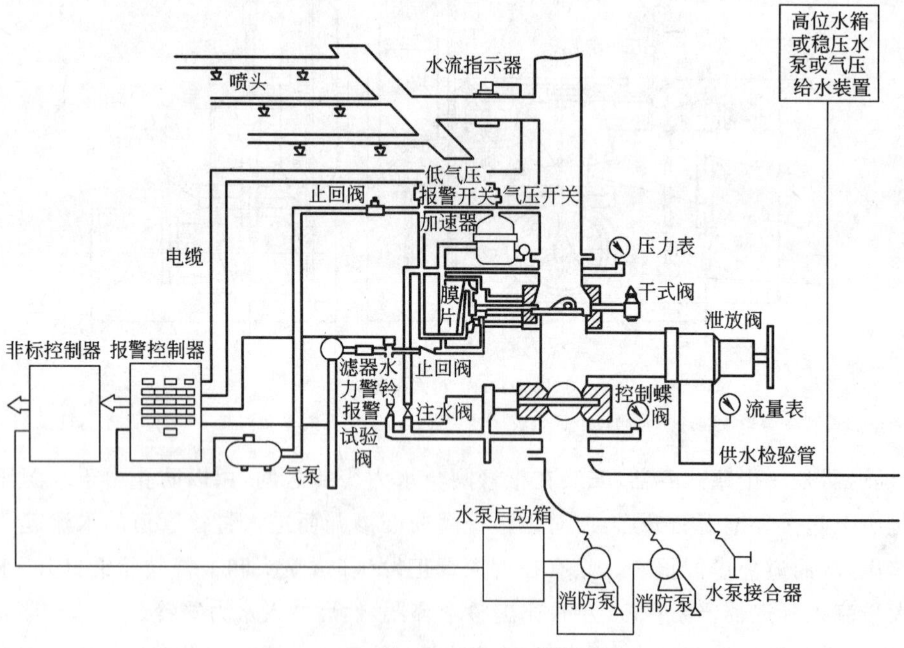

图1-4-12 干式喷洒水灭火系统组成示意图

系统工作原理是当发生火灾时，闭式喷头周围的温度升高，在达到其动作温度时，闭式喷头的玻璃球爆裂，喷水口开放。但首先喷射出来的是空气，随着管网压力下降，水即顶开干式阀门流入管网，并由闭式喷头喷水灭火。动作程序图如图1-4-13所示。

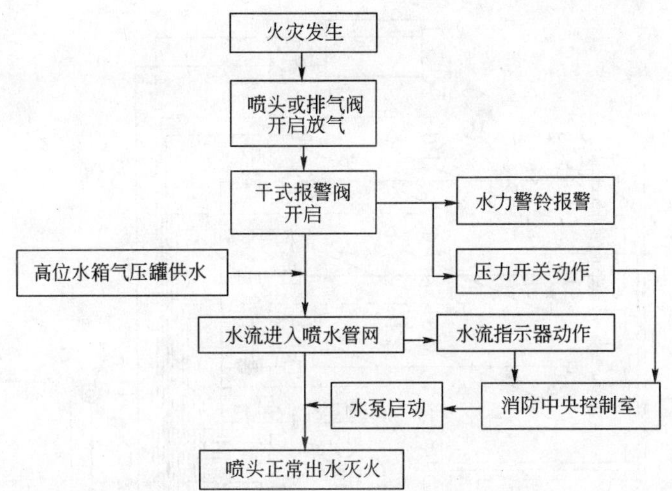

图 1-4-13 干式喷洒水灭火系统动作程序图

三、预作用自动喷水灭火系统

该系统中采用了一套火灾自动报警装置，即系统中使用了感烟火灾探测器，使火灾报警更为及时。当发生火灾时，火灾自动报警系统首先报警，并通过外联触点打开排气阀，迅速排出管网内预先充好的压缩空气，使消防水进入管网。当火灾现场的温度升高到闭式喷头动作温度时，喷头打开，系统开始喷水灭火。因此，在系统喷水灭火之前的预作用，不但使系统有更及时的火灾报警，同时也克服了干式喷水灭火在喷头打开后，必须先放走管网内压缩空气才能喷水灭火而耽误的灭火时间，也避免了湿式灭火系统存在消防水渗漏而污染室内装修的弊病。

预作用喷水灭火系统由火灾探测系统、闭式喷头、预作用阀及充以有压或无压气体的管网组成。喷头打开之前，管道内气体排出，并充以消防水，如图 1-4-14 所示。

预作用系统工作原理是当发生火灾时，探测器探测后，通过报警控制器发出火警信号，并由其外控触点使电磁阀得电开启（或由手动开启），预先开启排气阀，排出管网内的压缩空气，起动预作用阀使管网内充满水。当火灾现场温度使闭式喷头动作时，即刻喷淋灭火。

预作用喷水灭火系统集中了湿式与干式灭火系统的优点，同时可以做到及时报警，因此，在智能楼宇中得到越来越广泛的应用。

四、雨淋自动喷水灭火系统

雨淋喷水灭火系统采用开式喷头，开式喷头无感温释放元件，按结构有双壁下垂型、单壁下垂型、双壁直立型和单壁直立型等四种。当雨淋阀动作后，保护区上所有开式喷头一起自动喷水，形似下雨降水，大面积均匀灭火，效果十分显著。但这种系统对电气控制要求较高，不允许有误动作或不动作现象。此系统适用于需要大面积喷水灭火并需要快速制止火灾蔓延的危险场所，如剧院舞台、大型演播厅等。如图 1-4-15 所示。

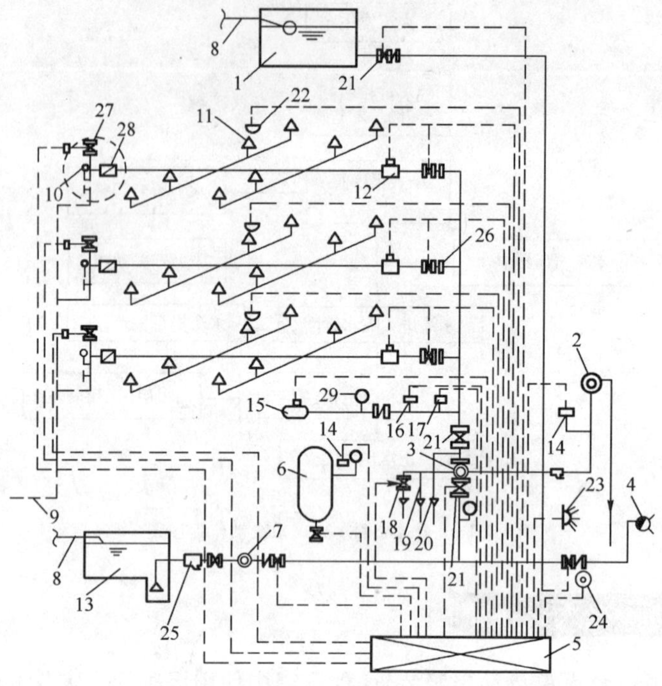

图 1-4-14　预作用自动喷水灭火系统示意图

1-高位水箱；2-水力警铃；3-预作用阀；4-消防水泵接合器；5-控制箱；6-压力罐；7-消防水泵；8-进水管；9-排水管；10-末端试水装置；11-闭式喷头；12-水流指示器；13-水池；14、16、17-压力开关；15-空压机；18-电磁阀；19、20-截止阀；21-消防安全指示阀；22-探测器；23-电铃；24-紧急按钮；25-过滤器；26-节流孔板；27-排气阀；28-水表；29-压力表

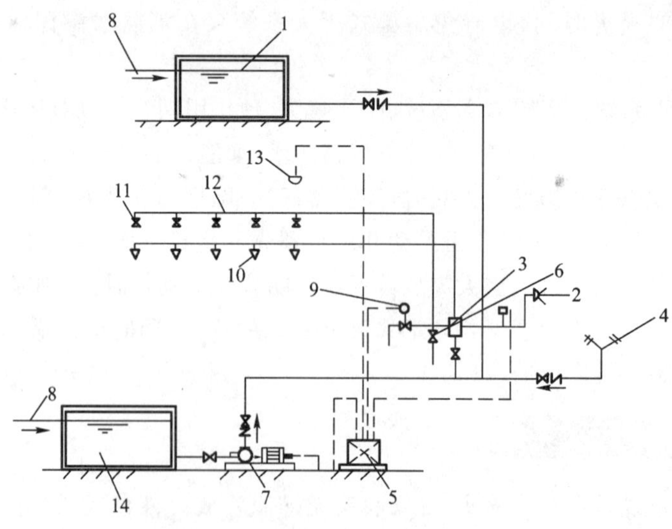

图 1-4-15　雨淋喷水灭火系统示意图

1-高位水箱；2-水力警铃；3-雨淋阀；4-水泵接合器；5-电控箱；6-手动阀；7-水泵；8-进水管；9-电磁阀；10-开式喷头；11-闭式喷头；12-传动管；13-火灾探测器；14-水池

该系统在结构上与湿式喷水灭火系统类似，只是该系统采用了雨淋阀而不是湿式报警阀。如前所述，在湿式喷水灭火系统中，湿式报警阀在喷头喷水后便自动打开，而雨淋阀则是由火灾探测器起动、打开，使喷淋泵向灭火管网供水。因此，雨淋阀的控制要求自动化程度较高，且安全、准确、可靠。

当发生火灾时，被保护现场的火灾探测器动作，起动电磁阀，从而打开雨淋阀，由高位水箱供水，经开式喷头喷水灭火。当供水管网水压不足，经压力开关检测并起动消防喷淋泵，补充消防用水，以保证管网水流的流量及压力。为充分保证灭火系统用水，通常在开通雨淋阀的同时，就应当尽快起动消防水泵。

雨淋喷水灭火系统中设置的火灾探测器，除能起动雨淋阀外，还能将火灾信号及时输送至报警控制柜（箱），发出声、光报警，并显示灭火地址。雨淋喷水灭火系统还能及早地实现火灾报警，灭火时，压力开关、水力警铃（系统中未画出）也能实现火灾报警。

五、水幕系统

该系统的开式喷头沿线状布置，将水喷洒成水帘幕状，发生火灾时主要起阻火、冷却、隔离作用，是不以灭火为主要直接目的的一种系统。该系统适用于需防火隔离的开口部位，如舞台与观众之间的隔离水幕、消防防火卷帘的冷却等。

水幕系统由火灾探测器、报警装置、雨淋阀（或手动快开阀）、水幕喷头、管道等组成，其结构如图 1-4-16 所示。控制阀后的管网，平时管网内不蓄水，当发生火灾时，探测器或人发现后，自动或手动开启控制阀（可以是雨淋阀、电磁阀、手动阀门），管网中有水后，通过水幕喷头喷水，进行阻火、隔火、冷却防火隔断物等。

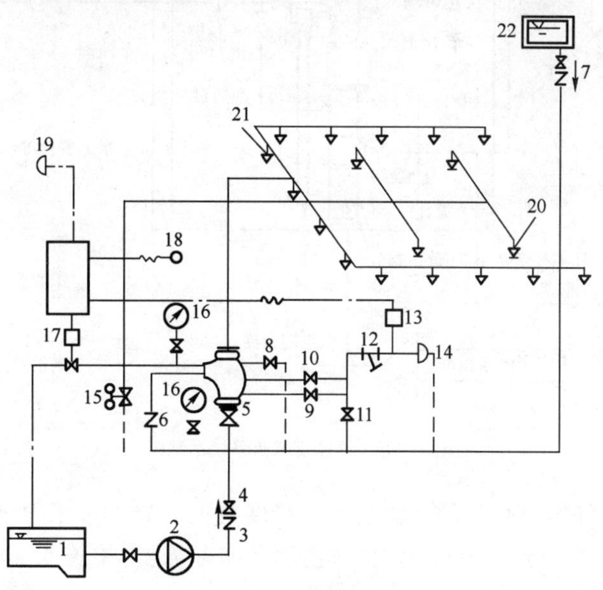

图 1-4-16 水幕系统结构图

1-水池；2-水泵；3、6-止回阀；4-阀门；5-供水闸阀；7-雨淋阀；8、11-放水阀；9-试警铃阀；10-警铃管阀；12-滤网；13-压力开关；14-水力警铃；15-手动快开阀；16-压力表；17-电磁阀；18-紧急按钮；19-电铃；20-感温玻璃球喷头；21-开式水幕喷头；22-水箱

六、水喷雾灭火系统

水喷雾灭火系统属于固定式灭火设施，根据需要可设计成固定式和移动式两种装置。移动式喷头可作为固定装置的辅助喷头。固定式灭火系统的起动方式，可设计成自动和手动控制系统，但自动控制系统必须同时设置手动操作装置。手动操作装置应设在火灾时容易接近便于操作的地方。

水喷雾灭火系统由开式喷头、高压给水加压设备、雨淋阀、探测器、报警控制器等组成，其结构如图 1-4-17 所示。

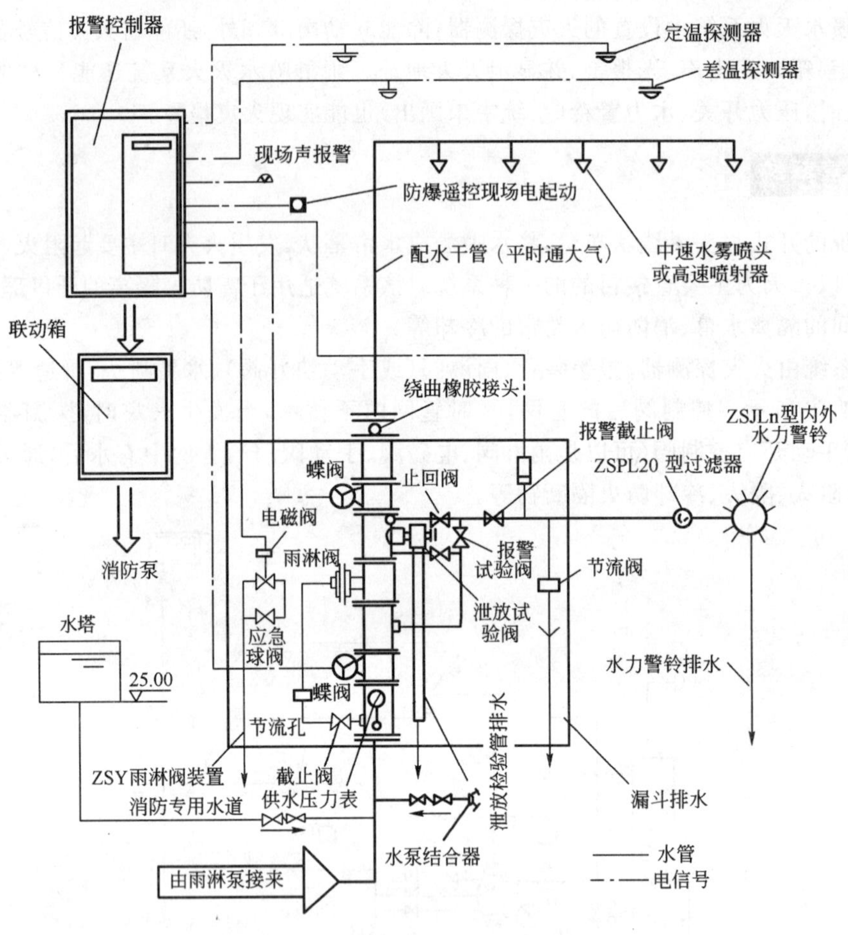

图 1-4-17 水喷雾灭火系统示意图

水的雾化质量的好坏与喷头的性能及加工精度有关。如供水压力增高，水雾中的水粒变细，有效射程也增大，考虑到水带强度、功率消耗及实际需要，中速水雾喷头前的水压一般为 0.35～0.8MPa。

该系统用喷雾喷头把水粉碎成细小的水雾滴之后喷射到正在燃烧的物质表面，通过表面冷却、窒息以及乳化、稀释的同时作用实现灭火。由于水喷雾具有多种灭火机理，使其具有适用范围广的优点，不仅可以提高扑灭固体火灾的灭火效率，同时由于水雾具有不会造成液体火飞溅、电气绝缘性好的特点，在扑灭可燃液体火灾、电气火灾中均得到了广泛的应用。

七、住宅快速反应喷水灭火系统

在世界一些国家，防火灭火已经普遍应用于建筑物中，包括低层住宅也同样设置消防系统，于是也就形成了住宅快速反应喷水灭火系统。

住宅快速反应灭火系统由快速反应喷头和标准的住宅用管道及配件组成，与民用自来水供水系统相连接。这种系统供水来源接自市政供水管。如图1-4-18所示。

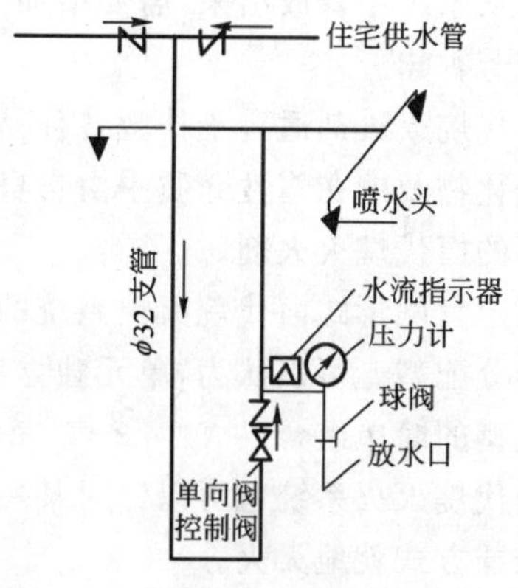

图 1-4-18　住宅快速反应喷水灭火系统示意图

当住宅内发生火灾时，如果火灾现场的温度达到喷头的设定温度（57℃或68℃）时，喷头炸裂喷水灭火，水流指示器动作，同时报警电铃响。因为喷头喷水快，系统灭火也迅速，所以才称之为快速反应喷水灭火系统。

第四节　气体灭火系统

气体自动灭火系统适用于不能用水喷洒且保护对象又较重要的场所。在大楼中，采用气体灭火的地方主要有：柴油发电机房、高压配电室、低压配电室、中央控制室、电子计算机房、变压器室、电话机房、档案资料室、陈列室、书库、可燃气体及易燃液体仓库等。

固定式气体自动灭火系统按使用的气体分类有卤代烷灭火系统、二氧化碳灭火系统、氮气灭火系统和蒸汽灭火系统等。

一、卤代烷自动灭火系统

卤代烷是以卤素原子取代烷烃分子中的部分氢原子或全部氢原子而得到的一类有机化合物的总称。一些低级烷烃的卤代物具有不同程度的灭火能力。我们常将这些具有灭火能力的低级卤代烷统称为卤代烷灭火剂。常用的两种卤代烷灭火剂为1211、1301。

从20世纪40年代开始，世界各国相继采用1211、1301、2402等卤代烷作为气体灭火剂，其中以1301卤代烷应用最为广泛，如法国的电子计算机房，采用1301卤代烷灭火剂的占95%。

卤代烷灭火剂不是依赖所谓的物理性冷却、稀释或覆盖隔离作用灭火，却有异常的优良灭火功能。卤代烷灭火剂的灭火是一种化学性灭火，灭火速度是非常快的，大约是二氧化碳的六倍。一般认为，燃烧是物质激烈的氧化过程，在这个过程中产生中间体，构成燃烧链，才使得这一过程进行得异常迅速，卤代烷的灭火作用，就在于它在高温时热分解后产生另一种中间体去中断（断裂）原来的燃烧链而抑制燃烧，使燃烧过程中的化学连锁反应中断而扑灭火灾。

在工程应用中，灭火剂的毒性是人们最关心的问题之一。只要按照规范设计，严格安全措施，卤代烷对人体的危害是完全可以避免的。因此卤代烷的毒性并不妨碍它的实际使用价值。

卤代烷灭火剂具有灭火效率高、速度快、灭火后不留痕迹（水渍）、电绝缘性好、腐蚀性极小、便于贮存且久贮不变质等优点，是一种性能十分优良的灭火剂。

卤代烷灭火剂的临界压力较小，在系统中可以用贮存容器作液态贮存，使用方便；沸点低，常温下只要灭火剂被释放出来，就会成为气体状态，属于气体灭火方式；饱和蒸汽压力低，不能快速地从系统中释放出来，需要增加气体加压工作。卤代烷灭火剂液化后成为无色透明，汽化后略带芳香味。

卤代烷灭火剂适合于扑救各种易燃液体、气体和电气设备火灾，而不适用扑救活泼金属、金属氢化物及能在惰性介质中由自身供氧燃烧的物质的火灾。固体纤维物质火灾需要采用含量较高的卤代烷灭火剂。

固定管网形式卤代烷灭火系统的构成与二氧化碳灭火系统基本一样，也分为单元独立型和组合分配型。可以认为，单元独立型是组合分配型中最简单的情况，但组合分配型又不是单元独立型的简单组合。

卤代烷灭火系统也可以针对某一具体部位作局部应用方式灭火，还可以将无管网灭火装置以悬挂方式就地灭火。

卤代烷灭火剂在常温下的饱和蒸汽压力较低，且随温度下降而急剧下降，需要加压使用，这样就可以保证灭火剂在很短时间内(不超过 10s)从贮存容器排出，经管道、喷嘴快速排出，迅速灭火。

贮压系统的增压气体规定用氮气，而不能用空气或二氧化碳。临时加压系统只有在系统动作时，增压气体才与卤代烷短时接触，允许用二氧化碳作增压气体。

全淹没是卤代烷灭火系统最主要和应用最成功的形式，其系统的组成灵活，适用范围很广，它可以由管网式灭火系统或无管网灭火装置实现，对大小房间都应用。

由于卤代烷灭火剂从喷嘴释放出来后呈气态，因此，可以对封闭的保护区采用全淹没方式灭火。全淹没灭火要求灭火剂与空气均匀混合，充满(淹没)整个保护区的空间，这个混合气体不但要求达到规定的灭火浓度，还要让这个灭火浓度维持一段时间，以这种方式来扑灭保护区内任意部位发生的火灾。

图 1-4-19 为组合分配型卤代烷自动灭火系统构成图。该系统由监控系统、灭火剂和释放装置、管道及喷嘴等组成，用一套贮存装置对两个保护区进行全淹没方式灭火。每个保护区对应一个管网、一个选择阀、一个起动气瓶、若干个钢瓶，贮瓶通过软管与集流管相连。图 1-4-20 为卤代烷自动灭火系统工作流程图。

当某分区发生火灾，感烟(温)探测器均报警，则控制柜上两种探测器报警灯亮，由电铃发出变调“警报”音响，并向灭火现场发出声、光警报。同时，电子钟停走记下着火时间。灭火指令须经过延时电路延时 20～30s 发出，以保证值班人员有时间确认是否发生火灾。转换开关至“自动”上，值班人员确认是火情后，执行电路自动启动气瓶的电磁瓶头阀，释放充压氮气，将选择阀和止回阀打开，使钢瓶释放 1211 药剂至汇集管，并通过选择阀将 1211 灭火剂释放到火灾区域。1211 药剂沿管路由喷嘴喷射到火灾区途经压力开关，使压力开关触点闭合，即把回馈信号送至控制柜，通过控制器显示卤代烷放出的信号，同时告知人们切勿入内。此外，系统还具有音响报警功能，发出火灾警报。指示气体已经喷出实现了自动灭火。

在接到火情 20～30s 内，如无火情或火势小，可用手提式灭火器扑灭时，应立即按现场手动“停止”按钮，以停止喷灭火剂。如值班人员发现有火情，而控制柜并没发出灭火指令，则应

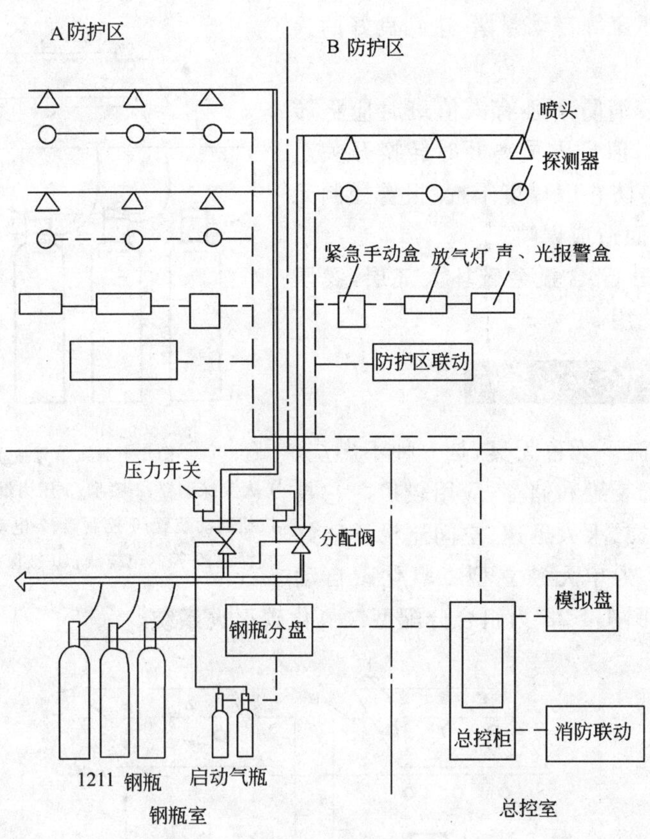

图 1-4-19 卤代烷有管网自动灭火系统示意图

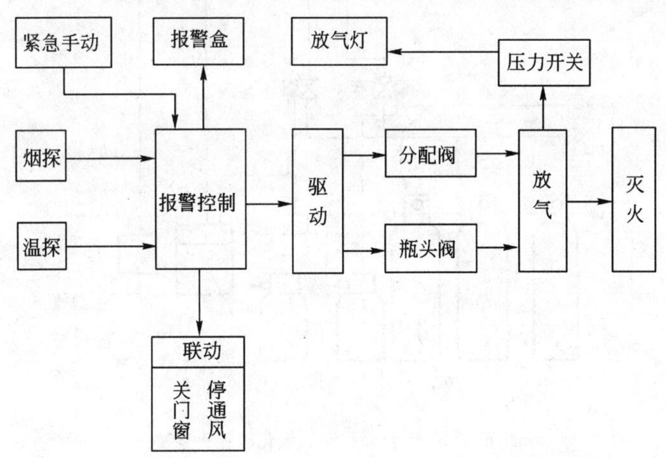

图 1-4-20 卤代烷有管网自动灭火系统工作框图

立即按“手动”启动按钮，使控制柜对火灾区发火警，人员可撤离，经 20～30s 后施放灭火剂灭火。

气体自动灭火系统常设有联动装置。以便在装置动作喷射灭火剂之前将保护区的空调系统送风口、通风百叶窗等自动封堵，达到良好的灭火效果。

值得注意的是：消防中心有人值班时应将转换开关至"手动"位，值班人员离开时转换开关至"自动"位，其目的是防止因环境干扰、报警控制元件损坏产生的误报而造成误喷。

卤代烷灭火剂由于含氟会破坏大气层，我国将在2010年退出使用。

二、二氧化碳自动灭火系统

二氧化碳在常温下无色无臭，是一种不燃烧、不助燃的气体，便于装罐和储存，应用较广。它具有对保护物体不污损、灭火迅速、空间淹没性能好等优点。图1-4-21为单元独立型二氧化碳自动灭火系统示意图。图1-4-22为组合分配型二氧化碳灭火系统。

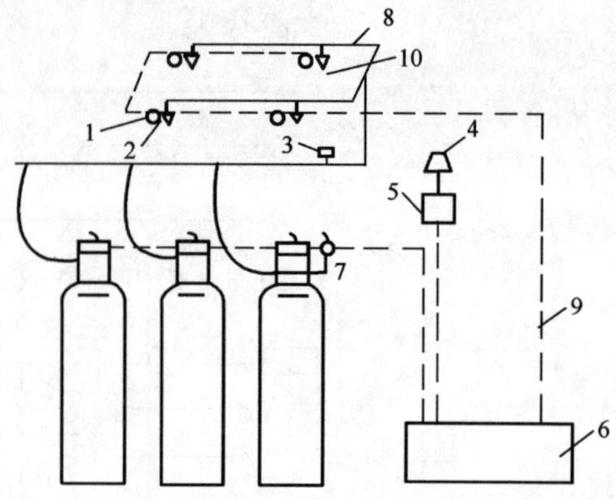

图1-4-21　单元独立型灭火系统

1-火灾探测器；2-喷嘴；3-压力继电器；4-报警器；5-手动按钮起动装置；6-控制盘；7-电动起动器；8-二氧化碳输气管道；9-控制电缆线；10-被保护区

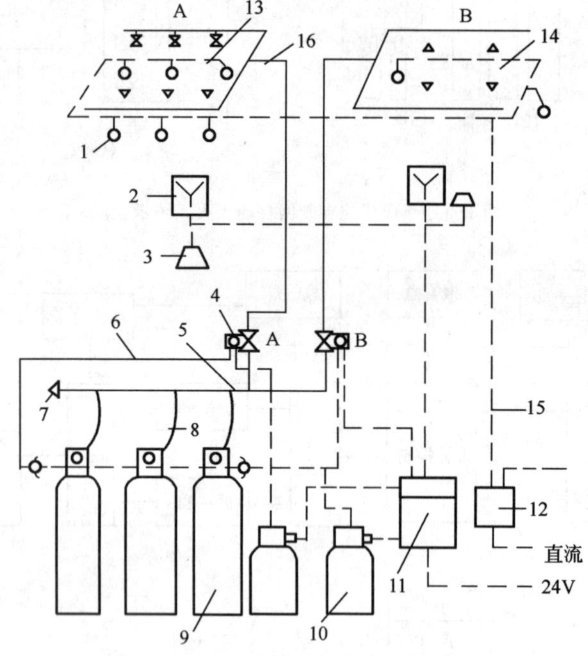

图1-4-22　组合分配型二氧化碳灭火系统

1-火灾探测器；2-手动按钮起动装置；3-警报器；4-选择阀；5-总管；6-操作管控制盘；7-安全阀；8-连接管；9-贮存容器；10-起动用气体容器；11-报警控制装置；12-控制盘；13-被保护区1；14-被保护区2；15-控制电缆线；16-二氧化碳支管

当防护区发生火灾时，探测器动作，将火警信号发送到消防中心，发出报警信号，延时30s以后，发出指令启动二氧化碳储存容器，贮存的二氧化碳灭火剂通过管道输送到防护区，经喷嘴释放灭火。在气体释放的同时，管道上的压力继电器动作，通过控制器显示气体放出的信号，同时告知人们切勿入内。此外，设备还具有音响报警功能。如果手动控制，可按下启动按钮，其他同上。

图 1-4-23 为二氧化碳自动灭火系统工作原理框图。

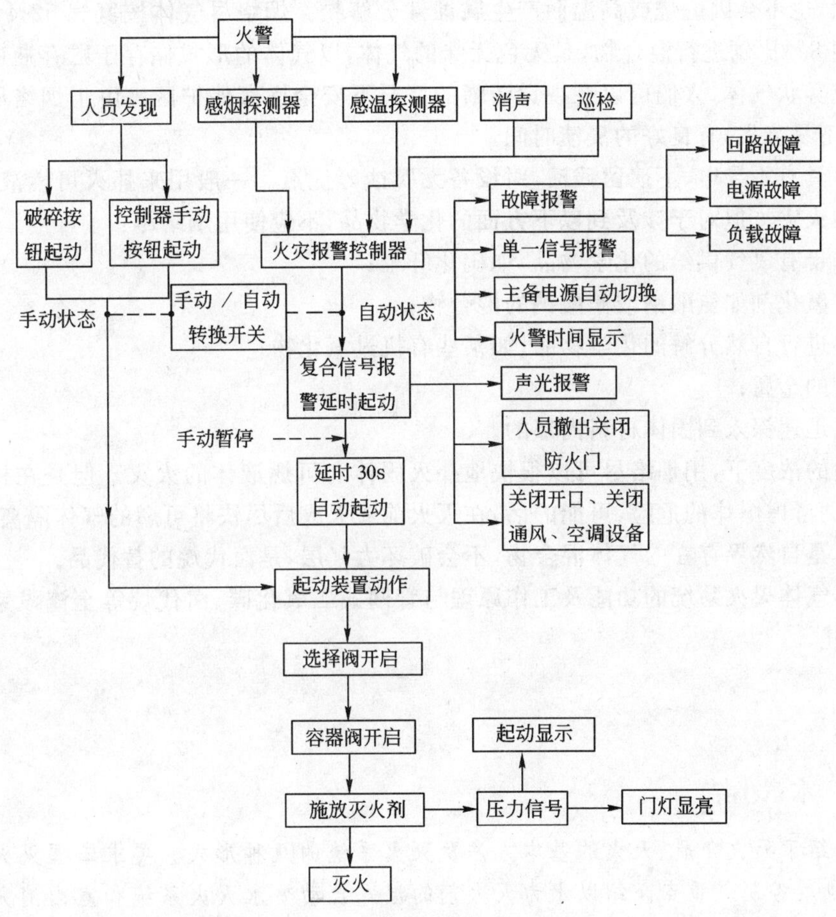

图 1-4-23 二氧化碳自动灭火系统工作原理框图

装有二氧化碳自动灭火系统的场所(如变电所或配电室)，一般都在门口加装自动或手动选择开关。当有工作人员进入里面工作时，为了防止意外事故，避免有人在里面工作时喷出二氧化碳，影响健康，必须在入室之前把开关转到手动位置，离开时关门之后复归自动位置。为了避免无关人员乱动选择开关，宜用钥匙型的转换开关。

消防监控设备控制联动装置(如关闭开口、停止机械通风等)动作，在喷射灭火剂之前将保护区的空调系统送风口、通风百叶窗等自动封堵，达到良好的灭火效果。

二氧化碳适用于气体火灾、电气火灾、液体或可熔化固体、固体表面火灾及部分固体的深位火灾等。二氧化碳不能扑救的火灾有金属氧化物、活泼金属、含氧化剂的化学品等。

二氧化碳自动灭火系统应用场所有易燃可燃液体贮存容器、易燃蒸汽的排气口、可燃油油浸电力变压器、高低压配电室、机械设备、实验设备、反应釜、淬火槽、图书档案室、精密仪器室、贵重设备室、电子计算机房、电视机房、广播机房、通讯机房等。

三、烟络尽气体灭火系统

烟络尽是三种自然界存在的氮气、氩气和二氧化碳气体的混合物，不是化学合成品，是无毒的灭火剂，也不会因燃烧或高温而产生腐蚀性分解物。烟络尽气体按氮气 52%、氩气 40% 和二氧化碳 8%比例进行混合物，是无色无味的气体，以气体的形式储存于贮存瓶中。它排放时不会形成雾状气体，人们可以在视觉清晰的情况下安全撤离保护区。由于烟络尽的密度与空气接近，不易流失，有良好的浸渍时间。

烟络尽具有不导电、不遗留残渍，对设备无腐蚀等优点。一般用来扑灭可燃液体、气体和电气设备的火灾。但对于涉及到以下方面的化学物品，不应使用烟络尽：

①自身带有氧气供给的化学物品，如硝化纤维；

②带有氧化剂如氨酸钠或硝酸钠的混合物；

③能够进行自然分解的化学物品，如某些有机过氧化物；

④活泼的金属；

⑤火能迅速深入到固体材料内部的。

在合适的浓度下，用烟络尽可以很快地扑灭固体和可燃液体的火灾。但是在扑灭气体火灾时，要特别考虑爆炸的危险，可能的话，在灭火前或灭火后尽快将可燃的气体隔离开来。

烟络尽是自然界存在的气体混合物，不会破坏大气层，是卤代烷的替代品。

烟络尽气体灭火系统的功能及工作原理与管网式二氧化碳、卤代烷等全淹没系统基本相似，不再赘述。

本章小结

本章介绍了灭火介质、灭火的基本方法及灭火系统的几种形式。要求掌握灭火系统的组成、特点及电气控制。重点介绍以水为灭火剂的湿式自动喷水灭火系统和室内消火栓灭火系统的组成、特点及电气控制，气体灭火系统的组成、应用场合及电气控制。掌握不同的场所、不同的灭火特点应采用不同的灭火方式，这对相关的工程设计是十分必要的。

复习思考题

1. 简述室内消火栓灭火系统的灭火过程，并说明该系统中有哪些自动控制？

2. 根据《民用建筑电气设计规范》说明喷洒水灭火系统自动控制要点是什么？并简要说明消防工程中如何实现这些要点？

3. 通过对几种类型的喷洒水灭火系统的分析比较，说明它们的特点及应用场合？

4. 压力开关和水流指示器的作用？

5. 湿式自动喷水灭火系统由哪几部分组成，叙述其工作原理。

6. 简述闭式喷头(玻璃球式)的工作原理。

7. 简述二氧化碳灭火系统的构成特点及应用场合、灭火过程及灭火原理。

第五章 消防联动控制系统

第一节 防、排烟系统

《高层民用建筑设计防火规范》要求，对于新建、扩建和改建的高层民用建筑及其相连的附属建筑都要具有防火、防烟、排烟系统。

由于火灾时产生的烟的主要成分为一氧化碳，人们在这种气体的窒息作用下，死亡率很高，约达50%～70%。另外烟气遮挡人的视线，使人们在疏散时难以辨别方向。尤其是高层建筑，因其自身的"烟囱效应"，使烟上升速率极快，如不及时排出，很快会垂直扩散到各处。因此，当发生火灾后，应立即使防排烟系统投入工作，将烟气迅速排出，并防止烟气窜入防烟楼梯、消防电梯及非火灾区域。防排烟设施具有便于安全疏散、便于灭火、可控制火势蔓延扩大的作用。

一、防、排烟系统的适用范围

《高层民用建筑设计防火规范》根据我国目前经济技术条件，认为设置防、排烟系统的范围不是设置越宽越好，而是既要从保障基本疏散安全要求、满足扑救活动需要、控制火势蔓延、减少损失出发，又能以节约投资为基点，保证重点突出。

(1)一类高层建筑的下列场所

①建筑高度超过50m的教学楼和普通的旅馆、办公室、科研楼等；

②藏书超过100万册的图书馆、书库；

③大区级和省级(含计划单列市)电力调度楼；

④省级(含计划单列市)邮政楼、防灾指挥楼；

⑤星级宾馆或相当于星级宾馆的饭店、酒店等；

⑥装有空气调节系统或空气调节设备的公寓或高档住宅；

⑦重要的办公楼、科研楼、档案楼；

⑧建筑高度超过50m、每层面积超过1500m^{2}的商住楼；

⑨中央级和省级(含计划单列市)广播电视楼；

⑩高层医院的病房、门诊、药房、手术室等；

⑪建筑高度超过50m或每层面积超过1000m^{2}的商业楼、展览楼、综合楼、电信楼、财贸金

融楼等。

(2)高层建筑的防烟楼梯间及其前室、消防电楼前室及其两者合用前室、封闭避难层(间),应设置机械加压送风的防烟方式或采取设有可开启的外窗(或阳台、凹廊)进行自然排烟。

(3)高层建筑的中庭。

(4)长度超过 20m 的内走道。

(5)各房间总的使用面积超过 $200m^2$ 或一个房间面积超过 $50m^2$,且经常有人停留或可燃物较多的地下室,但利用窗井等进行自然排烟的房间除外。

(6)面积超过 $100m^2$,且经常有人停留或可燃物较多的地面房间。

(7)二类高层民用建筑(建筑高度超过 32m),例如:

①除一类建筑以外的商业楼、展览楼、综合楼、电信楼、财贸金融楼、商住楼、图书馆、书库等;

②建筑高度不超过 50m 的教学楼和普通的旅馆、办公室、科研楼、档案楼等;

③省级以下的邮政楼、防灾指挥调度楼、广播电视楼、电力调度楼等;

一、二类高层民用建筑的走道、房间、中庭、地下室均应设置排烟设施。

二、合理划分防烟分区及合理选择防、排烟类型

1. 防烟分区

合理划分防烟分区,防止烟气扩散,以满足人员安全疏散和消防工作的需要,以免造成不应有的伤亡事故。可采用挡烟垂壁、隔墙或从顶棚下突出不小于 50cm 的梁划分防烟分区。

2. 防火分区

合理划分防火分区,在发生火灾时,可将火势控制在一定范围内,阻止火势蔓延,以有利于消防扑救,减少火灾损失。可采用防火墙或防火门、防火卷帘等划分防火分区。

3. 合理选择防排烟类型

在进行高层建筑平面设计时,建筑专业设计者应按照《高层民用建筑设计防火规范》的规定,合理划分防火分区、防烟分区及安全疏散通道(走道和防烟楼梯、消防电梯及其前室内)。与此同时,通风空调专业设计者,应根据工程的规模、性质和用途等因素,合理采用防烟、排烟类型。

据初步了解,各种建筑物采用的防、排烟类型方式大体有以下几种。

(1)密闭防烟方式:一般适用于面积较小的房间,因缺氧而达到灭火的目的。

(2)自然排烟方式:利用建筑的阳台、凹廊或在外墙上设置便于开启的外窗或排烟窗进行无组织的自然排烟,如图 1-5-1 所示。其排烟方式的优点是:不需要专门的排烟设备;火灾时不受电源中断的影响;结构简单、经济;平时可兼作换气用。不足之处:因受室外风向、风速和建筑本身密闭性或热压作用的影响,排烟效果不太稳定。

(3)竖井排烟方式:在防烟楼梯间前室、消防电梯前室或合用前室内设置专用的排烟竖井,依靠室内火灾时产生的热压和室外空气的风压形成“烟囱效应”,进行有组织的自然排烟。这种排烟方式的优点是不需要能源,设备简单,仅用排烟竖井(各层还应设有自动或手动控制的

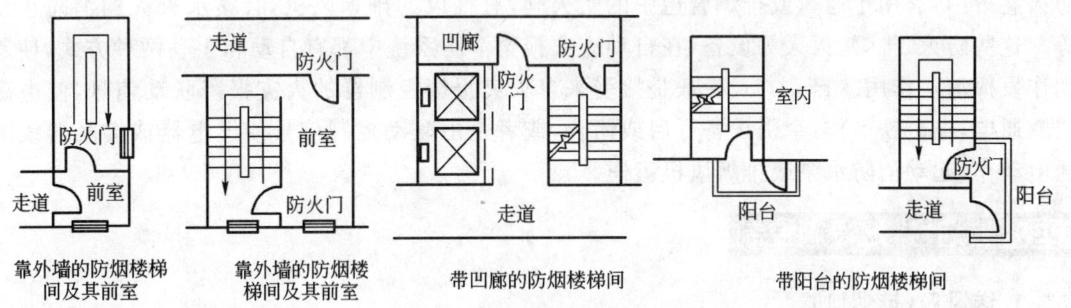

图 1-5-1 自然排烟方式示意图

排烟口)。缺点是竖井占地面积大。

(4)机械排烟方式

①机械排烟、自然进风方式

利用建筑物最上层的排烟风机,通过设在防烟楼梯间前室上部或走廊上部的排烟口和排烟竖井将烟排至室外。排烟口平时关闭,火灾时由设置的手动或自动开启装置开启排烟口进行排烟,并与排烟风机联锁。由设置在前室的自然进风竖井和可控制的(手动或自动控制装置)的进风口进行自然进风。目前在高层建筑设计中采用这种排烟方式也比较多。

②机械排烟、机械进风保持负压的方式

利用设置在建筑物最上层的排烟风机,通过设在防烟楼梯前室或消防电梯前室(顶棚上或靠近顶棚的墙上)的排烟口和排烟竖井将烟排至室外。进风口应设在前室靠近地面的墙上,并应与送风机联锁。排烟口应有手动或自动开启装置,并与排烟风机联锁。但设置自动开启装置必须设有手动开启装置。这种排烟方式目前采用较为广泛。

③机械加压送风方式(正压)

通过通风机所产生的气体流动和压力差来控制烟气的流动,即要求烟气不侵入的地区增加该区的压力。

防排烟系统由建筑与设备专业确定,一般有自然排烟、机械排烟、自然与机械排烟并用或机械加压送风排烟等四种方式。

三、防排烟系统的电气控制要求

(1)消防中心能显示各种电动防排烟设施的运行情况,并能进行联动遥控。

(2)根据火灾情况,打开有关排烟道上的排烟口,启动排烟风机,打开安全出口的电动门。与此同时,关闭有关的防火阀及防火门,停止有关防烟区域内的空调系统。

(3)在排烟口、防火卷帘、挡烟垂壁、电动安全出口等执行机构处布置火灾探测器,通常为一个探测器联动一个执行机构,但大的厅室也可以几个探测器联动一组同类机构。

(4)设有正压送风的系统应打开送风口,启动送风机。

以上所述防排烟系统的电气控制是由联动控制盘完成(某些也由手动开关)发出指令给各防排烟设施的执行机构,使其进行工作并发出动作信号的。

总之,自动消防联动设备有用于排烟口上的排烟阀,有用于防火分隔的通道上的防火门及防火卷帘门，有用于通风或排烟管道中的防火阀，有抽风的排烟风机，有喷水灭火的消防水泵等。这些防火、排烟、灭火等设备，在自动火灾报警消防系统中都有自动和手动两种方式，使其动作发挥消防作用。自动方式一般是接受来自火灾报警控制器的火灾报警联动信号，使电磁线圈通电，电磁铁动作，牵引设备开启或闭合，或者是由联动控制信号使继电器或接触器线圈通电动作，起动消防水泵或排烟风机工作。

四、防烟、排烟设施控制

1. 送风口（排烟口）

(1)种类：板式排烟口及多叶排烟口（送风口）。

(2)多叶式送风口（排烟口）工作原理。

平时是关闭的，火灾时，自动开启装置接到感烟（温）探测器通过控制盘或远距离操纵系统输入的电气信号（DC24V）后，电磁铁线圈通电，多叶排烟口（送风口）自动打开。远距离手动开启：当火灾发生时，由人工手动拉绳使阀门开启。阀门打开后，其微动开关接通信号回路，向控制室返回阀门已开启的信号或联动控制其他装置（使排烟风机联动）。当烟气温度达 280℃时，熔断器动作，排烟口立即关闭。如图 1-5-2 所示。

(3)安装场所

多叶式排烟（送风口）适用于安装在高层建筑的墙上或顶板上，作为排烟系统的排烟口或加压送风系统的送风口。

板式排烟口安装在建筑物的墙壁上或安装在排烟管道上，平时处于关闭状态，火灾发生时开启，根据系统功能进行送风或排烟。排烟口安装示意图如图 1-5-3 所示。

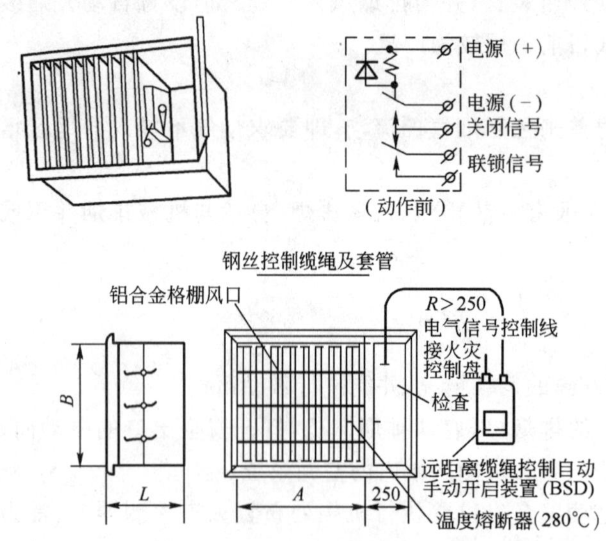

图 1-5-2　多叶式送风口（排烟口）及电路图

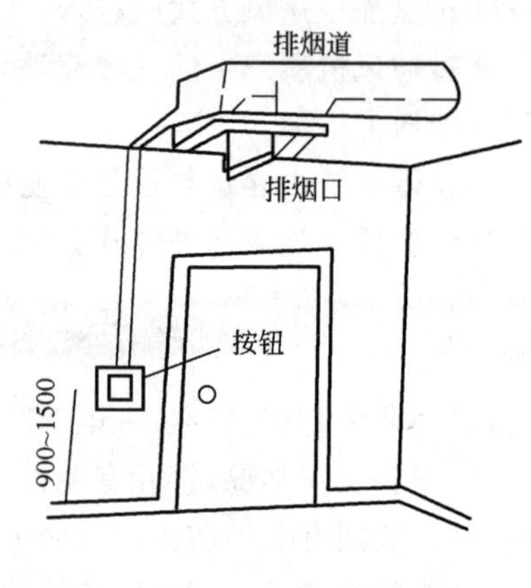

图 1-5-3　排烟口安装示意图

2. 防火阀

主要介绍排烟防火阀和防烟防火阀，它由阀体和操作机构组成。

(1)防火阀的控制方式

①排烟防火阀自动开启和防烟防火阀的自动关闭

感烟(温)探测器将火灾信号输送到消防控制室,再由消防控制室将信号送至开启(关闭)装置 DC24V,将阀门开启(关闭)。阀门开启(关闭)后其联动接点动作,将阀门动作信号返回消防控制室,联动通风、空调机停止运行,排烟风机启动。

②手动控制:就地拉绳。

③温度熔断器动作自动关闭

温度熔断器安装在阀体的另一侧,熔断片设在阀门叶片的迎风侧,当管道内空气温度上升到 280℃时,温度熔断片熔断,阀门叶片受弹力作用而迅速关闭,同时微动开关动作,返回关闭信号。

(2)适用场所

排烟防火阀用于排烟系统的管道上和排烟风机的吸入口,平时处于关闭状态,发生火灾时,自动或手动开启,进行排烟,联动排烟风机启动。当排烟温度达 280℃时,温度熔断器动作,再将阀门关闭,隔断气流。

防烟防火阀用于有防烟防火要求的通风、空调系统的风管上,平时处于开启状态,当火灾时,通过探测器向消防中心发出信号,接通阀门上 DC24V 电源或温度熔断动作(当温度达到 70℃时)阀门关闭,或人工将阀门关闭,切断火焰和烟气沿管道蔓延。联动空调风机等关闭。

《民用建筑电气设计规范》24.6.4.1 规定:

排烟阀宜由其排烟分担区内设置的感烟探测器组成的控制电路在现场控制开启。

排烟阀动作后应起动相关排烟风机和正压送风机,停止相关范围内的空调风机及其他送、排风机。

同一排烟区内的多个排烟阀,若需同时动作时,可采用接力控制方式开启,并由最后动作的排烟阀发送动作信号。如图 1-5-4 所示。

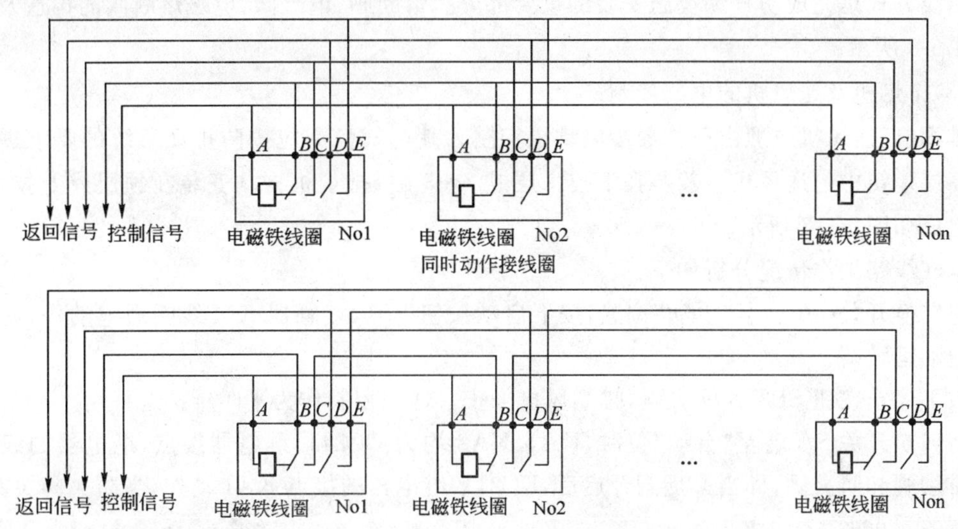

图 1-5-4 电动防火阀、防烟阀接线图

《火灾自动报警系统设计规范》规定：

6.3.9　火灾报警后，消防控制设备对防烟、排烟设施应有下列控制、显示功能：

6.3.9.1　停止有关部位的空调送风，关闭电动防火阀，并接收其反馈信号；

6.3.9.2　启动有关部位的防烟和排烟风机、排烟阀等，并接收其反馈信号；

6.3.9.3　控制挡烟垂壁等防烟设施。

排烟、防烟防火阀与控制模块的安装如图 1-5-5 所示。

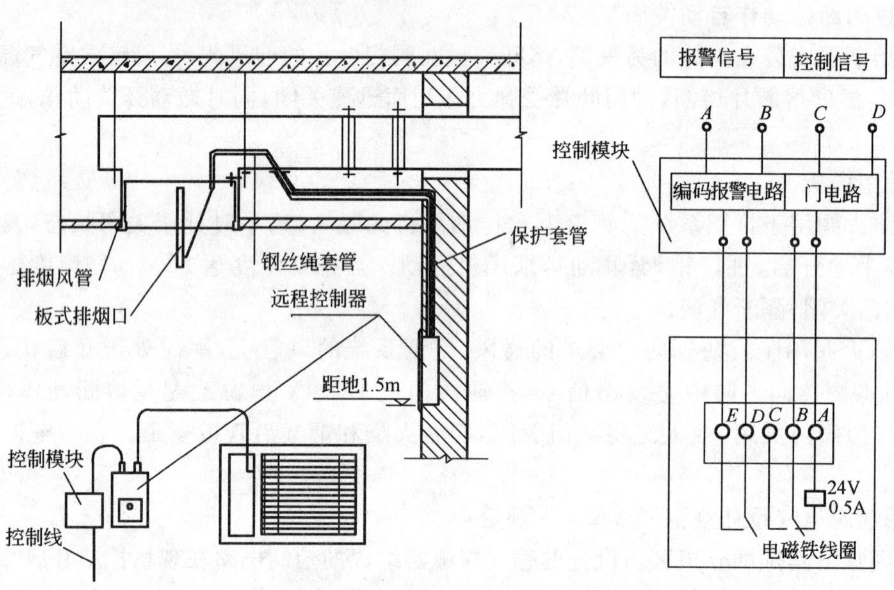

图 1-5-5　排烟、防烟防火阀与控制模块的安装图

在防排烟设施中，常常与熔断阀、电磁阀、电磁熔断阀等密切相连，因此了解这几种阀的构造及结线方式是完成防排烟设施安装的重要部分。熔断阀、电磁阀、电磁熔断阀的构造及接线如图 1-5-6 所示。

(3)排烟机及送风机的电气控制

排烟机、送风机一般由三相异步电动机控制。其电气控制应按防排烟系统的要求进行设计。高层建筑中的送风机一般装在下技术层或 2～3 层，排烟机构均安装在顶层或上技术层。线路组成如图 1-5-7 所示。

电气线路工作情况分析如下：

将转换开关 SA 转至“手动”位置，按下启动按钮 SB1，接触器 KM 线圈通电动作，使排烟风机启动运转。

按下停止按钮 SB2，KM 失电，排烟风机停止。这一控制作为平时维护巡视用。

将转换开关 SA 转至“自动”位时，KA1、KA2 均为 DC24V 继电器接点，继电器的线圈受控于排烟阀和防火阀，即当排烟阀开启后，DC24V 继电器的接点 KA1 动作，当防火阀关阀时，继电器的接点 KA2 动作。

排烟系统的控制，由任一个排烟阀开启后，通过联锁接点 KA1 的闭合，即可使 KM1 通

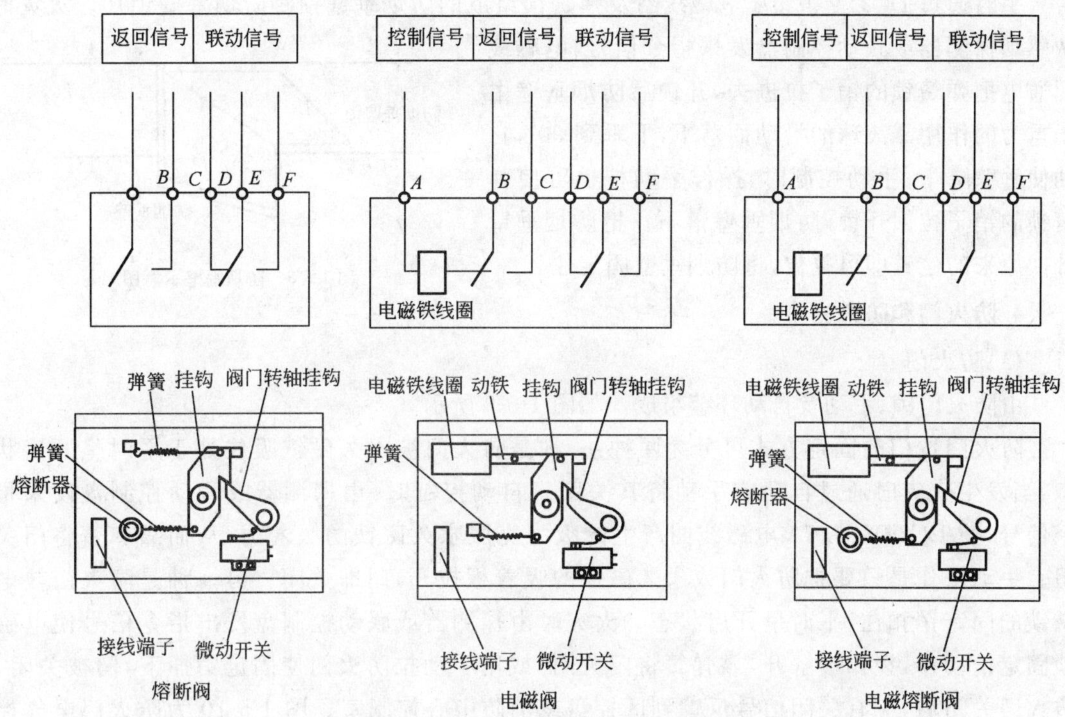

图 1-5-6 熔断阀、电磁阀、电磁熔断阀接线图

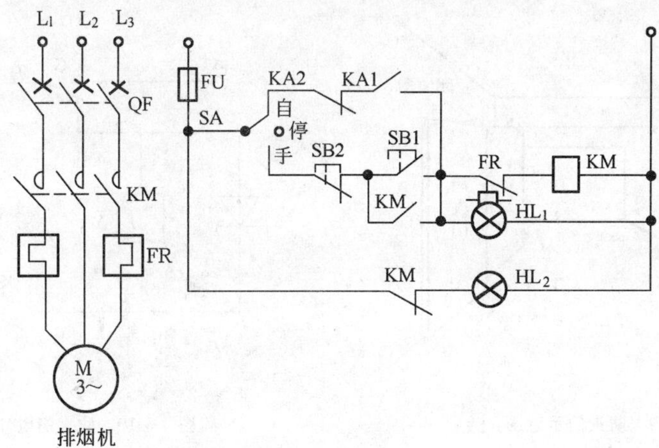

图 1-5-7 排烟机控制电路图

电，启动排烟风机。当排烟风道内温度超过 280℃时，防火阀自动关闭，其联锁接点 KA2 断开，使排烟风机停止。

3. 防烟垂壁(或称挡烟垂壁)

防烟垂壁由铅丝玻璃、铝合金、薄不锈钢板等配以电控装置组合而成，挡烟垂壁下垂不小于 50cm。用于高层建筑防火分区的走道(包括地下建筑)和净高不超过 6m 的公共活动用房等，起隔烟作用。其外形如图 1-5-8 所示。

平时通过DC24V、0.9A电磁线圈及弹簧锁组成的防烟垂壁锁将防烟垂壁锁住。火灾时从感烟探测器或联动控制盘发来指令信号，电磁线圈通电把弹簧锁的销子拉进去，开锁后防烟垂壁由于重力的作用靠滚珠的滑动而落下，下垂到90°，自动使垂壁降下；手动控制时，操作手动杆也可使弹簧锁的销子拉回开锁，防烟垂壁落下。把防烟垂壁升回原来的位置即可复位，将防烟垂壁固定住。

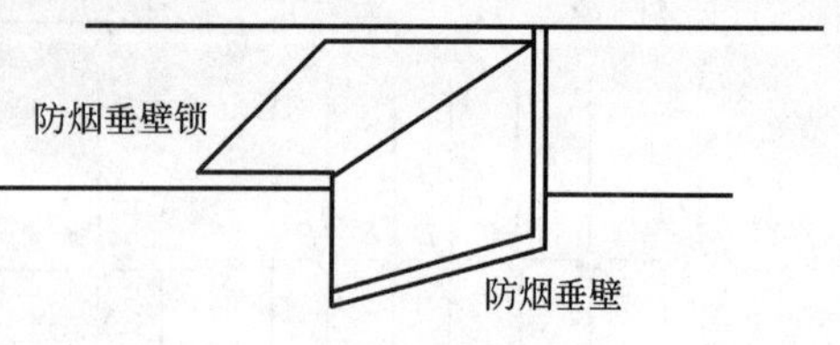

图1-5-8　防烟垂壁示意图

4. 防火门和防火卷帘

(1)防火门

由防火门锁、手动及自动环节组成。如图1-5-9所示。

防火门按门的固定方式可分为两种：一种是防火门被永久磁铁吸住处于平时呈开启状态，当发生火灾时通过自动或手动将其关闭。自动控制时，由探测器或联动控制盘发来指令信号，使DC24V、0.6A电磁线圈产生的吸力克服永久磁铁的吸着力，从而靠弹簧将门关闭。手动操作是只要把防火门或永久磁铁的吸着板拉开，门即关闭。另一种是防火门被电磁锁的固定销扣住，平时呈开启状态。火灾时由探测器或联动控制盘发出指令信号使电磁锁固定销动作，锁扣被解开，靠弹簧将门关闭，或用手动拉防火门使固定销掉下，门被关闭。防火门关闭后，应有关闭信号反馈到区控盘或消防中心控制室。图1-5-10为防火门电气控制线路图。

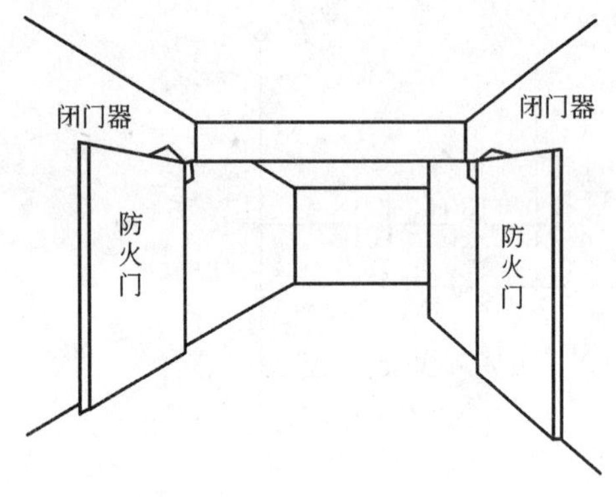

图1-5-9　防火门示意图

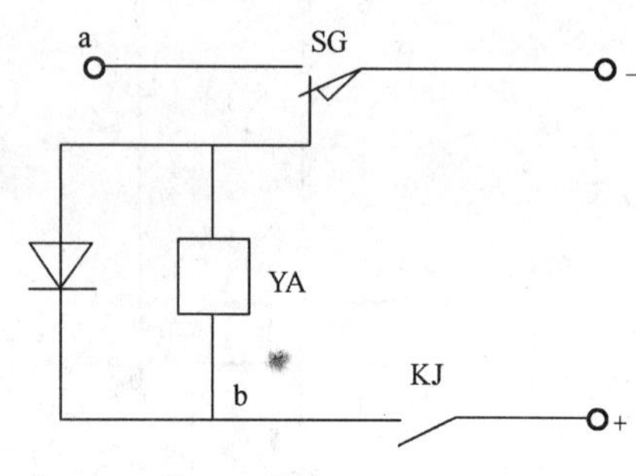

图1-5-10　防火门电气控制线路

(2)防火卷帘

当发生火灾时，由探测器或联动控制盘发来指令信号使卷帘上方的控制装置动作，自动将卷帘降下至预定位置。

根据《火灾自动报警系统设计规范》规定，对防火卷帘的控制，应符合下列要求：

①疏散通道上的防火卷帘两侧，应设置火灾探测器组及其警报装置，且两侧应设置手动控制按钮；其自动控制要求感烟探测器动作后，卷帘降至距地(楼)面1.8m；感温探测器动作后，卷帘下降到底。

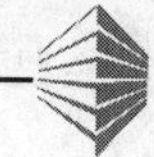

②用作防火分隔的防火卷帘，火灾探测器动作后，卷帘应下降到底。

③感烟、感温火灾探测器的报警信号及防火卷帘的关闭信号应送到消防控制室。

防火卷帘门控制程序如图 1-5-11 所示。

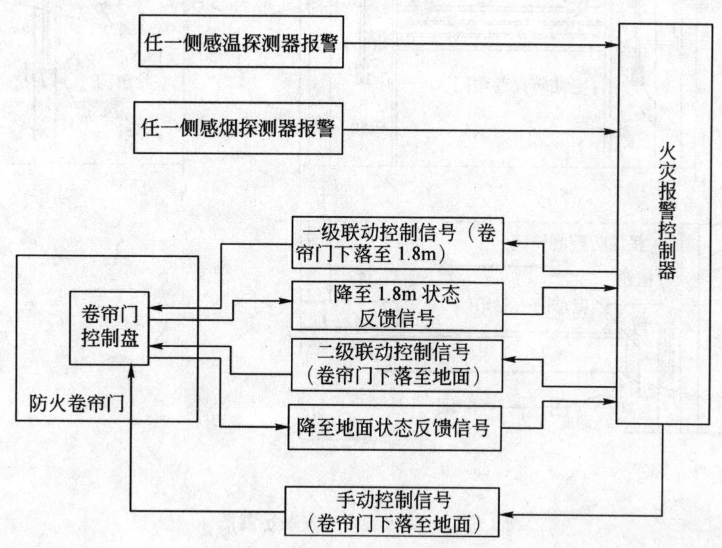

图 1-5-11 防火卷帘门控制程序

防火卷帘门控制电路图如图 1-5-12 所示。

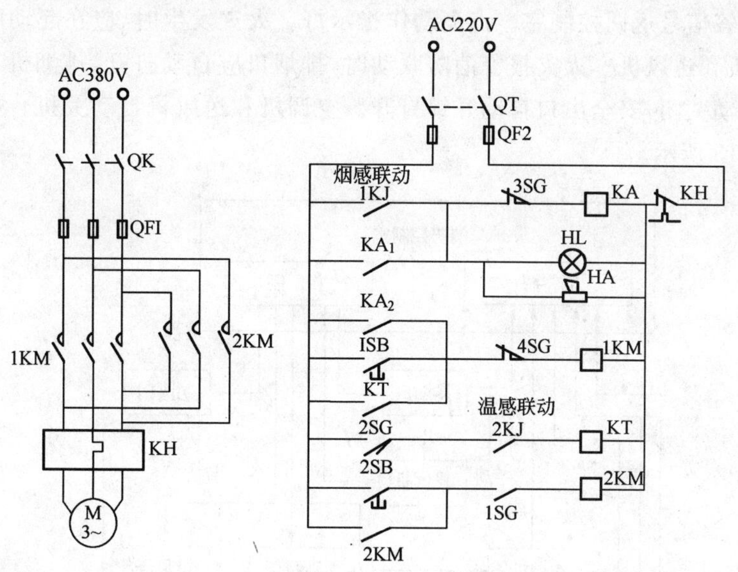

图 1-5-12 卷帘门控制电路

防火卷帘门安装示意图如图 1-5-13 所示。

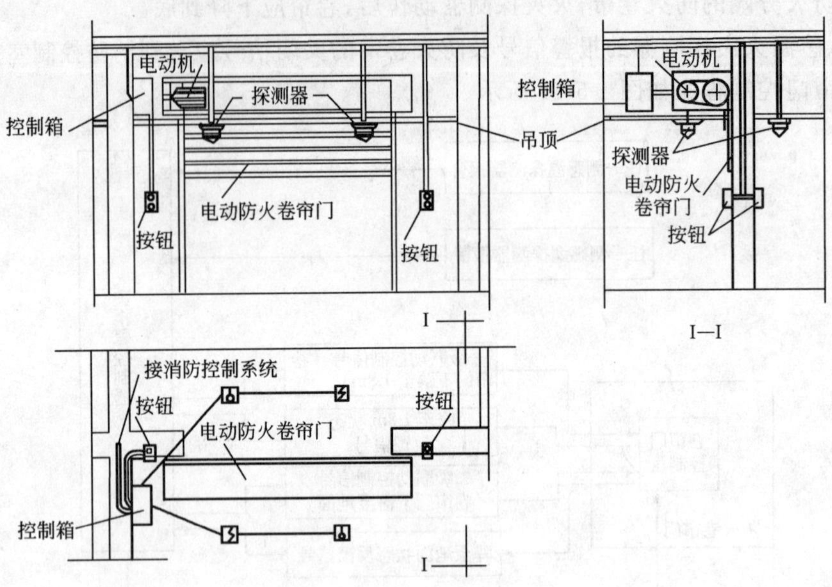

图 1-5-13　防火卷帘门安装示意图

五、排烟系统的控制程序

图 1-5-14 是机械防排烟系统框图。从图中可以看出，被联动的消防设备动作后，大多都有供监测用的应答信号返回控制室。点亮动作指示灯。火灾发生时，应在起动防排烟设备的同时，关停空调机和送风机。火灾报警消防联动时，排烟口应自动打开，排烟机自动起动。防火门和防火阀自动关闭，安全出口自动开锁打开。空调机和送风机自动关机。排烟系统安装示意图如图 1-5-15 所示。

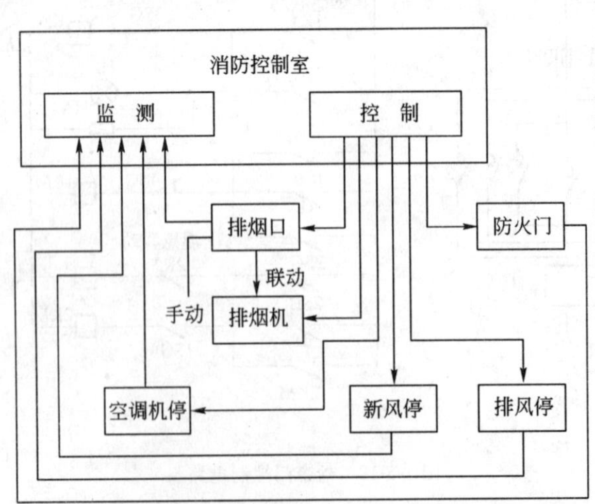

图 1-5-14　机械防排烟系统框图

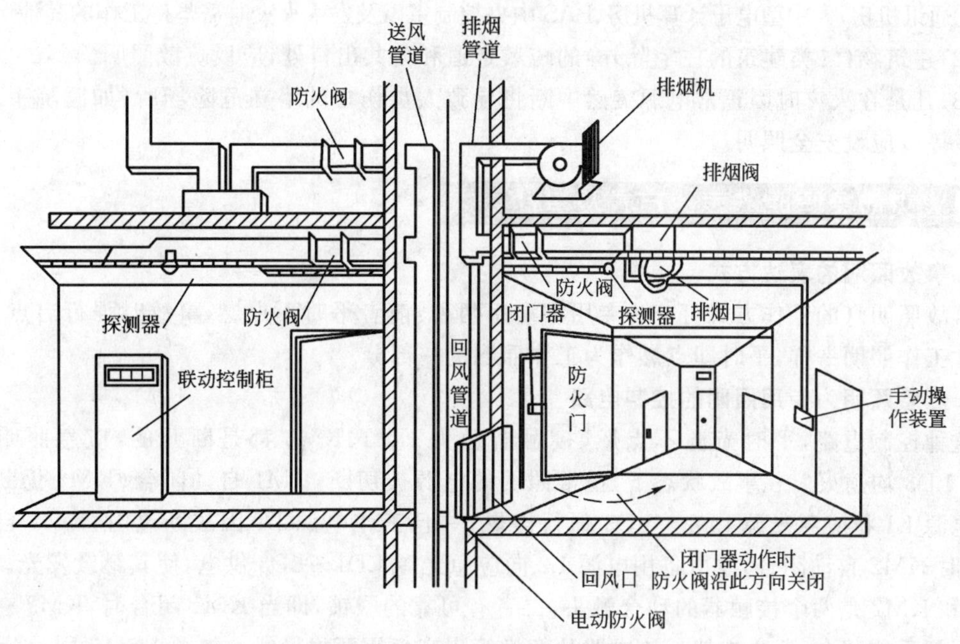

图 1-5-15 排烟系统安装示意图

第二节 应急照明系统

应急照明也称事故照明，其作用是当正常照明因故熄灭的时候，供人员继续工作、保障安全或疏散用的照明。应急照明包括：

(1)正常照明失效时，为继续工作(或暂时继续工作)而设的备用照明。

(2)为了使人员在火灾情况下，能从室内安全撤离至室外(或某一安全地区)而设置的疏散照明。

(3)正常照明突然中断时，为确保处于潜在危险的人员安全而设置的安全照明。

火灾应急照明包括火灾事故工作照明及火灾事故疏散指示照明。而疏散指示标志包括通道疏散指示灯及出入口标志灯。

一、火灾应急照明应设置场所

(1)按规范下列部位应设置火灾事故备用照明

①疏散楼梯(包括防烟楼梯间前室)、消防电梯及其前室；

②消防控制室、自备电源室(包括发电机房、UPS 室和蓄电池室等)、配电室、消防水泵房、防烟排烟机房等；

③观众厅、宴会厅、多功能厅及建筑面积超过 1500m^2 的展览厅、营业厅等；

④每层人员密集的公共活动场所和疏散走道以及病房楼、旅馆、居住建筑内的长度超过 20m 的内走道等，如图 1-5-16 所示。

⑤建筑面积超过 200m^2 的演播室、人员密集建筑面积超过 300m^2 的地下室等。

⑥通讯机房、大中型电子计算机房、BAS中央控制室以及发生火灾时需坚持工作的其他房间。

(2)建筑物(二类建筑的住宅除外)的疏散走道和公共出口处,应设疏散照明。

(3)凡是在火灾时因正常电源突然中断将导致人员伤亡的潜在危险场所(如医院手术室、急救室等),应设安全照明。

二、火灾应急照明的表达方式及其他要求

1.事故照明的表达方式

事故照明灯的工作方式可分为专用和混用两种:前者平时不点燃,事故时强行启点;后者与正常工作照明一样,平时即点燃作为工作照明的一部分。

2.应急照明为专用照明的控制电路

这种控制电路,平时光源不点燃,接触器触头 KM1、KM2 都是断开的,应急照明光源 LD1～LD3 均熄灭。在事故状态下,正常照明的电源被切断,KM1 自动闭合(KM2 仍断开),工作电源 L1 将应急光源 LD1～LD3 强行点燃;一旦工作电源 L1 因故断电时,KM1 自动断开,同时 KM2 自动闭合,改由备用电源 L2 向应急光源 LD1～LD3 供电,使其继续发光。图中 KM1 和 KM2 是两个接触器的动合触头,二者有可靠的联锁,即当 KM1 闭合时,KM2 在任何情况下都不能闭合;反之亦然。该电路从切换箱出来仅用两根导线。如图 1-5-17 所示。

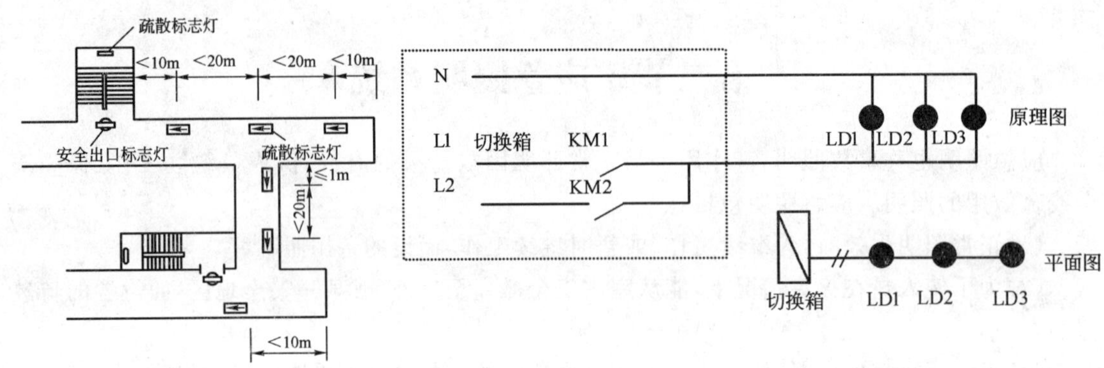

图 1-5-16　疏散标志灯设置示例

图 1-5-17　应急照明为专用照明的控制电路

3.应急照明为混用照明的控制电路

一种是仅在电源切换箱内有开关控制,导线从开关出来后直接接到应急光源上(不再通过开关)。其控制电路和线路敷设形式与专用的情况相同,如图 1-5-17 所示,不同的是 LD1～LD3 平时点燃,因此要求 KM1 平时也是闭合的(KM2 断开),由工作电源 L1 供电。事故时,KM1 仍然闭合(KM2 断),L1 继续向 LD1～LD3 供电;一旦 L1 因故断电时,则 KM1 自动断开切断电源 L1,与此同时 KM2 自动闭合,改由备用电源 L2 向光源 LD1～LD3 供电。

另一种是不仅在切换箱内有开关控制,且从切换箱出来的导线仍需通过开关控制再接到应急光源上。如图 1-5-18 所示。

4.疏散用火灾应急照明

(1)疏散用的火灾应急照明,其地面最低照度不应低于 0.5lx。消防控制室、消防水泵房、防烟排烟机房、配电室和自备发电机房、电话总机房以及发生火灾时仍需坚持工作的其他房间

的应急照明，应保证正常照明的照度。

(2)除二类居住建筑外，高层建筑的疏散走道和安全出口处应设灯光疏散指示标志。

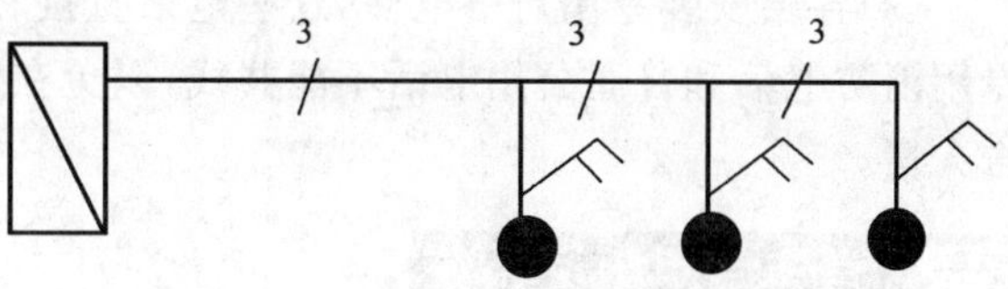

图 1-5-18 应急照明为混用照明的控制电路

(3)疏散应急照明灯宜设在墙上或顶棚上。安全出口标志宜设在出口的顶部；疏散走道的指示标志宜设在疏散走道及其转角处距地面 1.00m 以下的墙面上。走道疏散标志灯的间距不应大于 20m。

(4)应急照明灯和灯光疏散指示标志，应设玻璃或其他不燃烧材料制作的保护罩。

5. 应急照明光源防火要求

应急照明光源防火要求如表 1-5-1 所示。

应急照明光源防火要求 表 1-5-1

名　称	保护措施
开关、插座、照明器具	靠近可燃物时应采取隔热，散热等
卤钨灯、>100W 白炽灯泡的吸顶灯、槽灯、嵌入式灯	引入线应采取瓷管、石棉、玻璃丝等隔热
白炽灯、卤钨灯、荧光高压汞灯、镇流器	不应安装在可燃构件或可燃装修材料上
卤钨灯	不应安装在可燃物品库房

三、应急照明供电方式

应急照明一般供给一路正常工作电源，一路备用电源。且两电源应在末端配电箱内自动切换，这种配电箱称为切换箱。然后以放射式配出到各灯具。配电箱按楼层或防火分区装设，照明支路不应跨越防火分区，每一单项回路容量不宜超过 15A，单项回路连接的灯具出线口数量不宜超过 20 个(最多不超过 25 个)。

应急照明的正常供电电源应由本层(本防火分区)配电盘的专用回路引接。除正常电源外，必须设置备用电源。

正常电源和备用电源其切换时间应视应急照明种类或应用场所确定。一般疏散照明和备用照明不应大于 15s，用于安全照明时不应大于 0.5s。

对于某些建筑物内仅有少量应急照明设施，宜采用灯具内自带蓄电池(全封闭免维护)作为备用电源时，正常电源和备用电源可在灯具内进行切换即可。用蓄电池作备用电源，且连续供电时间不应少于 20min；高度超过 100m 的高层建筑连续供电时间不应少于 30min。

第三节　消防通讯系统

在消防控制中心设有消防通讯专用柜，主要包括火灾应急广播及消防专用电话系统，它们的主要作用是：

(1)火灾时为了有效地组织人员迅速疏散，需设置火灾应急广播系统。

(2)各层安装专用对讲电话,这些电话直接和消防中心的电话总机联系,能迅速确认火情。专用消防电话和普通公用电话不能共线,以免在发生火情时,由于普通公用电话占线而延误报告火情。

一、消防专用电话系统

消防电话系统是一种消防专用的通讯系统。通过这个系统可迅速实现对火灾的人工确认,并可及时掌握火灾现场情况及进行其他必要的通讯联络,便于指挥灭火及恢复工作。

1. 电话分机或电话插孔的设置

(1)下列部位应设置消防专用电话分机

①消防水泵房、备用发电机房、配变电室、主要通风和空调机房、排烟机房、消防电梯机房及其他与消防联动控制有关的且经常有人值班的机房。

②灭火控制系统操作装置处或控制室。

③企业消防站、消防值班室、总调度室。

这些部位是消防作业的主要场所,要求通信畅通无阻。

(2)设有手动火灾报警按钮、消火栓按钮等处宜设置电话塞孔。电话塞孔在墙上安装时,其底边距地面高度宜为1.3～1.5m。巡视员、消防员随身携带的话机可随时插入。

(3)特级保护对象的避难层应每隔20m设置一个消防专用电话分机或电话塞孔。

2. 消防专线电话

消防控制室内应设置向当地公安消防部门可直接报警的外线电话119。

3. 设计方法

(1)总线制消防电话系统

总线制消防电话系统由设置在消防控制中心的GST-TS-Z01A型总线制消防电话主机和火灾报警控制器、现场的GST-LD-8304模块和GST-LD-8312型电话插座及GST-TS-100A/100B消防电话分机构成。

①GST-LD-8304型编码消防电话模块

GST-LD-8304型是一种编码模块,直接与火灾报警控制器总线连接,并需要接上DC24V电源总线。为实现电话语音信号的传送,还需要接入二根消防电话线。GST-LD-8304模块上有一个电话插孔,可直接供总线制电话分机使用。GST-LD-8312型消防电话插座、J-SAP-8402、J-SAP-GST9112型手动火灾报警按钮的电话插孔部分都是非编码的,可直接与消防电话总线连接构成非编码电话插孔,若与GST-LD-8304型模块连接使用,可构成编码式电话插孔。按规范要求,GST-LD-8304模块可安装在水泵房、电梯机房等门口。图1-5-19为GST-LD-8304型模块接线端子示意图。

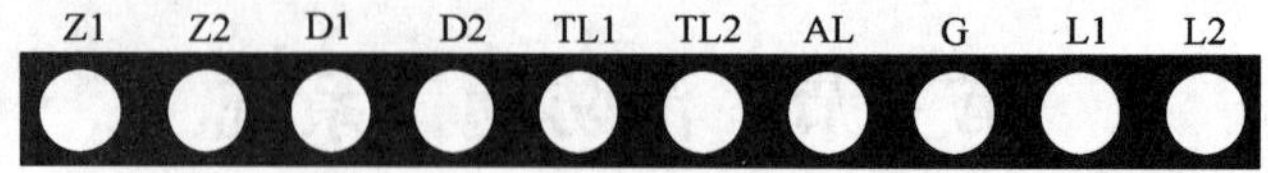

图1-5-19 GST-LD-8304型模块接线端子示意图

Z1、Z2-火灾报警控制器二总线,无极性;D1、D2-DC24V电源,无极性;TL1、TL2、AL、G-与GST-LD-8312、J-SAP-8402、J-SAP-GST9112或GST-TS-100A连接端子;L1、L2-消防电话总线,无极性

布线要求：

Z1、Z2 采用截面积≥1.0mm² 的阻燃 RVS 双绞线，DC24V 电源线采用截面积≥2.5mm² 的阻燃 BV 线，TL1、TL2 采用截面积≥1.0mm² 的阻燃 RVVP 屏蔽线，L1、L2、AL、G 采用截面积≥1.0mm² 的阻燃 BV 线。

②GST-LD-8312 型消防电话插座

特点：为一种非编码消防电话插座，不能接入火灾报警控制总线，仅能与 GST-LD-8304 模块连接，构成编码式电话插座，通常为多个 GST-LD-8312 电话插座并联后与一个 GST-LD-8304 模块相连，仅占用控制系统一个编码点。

应当注意的是，利用 GST-LD-8304 作为所连接电话插座的编码模块使用时，GST-LD-8304 模块不允许再连接电话分机。另外，多个 GST-LD-8312 电话插座并联后，也可直接与总线制消防电话主机或多线制消防电话主机连接，不占用控制器的编码点。

③设计方法

在工程应用设计时，只要掌握 GST-LD-8304 型模块和 GST-LD-8312 型消防电话插座和 J-SAP-8402、J-SAP-GST9112 型手动火灾报警按钮各自的特点并灵活运用就可以满足大多数应用要求。有固定电话分机和电话插孔的系统连接示意图如图 1-5-20 所示。

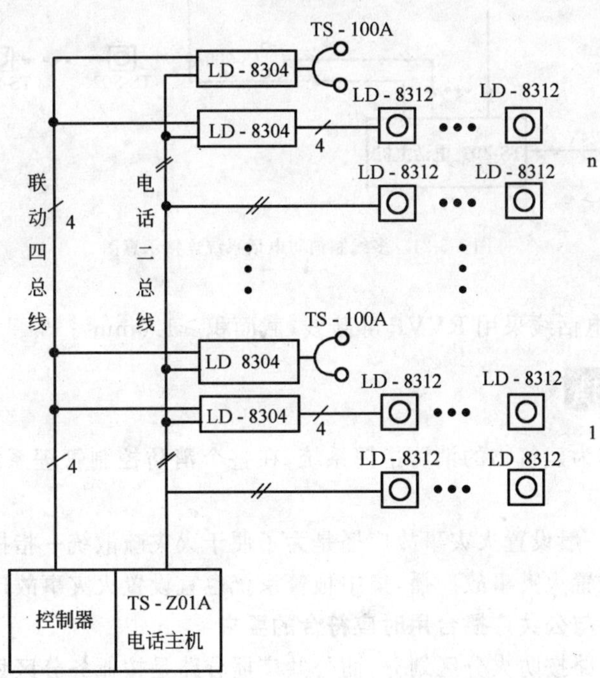

图 1-5-20　有固定电话分机和电话插孔的系统连接示意图

这是在实际中用得最多的系统构成方式，它能满足一座大厦建筑物内不同位置的不同要求，如在电梯机房、水泵房、配电房、电梯门口等重要的地方安装固定式电话分机，而在每一楼层安装一个或多个 GST-LD-8304 型模块作为电话插座分区编码模块，在走廊墙壁上隔一定距离安装一只 GST-LD-8312 型消防电话插座或 J-SAP-8402、J-SAP-GST9112 型手动火灾报警按钮，并将这些 GST-LD-8312 型消防电话插座或 J-SAP-8402、J-SAP-GST9112 型手动火灾报警按钮分组并联在该楼层的 GST-LD-8304 型模块上。无需编码的电话插座则可直接接在消防电话主机二根电话线上。

(2)多线制消防电话系统

多线制消防电话系统的控制核心为 TS-Z03 型多线制消防电话主机。按实际需求不同，消防电话主机容量也不同。在多线制消防电话系统中，每一部 TS-200A 型固定式消防电话分机占用消防电话主机的一路，采用独立的两根线与消防电话主机连接。GST-LD-8312 型消防电话插座可并联使用，并联的数量不限，并联的电话插孔座仅占用消防电话主机的一路。

多线制消防电话系统中主机与分机、分机与分机间的呼叫、通话等均由主机自身控制完成，无需其他控制器配合。

多线制消防电话系统连接示意图如图 1-5-21 所示。

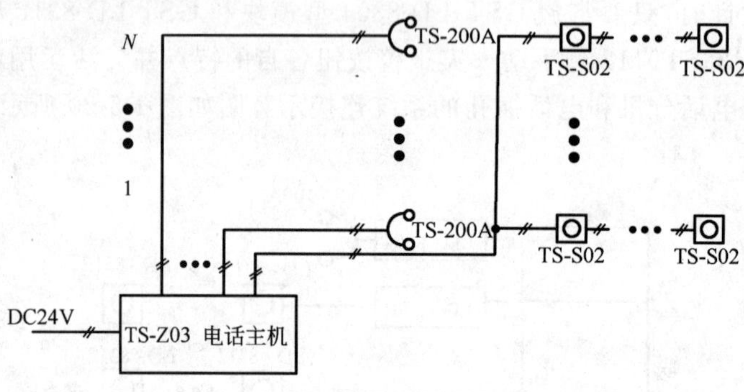

图 1-5-21　多线制消防电话系统连接示意图

布线要求：所有电话线采用 RVVP 屏蔽线，截面积≥1.0mm^2。

二、火灾应急广播

消防广播设备作为建筑物的消防指挥系统，在整个消防控制管理系统中起着极其重要的作用。

在大型建筑内，一般设置火灾事故广播是为了便于火灾疏散统一指挥。按照规范要求，控制中心报警系统应设置火灾事故广播，集中报警系统也宜设置火灾事故广播。

1. 火灾应急广播与公共广播合用时应符合的要求

火灾应急广播分路按防火分区划分，而公共广播分路是按业务分区划分。如果二者一样，按规范要求二者可以合用。合用时规范要求：

(1)火灾时应能在消防控制室内将火灾疏散层的扬声器和公共广播扩音机强制转入火灾应急广播状态。控制切换方式一般有如下两种：

①火灾应急广播系统仅利用公共广播系统的扬声器和馈电线路，而火灾应急广播系统的扩音机等装置是专用的。当火灾发生时，由消防控制室切换输出线路，使公共广播系统按照规定的疏散广播顺序的相应层次播送火灾应急广播。

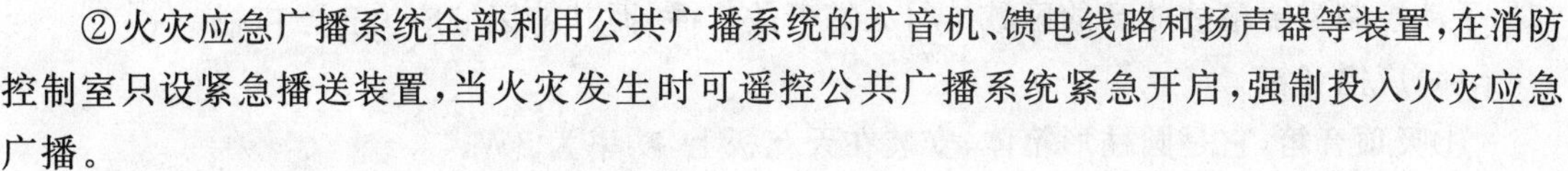

②火灾应急广播系统全部利用公共广播系统的扩音机、馈电线路和扬声器等装置，在消防控制室只设紧急播送装置，当火灾发生时可遥控公共广播系统紧急开启，强制投入火灾应急广播。

以上二种控制方式，都应该注意使扬声器不管处于关闭或播放状态时，都应能紧急开启火灾应急广播。

(2)床头控制柜内设有服务性音乐广播扬声器时，应有火灾应急广播功能。

(3)消防控制室应能监控用于火灾应急广播时的扩音机的工作状态，并应具有遥控开启扩音机和采用传声器播音(能用话筒播音)的功能。

(4)应设置火灾应急广播备用扩音机，其容量不应小于火灾时需同时广播的范围内火灾应急广播扬声器最大容量总和的1.5倍。

2.火灾应急广播扬声器的设置，应符合下列要求

(1)民用建筑内扬声器应设置在走道和大厅等公共场所。每个扬声器的额定功率不应小于3W，其数量应能保证从一个防火分区的任何部位到最近一个扬声器的距离不大于25m，如图1-5-22所示。走道内最后一个扬声器至走道末端的距离不应大于12.5m。

(2)在环境噪声大于60dB的场所设置的扬声器，在其播放范围内最远点的播放声压级应高于背景噪声15dB。

(3)客房设置专用扬声器时，其功率不应小于1.0W。

≤25m

图1-5-22 广播扬声器的步行距离

火灾应急广播系统的扬声器最好与正常使用的扬声器在外观上有所区别，且应是耐热的，在80℃环境温度下能连续工作30min以上。

当发生火灾时，为了便于疏散和减少不必要的混乱，火灾应急广播发出警报不能采用整个建筑物火灾事故广播系统全部启动的方式，而仅向着火层及其有关楼层进行广播。

疏散指令控制程序：

①二层及二层以上楼层发生火灾，宜先接通火灾层及其相邻的上、下层。

②首层发生火灾，宜先接通本层、二层及全部地下各层。

③地下层(任何一层)发生火灾，宜先接通地下各层及首层。若首层与二层有大共享空间时应包括二层。

④含多个防火分区的单层建筑，应先接通着火的防火分区及其相邻的防火分区。

3.火灾事故广播系统的设备

它由广播录放机、音频功率放大器、广播区域控制盘及现场扬声设备组成。

(1)广播录放机　主要用磁带播音，也可以进行话筒播音，并能对播录内容录音。消防联动控制系统控制启动录放机或手动录放机的“紧急启动”键启动。录放机可实现正常广播和事故广播的自动切换，便于正常广播和事故广播共用一套功率放大器和现场扬声器。

(2)音频功率放大器　它提供音频信号的功率放大，一般用定压120V输出。功率放大器有过载保护功能，使用直流24V或交流220V供电。交流220V失电时，可用后备电池供电。

(3)广播区域控制盘　广播区域控制盘与功率放大器配合进行现场广播的分区控制，完成正常广播和事故广播的切换。它可分为多路、多区域。平时进行全区域正常广播，发生火警时，手动控制需要事故放音的区域进行火警事故广播，而其他区域应为正常广播。

(4)广播音箱

①吸顶音箱，它是圆柱形箱体，安装在天花板上，功率为 3W。

②壁挂式音箱，它为长方体，安装于墙上。音箱外壳是 ABS 防火塑料，功率为 3W。

4. 消防广播系统设计

在实际应用设计消防广播系统时，有总线制及多线制二种消防广播系统方案可供选择，二者的区别在于总线制系统是通过控制现场专用消防广播编码切换模块来实现广播的切换及播音控制。而多线制系统是通过消防控制中心的专用多线制消防广播分配盘(GST-LD-GBFP-200)来完成播音切换控制的。

(1)GST-LD-8305 型编码消防广播切换模块

①特点：本模块专用于总线制消防广播系统各防火分区内正常广播与消防广播间的现场切换控制。模块设有自回答功能，当模块动作后，将产生一个报警信号送入控制器产生报警，表明切换成功。如图 1-5-23 所示。

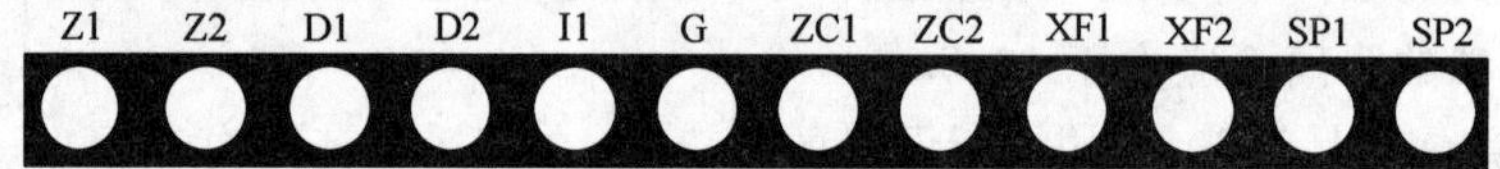

图 1-5-23　GST-LD-8305 型模块接线端子图示意图

Z1、Z2-接火灾报警控制器信号二总线，无极性；D1、D2-DC24V 电源输入端子，无极性；I1、G-无源输入端；ZC1、ZC2-正常广播线输入端子；XF1、XF2-消防广播线输入端子；SP1、SP2-与放音设备连接的输出端子

②线制：a. 与控制器的信号二总线和电源二总线连接

b. 可接入二根正常广播线、二根消防广播线及两根音响线

③布线要求：无极性信号二总线采用阻燃 RVS 双绞线，截面积≥$1.0mm^2$，DC24V 电源二总线采用阻燃 BV 线，截面积≥$1.5mm^2$，正常广播线 ZC1、ZC2 消防广播线 XF1、XF2 及放音设备的连接线 SP1、SP2 均采用阻燃 BV 线，截面积≥$1.0mm^2$。

(2)总线制消防广播系统

总线制消防广播系统由消防控制中心的广播设备、配合使用的总线制火灾报警控制器、GST-LD-8305 消防广播模块及现场放音设备组成。

消防广播设备可与其他设备一起也可单独装配在消防控制柜内，各设备的工作电源统一由消防控制系统的电源提供。

总线制消防广播系统的构成方式如图 1-5-24 所示，一个广播区域可由一个 GST-LD-8305 模块来控制。

有些场合尤其是档次较高的宾馆客房内设有床头广播柜，系统接线如图 1-5-25、图 1-5-26 所示，为 GST-LD-8301 型模块和 GST-LD-8302 型模块组合控制多个床头广播柜示意图。

(3)多线制消防广播系统

多线制广播系统对外输出的广播线路按广播分区来设计，每一广播分区有二根独立的广播线路与现场放音设备连接，各广播分区的切换控制由消防控制中心专用的多线制消防广播切换盘(GST-LD-GBFP-200)来完成。多线制消防广播系统使用的播音设备与总线制消防广播系统内的设备相同。

多线制消防广播系统核心设备为 GST-LD-GBFP-200 型多线制广播切换盘,通过此切换盘,可完成手动对各广播分区进行正常或消防广播的切换。显然,多线制消防广播系统最大的缺点是,N 个防火(或广播)分区,需敷设 $2N$ 条广播线路。

图 1-5-27 为多线制消防广播系统的构成方案。

实际的消防工程中,广播、通讯作为一个系统,由广播通讯柜控制,广播通讯柜中由直流备用电池组、直流

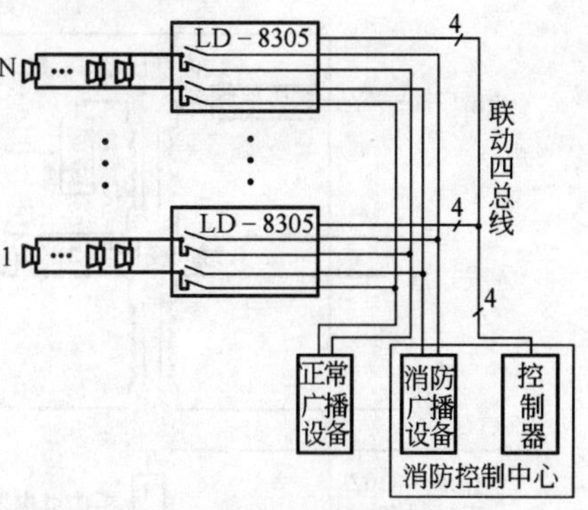

图 1-5-24 总线制消防广播系统示意图

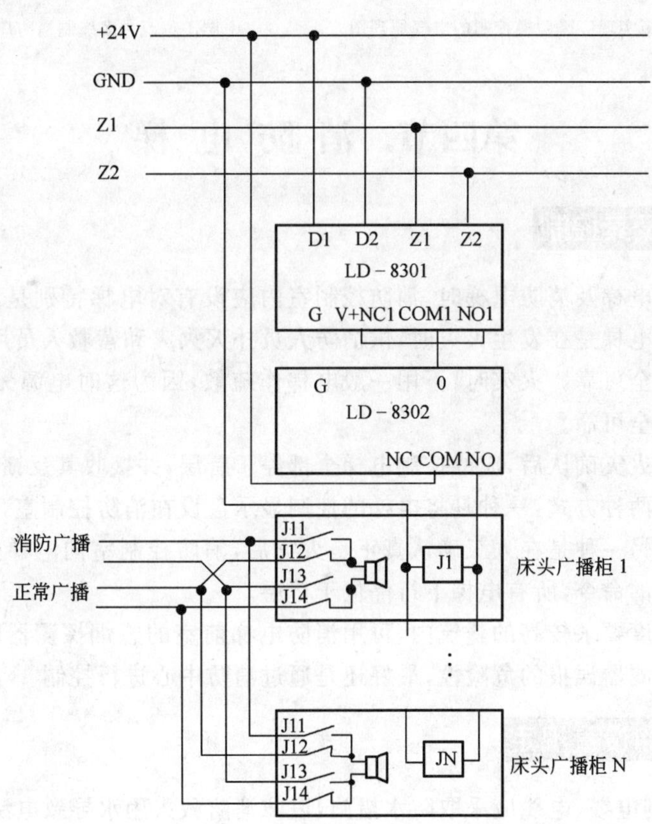

图 1-5-25 GST-LD-8301 型模块和 GST-LD-8302 型模块组合控制多个床头广播柜示意图

稳压电源、广播录音装置、广播机、控制分盘、电话录音装置、电话总机等组成,再接入广播扬声器、电话分机就构成了火灾事故广播通讯系统。

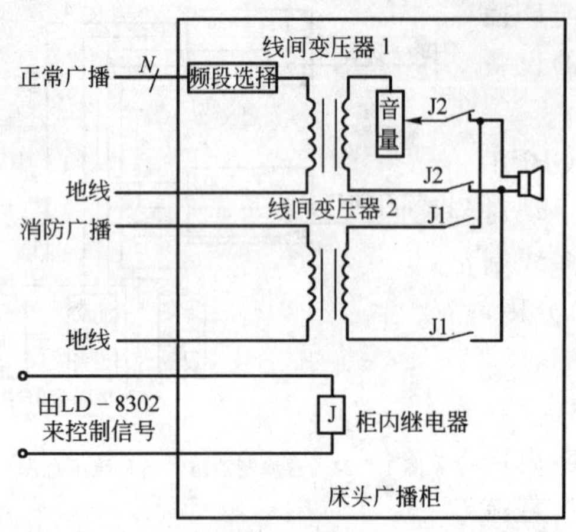

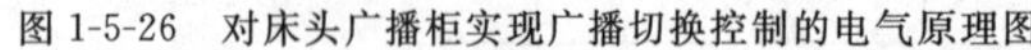
图 1-5-26　对床头广播柜实现广播切换控制的电气原理图

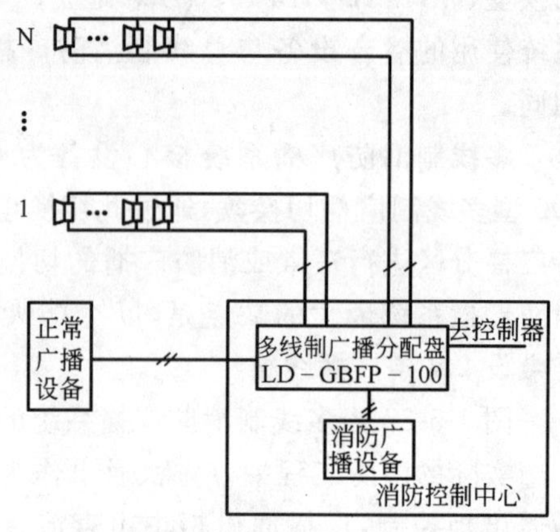

图 1-5-27　多线制消防广播系统示意图

第四节　消 防 电 梯

一、消防电梯及其控制

建筑物中设有电梯及消防电梯时，消防控制室内应设有对电梯特别是消防电梯的运行管理。这是因为消防电梯是在发生火灾时，供消防人员扑灭火灾和营救人员用的纵向交通工具，联动控制一定要安全可靠。火灾时，不用一般电梯作疏散，因为这时电源无把握，因此对电梯控制一定要保证安全可靠。

消防控制室在火灾确认后，应能控制电梯全部停于首层，并接收其反馈信号。

电梯的控制有两种方式：一种是将电梯的控制显示盘设在消防控制室，消防值班人员在必要时可直接操作。另一种是在人工确认真正是火灾后，消防控制室向电梯控制室发出火灾信号及强制电梯下降的命令，所有电梯下行停位于首层。

在对自动化程度要求较高的建筑内，可用消防电梯前室的感烟探测器联动控制电梯。但是必须注意感烟探测器误报的危险性，最好还是通过消防中心进行控制。

二、消防电梯的设置规定

(1)动力与控制电缆、电线应采取防水措施，以防消防救火用水导致电源线路泡水而漏电，影响救火使用。

(2)消防电梯间前室宜靠外墙设置，在首层应设直通室外的出口或经过长度不超过 30m 的通道通向室外。

(3)消防电梯除了正常供电线路之外，还应有备用事故电源，使之不受火灾停电的影响。消防电梯的供电，一般保证双电源在末端自投，连续供电不少于 60min，并应保证它的电源质量。当电梯在市电停电时，采用应急备用发电机组作为电梯的备用电源是救出轿箱里的乘客的有效措施。

(4)消防电梯轿箱内应设专用电话,以便消防人员与控制中心、火场指挥部保持通话联系。并应在首层设供消防队员专用的操作按钮。

(5)消防电梯可与客梯兼用,但符合消防电梯的要求。

(6)电梯井道内除电梯的专用线路(控制、照明、信号等井道的消防需用线路)外,其他线路不得沿电梯道敷设。井道内敷设的电缆和导线应是阻燃和耐潮湿的,穿线管槽亦应为阻燃型。

(7)应在首层设供消防队员专用的操作按钮,在首层设开锁装置,火灾时,消防队员使用此按钮的同时,常用的控制按钮失去作用,专用操作按钮使电梯降到首层,保证消防队员的使用,消防电梯的运行速度将保证在建筑物首层直达顶层时不超过1min。

(8)消防电梯间前室门口宜设挡水设施。消防电梯的井底应设排水设施,排水井容量不应小于2.00m²,排水泵的排水量不应小于10L/s。

本章小结

本章介绍防排烟系统及其控制,应急照明的设置场所及照度要求,消防专用电话及通讯广播的设置场所及其有关要求,消防电梯等内容。消防专用电话及通讯广播系统结合海湾产品讲解,主要便于读者通过本章的学习,掌握防排烟系统和消防电梯等联动设备的控制,广播、电话系统的设计方法,为今后工程设计、施工及工程预算等打下基础。

复习思考题

1. 什么场所设置火灾事故照明?
2. 什么场所设置疏散指示标志,其疏散指示标志的表达方式如何? 其安装距离为多少?
3. 应急照明的供电与照度要求?
4. 防排烟设施的作用和类型有哪些?
5. 防排烟设施的适用范围?
6. 送风口(排烟口)、防烟防火阀、防烟垂壁、防火门的自动与手动过程如何?
7. 在消防设计时防火卷帘的电气控制有哪些内容?
8. 简述排烟风机的手动与自动控制原理。
9. 总线制与多线制消防电话系统的区别是什么?
10. 消防电梯的控制要求?
11. 火灾事故广播的设置场所及有关要求有哪些?
12. 消防专用电话设置场所及要求有哪些?

第六章 消防控制室

根据防火要求，凡设有火灾自动报警和自动灭火系统，或设有自动报警和机械防排烟设施的楼宇(例如旅馆、酒店和其他公共建筑物)，都应设有消防控制室(消防中心)。负责整座大楼火灾的监控与消防工作的指挥。由图 1-6-1 可知，消防控制室既是防火活动的管理中心，又是火灾发现并发出警告、引导疏散、扑灭初期火灾及其他原因发生事故的处理中心，也是消防部门设在本大楼实施灭火救灾的指挥中心，它的地位极为重要。消防过程与设备说明如图 1-6-1 所示。

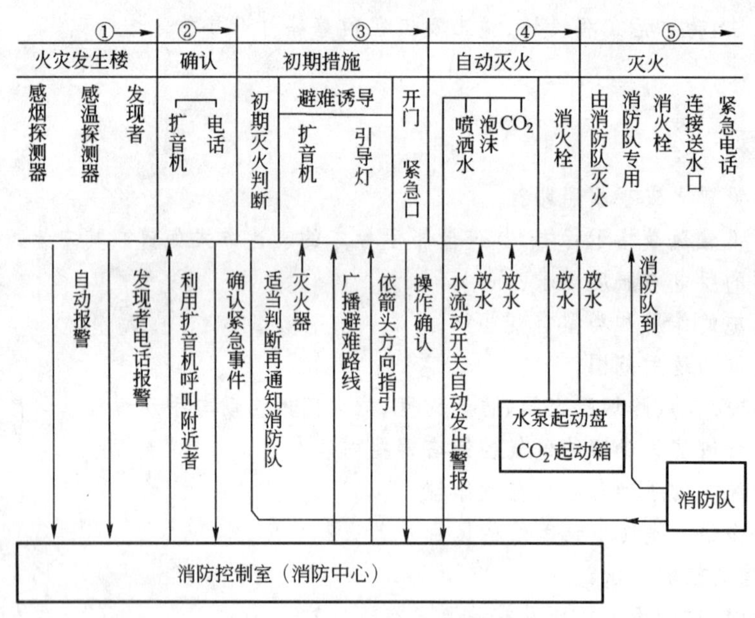

图 1-6-1 消防过程与设备说明图

第一节 消防控制室一般规定

消防控制室应尽可能靠近消防水泵房和消防电梯，并宜尽量避开人流密集的场所，特别要注意避免人流疏散路线对消防控制室指挥灭火救灾工作的干扰。不应将消防控制室设于厕所、锅炉房、浴室、汽车库、变压器室等的隔壁和上下层相对应的房间。有条件时宜与防灾监控、广播、通讯设施等用房相邻近。

在商业大楼中，常常同时设有消火栓灭火系统、自动喷水灭火系统、卤代烷自动灭火系统和二氧化碳自动灭火系统等。此时消防中心必须设置信号显示装置和火灾控制台，以便实现对各个灭火系统的状态监视、手动和自动灭火控制以及对其他消防设施的联动控制。

消防控制室指挥灭火救灾工作的运作过程叙述如下：

当火灾探测器发出火警信号时，应在消防中心发出声光报警，指明火灾部位，并接通上级消防部门的直通电话报告火情，上级消防部门待命监视。同时消防中心值班人员应立即按显示屏指示位置查明火灾现场情况；当火灾得到证实后，消防中心应再次接通上级消防部门的直通电话，正式报告火警，消防人员便立即出动并于规定时间内赶赴现场作业，同时消防中心应立即执行灭火的紧急动作。

当消防按钮及自动喷水灭火系统的水流开关（流水指示器）动作时，应自动进入相应系统的消防动作，如立即启动消防泵，同时按上述程序通报上级消防部门和转入执行灭火紧急操作。

装有气体灭火装置时，可与灭火装置配套就地设置火灾探测器、报警控制装置或集中设置火灾报警控制装置。但是，不论是就地还是集中方式，都应在消防中心设有相应的声光报警装置，并按上述程序通报上级消防部门，必要时发出转入执行火灾紧急操作的指令。

火灾紧急联动操作一般包括以下监控程序：

(1)自动投入相应的消防水泵。

(2)自动开启排烟机。

(3)自动关闭空调机、通风机。

(4)自动投入火灾事故照明及疏散指示标志灯。

(5)将消防电梯直下基站、放客、关门、停运，等候消防人员使用；普通客梯停靠在最近停靠层或基站，放客、关门、自动断开电源，停运。

(6)对建筑物的防火门、窗、卷帘、防烟垂壁、紧急避难口、排烟口、正压疏散通道等，按防火区域划分，进行综合性管理。

(7)接通紧急广播、电铃、电话，通报火警、指挥疏散，及时向上级消防部门报告。

(8)全部监控设备的状态显示信号。

当大楼设有微机自动管理系统时，自动报警和自动灭火系统及其联动控制装置可以全部纳入微机自动管理系统。各种开关量和模拟量输入信号通过火警监控资料收集箱 DGP 输入中央控制室的中央处理机 CPU，并经 DGP 将指令发往各执行机构，从而实现灭火系统自动控制。

常见的建筑物消防控制室是附设在建筑物内的，其位置宜设置在建筑物的首层，应当采用耐火极限不低于 3h 的隔墙和耐火极限不低于 2h 的楼板与其他部位隔开，并设置直通室外的安全出口，且距离不应大于 20m。当首层设置确有困难时，也可以将其设置在地下一层。

消防控制室的门，应有一定的耐火能力，同时为了便于消防人员在灭火时联系工作能快速准确地到达消防控制室。消防控制室门上方应设有明显的标志，一般可以设置标志牌或标志灯，且标志灯的电源应从消防应急电源上接入，以保证标志灯在紧急事故时也可以照常工作。

消防控制室可以和安保、建筑设备管理系统控制室等合在一个大房间内。这样便于相互间联系，且管理方便、节省设备，少占用房间及面积。

鉴于我国现行管理体制上的不同要求(现行消防法规也比较强调消防系统的独立性)，因此以上的设置安排还应征得有关方面的认可。

控制室的面积可以根据被监控对象的多少及设备占用面积等因素而决定，通常应考虑设备安放后的维修、操作面积及值班、指挥人员占住的足够面积。适当考虑长期值班人员房间的朝向。

第二节　消防控制室功能及布置要求

1. 消防控制室的设备及功能：

(1)室内消火栓系统的控制显示；

(2)自动喷洒灭火系统的控制显示；

(3)泡沫、干粉灭火系统的控制显示；

(4)二氧化碳等管网灭火系统的控制显示；

(5)电动防火门、防火卷帘的控制显示；

(6)防排烟设备及电动防火阀的控制显示；

(7)通风、空调的电源切除控制；

(8)电梯系统的监控设备；

(9)火灾事故广播设备的控制装置；

(10)消防通讯设备；

(11)保证电源等。

其他监视如疏散照明电源的监视，高空障碍灯监视，风速、风向、温度监视，地震监察等。联动控制台(柜)布置示意图如图 1-6-2 所示。

2. 消防控制设备布置应符合下列要求

(1)设备前操作距离，单列布置时不应小于 1.5m，双布置时不应小于 2m。

(2)在值班人员经常工作的一面，设备面盘至墙的距离不应小于 3m。

(3)设备面盘后的维修距离不宜小于 1m。

(4)设备面盘的排列长度大于 4m 时，其两端应设置宽度不小于 1m 的通道。

(5)火灾报警控制器安装在墙上时，其底边距地高度为 1.3～1.5m，靠近门轴的侧面距墙不应小于 0.5m，正面操作距离不应小于 1.2m。

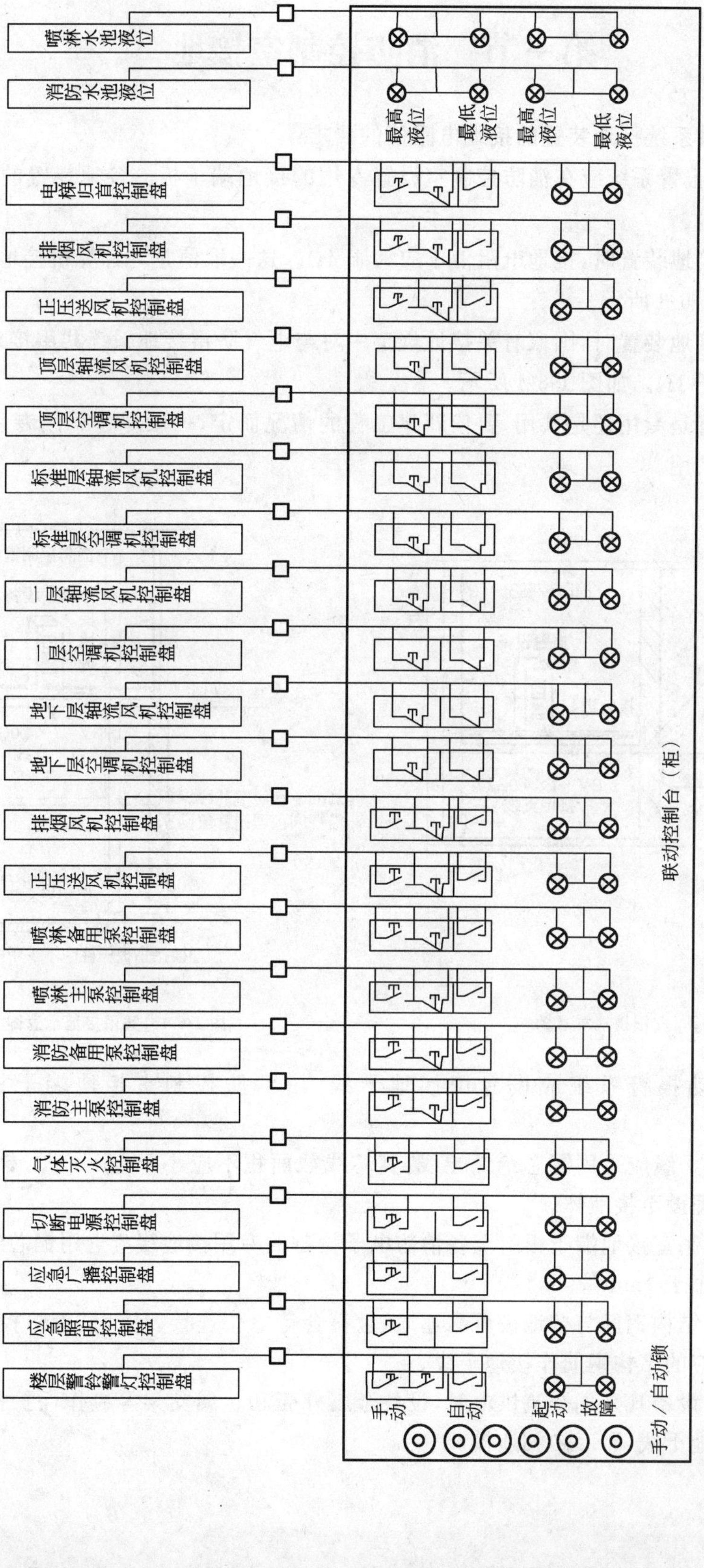

喷淋水池液位
消防水池液位
最高液位
最低液位
最高液位
最低液位
电梯归首控制盘
排烟风机控制盘
正压送风机控制盘
顶层轴流风机控制盘
顶层空调机控制盘
标准层轴流风机控制盘
标准层空调机控制盘
一层轴流风机控制盘
一层空调机控制盘
地下层轴流风机控制盘
地下层空调机控制盘
排烟风机控制盘
正压送风机控制盘
喷淋备用泵控制盘
喷淋主泵控制盘
消防备用泵控制盘
消防主泵控制盘
气体灭火控制盘
切断电源控制盘
应急广播控制盘
应急照明控制盘
楼层警铃警灯控制盘
手动
自动
起动
故障
手动／自动锁
联动控制台（柜）

图1-6-2 联动控制台（柜）布置示意图

第三节　消防控制室接地

火灾自动报警系统接地装置的接地电阻值的要求：

(1)火灾自动报警系统应在消防控制室设置专用的接地端子板。接地装置的接地电阻应符合下列要求：

当采用专用接地装置时，接地电阻值不应大于 4Ω。这一取值是与计算机接地要求有关规范一致的。如图 1-6-3 所示。

当采用共用接地装置时，国家有关接地规范中对与电气防雷接地系统共用接地装置时，接地电阻值不应大于 1Ω。如图 1-6-4 所示。

对于接地装置是专用还是共用，要依新建工程的情况而定，一般尽量采用专用为好，若无法达到专用亦可共用。

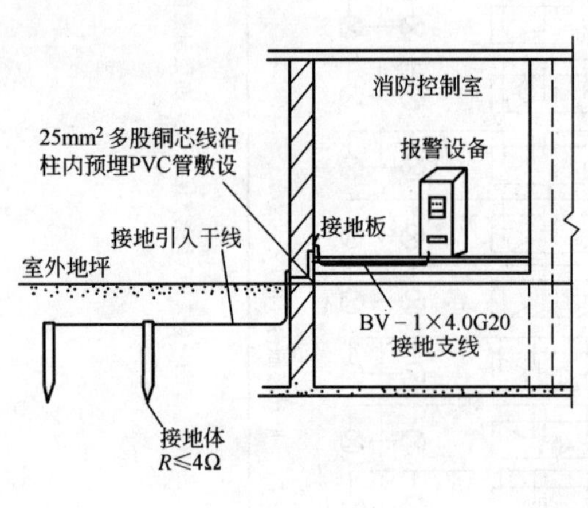

图 1-6-3　专用接地示意图

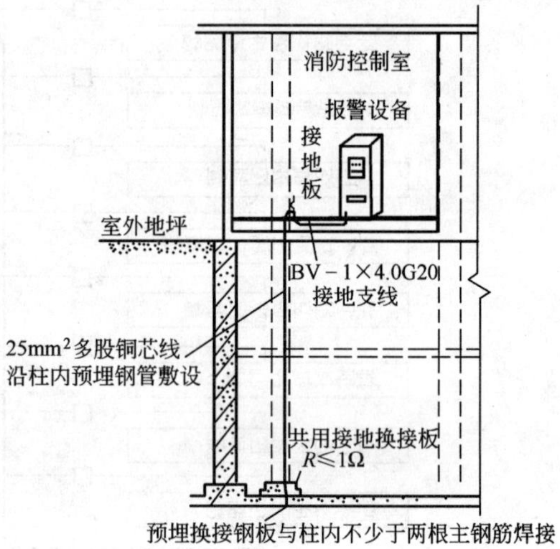

图 1-6-4　共用接地示意图

(2)火灾自动报警系统应设专用接地干线，由消防控制室接地端子板引至接地体。

(3)专用接地干线应采用铜芯绝缘导线，其芯线截面积不应小于 25mm²。专用接地干线宜穿硬质塑料管埋设至接地体。

(4)由消防控制室接地端子板引至各消防电子设备的专用接地线应选用铜芯绝缘导线，其芯线截面积不应小于 4mm²。

(5)当建筑物结构钢筋与接地极可靠连通，且符合等电位连接要求时，消防控制室的接地端子板可采用相应的结构钢筋作接地干线。

(6)消防电子设备凡采用交流供电时，设备金属外壳和金属支架等应作保护接地，接地线应与电气保护接地干线(PE 线)相连接。

本章小结

本章根据《火灾自动报警系统设计规范》要求，主要介绍了消防控制室的设置要求、消防系统接地、消防控制室内设备安装等问题。便于读者通过本章的学习，对消防控制室的设计要求有一定的了解，为今后从事消防设计、施工等打下基础。

思考题

1.消防控制室设计要求有哪些?

2.消防控制设备的接地有什么要求?

3.消防控制室内设备安装有何规定?

第七章 消防系统供电与布线

建筑物中火灾自动报警及联动控制系统的工作特点是连续、不间断。由于在应用上的特殊性,因此要求它的供电系统要绝对安全可靠,并便于操作和维护。

第一节 消防系统的供电

一、消防供电的基本要求

根据《民用建筑电气设计规范》、《高层民用建筑设计防火规范》、《火灾自动报警系统设计规范》的规定,系统供电应满足下列要求:

(1)火灾自动报警系统应设有主电源及直流备用电源。

火灾自动报警系统的主电源应采用消防电源,电压等级为380/220V,其中380V用于高层建筑的电梯、水泵等动力设备,220V用于工作照明、事故照明及其他生活用电设备。直流备用电源宜采用火灾报警控制器专用蓄电池或集中设置的蓄电池。当直流备用电源采用消防系统集中设置蓄电池时,火灾报警控制器应采用单独的供电回路,并应保证在消防系统处于最大负荷状态下不影响报警控制器的正常工作。

(2)对容量较大或较集中的消防用电设施(如消防电梯、消防水泵等),应由配电室采用放射式供电。

(3)对于火灾应急照明、消防联动控制设备、火灾报警控制器等设施,若采用分散供电时,在各层(或最多不超过3～4层)应设置专用消防配电箱。

(4)消防用电设备的两个电源或两回线路,应在最末一级配电箱处自动切换。

(5)在设有消防控制室的建筑工程中,消防用电设备的两个独立电源(或两回线路),应在下列场所的配电箱处自动切换:

①消防控制室;

②消防电梯机房;

③防排烟设备机房;

④火灾应急照明配电箱;

⑤各楼层消防配电箱;

⑥消防水泵房。

(6)消防联动控制装置的控制电源应采用直流 24V。

(7)消防用电设备的电源不应装设漏电保护。

(8)消防用电的自备应急发电设备,应设有自动起动装置,并能在 30s 内供电,当由市电转换到柴油发电机电源时,自动装置应执行先停后送程序,并应保证一定的时间间隔。在接到"市电恢复"信号后,也应延时一定时间,再进行柴油发电机对市电的切换。

(9)消防用电设备的供电要求不能保证时,应设置 EPS 应急电源系统。

(10)火灾自动报警中的显示设备、消防通讯设备、计算机管理系统、火灾广播等的交流电源应由 UPS 装置供电。其容量应按火灾报警器在监视状态下工作 8h,整个系统按最大负载条件启动受控设备,并工作 30min 来计算。

二、消防供电系统形式

高层建筑的消防控制室、消防水泵、消防电梯、防烟排烟设施、火灾自动报警、自动灭火系统、应急照明、疏散指示标志和电动防火门、窗、卷帘、阀门等的消防用电,应按现行的国家标准《工业与民用供电系统设计规范》的规定进行设计,一类高层建筑应按一级负荷要求供电,二类高层建筑应按二级负荷要求供电。

1. 一级消防负荷的供电要求

一级消防负荷的供电要求,由两个电源供电,两个电源的要求应符合下列条件之一,如图 1-7-1 所示。

(1)两个电源无联系。

(2)两个电源间有联系,但符合下列各要求:

①发生任何一种故障时,两个电源的任何部分应不致同时受到损坏;

②发生任何一种故障且主保护装置动作正常时,有一个电源不中断供电,并且在发生任何一种故障且主保护装置失灵以致两电源均中断供电后,应有人值班完成各种必要操作,迅速恢复一个电源供电。

结合高层建筑用电设备(含消防控制室、消防水泵、消防电梯、防排烟设施、火灾自动报警系统、自动灭火装置、火灾应急照明、疏散指示标志和电动防火门窗、卷帘、阀门等)及供电具体情况,具备下列条件之一的供电,可视为一级负荷。

(1)电源来自两个不同的发电厂;

(2)电源来自两个不同的区域变电站(电压在 35kV 及 35kV 以上);

(3)其中一个电源来自区域变电站,另一个为自备发电设备(应设有自动启动装置,并能在 30s 内供电)。

图 1-7-1a)表示采用不同电网构成的电源,两台变压器互为备用,单母线分段提供消防设备用电源;图 1-7-1b)表示采用同一电网双回路供电,两台变压器互为备用,单母线分段,设置柴油发电机组作为应急电源向消防设备供电,满足一级负荷要求。

2. 二级消防负荷的供电要求

二类高层建筑消防用电应按二级负荷处理,即由同一电网的双回路供电,形成一主一备的供电方式。如:成片成街的高层建筑住宅区,办公楼、教学楼等。有时为加大备用电源容量,确保消防系统不受停电事故影响,还配有柴油发电机组。如图 1-7-2 所示。

图 1-7-2a)表示由外部引来的一路低压电源与本部门电源(自备柴油发电机组)互为备用，供给消防设备电源；b)表示双回路供电，可满足二级负荷要求。

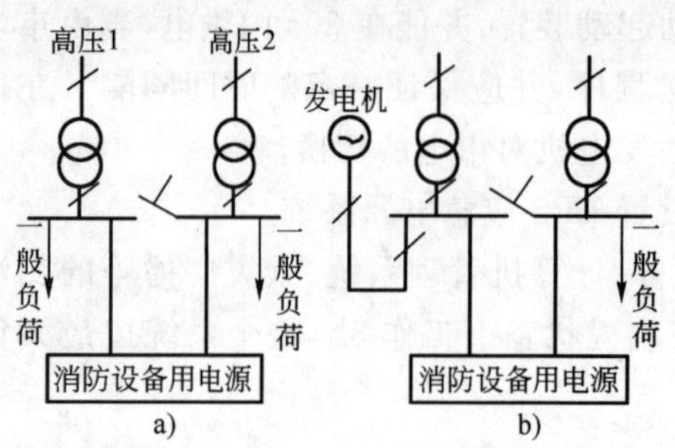

图 1-7-1　一类建筑消防供电系统

a)不同电网；b)同一电网

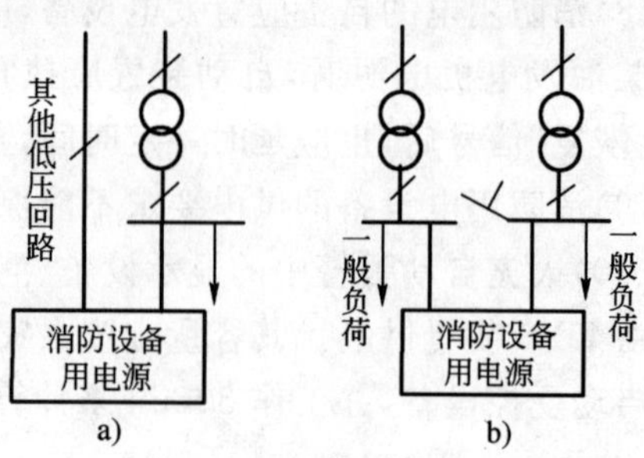

图 1-7-2　二类建筑消防供电系统

a)一路为低压电源；b)双回路电源

三、直流电源

主工作电源一般由交流电源经整流、滤波、稳压等措施形成。备用直流电源采用大容量蓄电池组，以确保消防系统对直流电源的需求。如图 1-7-3 所示。

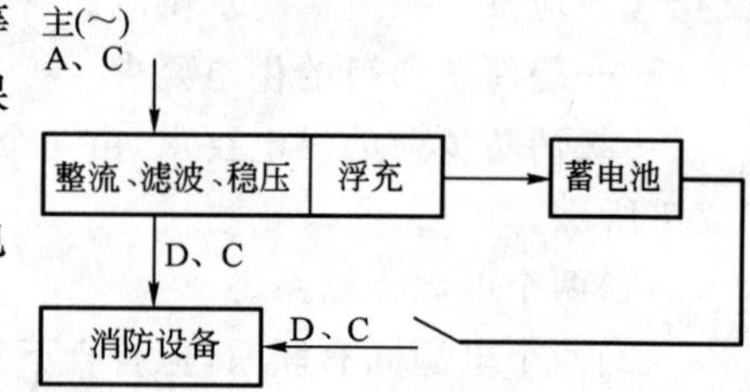

图 1-7-3　直流供电回路

(1)蓄电池应能自动充电，充电电压应高于额定电压的 10%左右；

(2)蓄电池应设有防止过充电设备；

(3)蓄电池应设有自动与手动且易于稳定地进行均等充电的装置，但如果设备稳定性能正常，可不受此限制；

(4)自蓄电池引至火灾监控系统的消防设备线路应设开关及过电流保护装置；

(5)对蓄电池输出的电压及电流应设电压表及电流表进行监视；

(6)环境温度在 0～40℃时，蓄电池应能保持正常工作状态。

四、备用电源自动投入装置

备用电源的自动投入装置(BZT)可使两路供电互为备用，也可用于主供电电源与应急电源(如柴油发电机组)的联接和应急电源自动投入。

1. 备用电源自动投入线路组成

如图 1-7-4，由两台变压器、KM1、KM2、KM3 三只交流接触器、自动开关 QF、手动开关 SA1、SA2、SA3 组成。

2. 备用电源自动投入原理

正常时两台变压器分别运行，自动开关 QF 闭合状态，将 SA1、SA2 先合上后，再合上 SA3，接触器 KM1、KM2 线圈通电闭合，KM3 线圈断电触头释放。若Ⅰ段母线失压(或 1 号回路掉电)，KM1 失电断开，KM3 线圈通电其常开触头闭合，使Ⅰ段母线通过 II 段母线接受 2 号回路电源供电，以实现自动切换。

应当指出：两路电源在消防电梯、消防泵等设备末端实现切换，常采用备用电源自动投入装置。

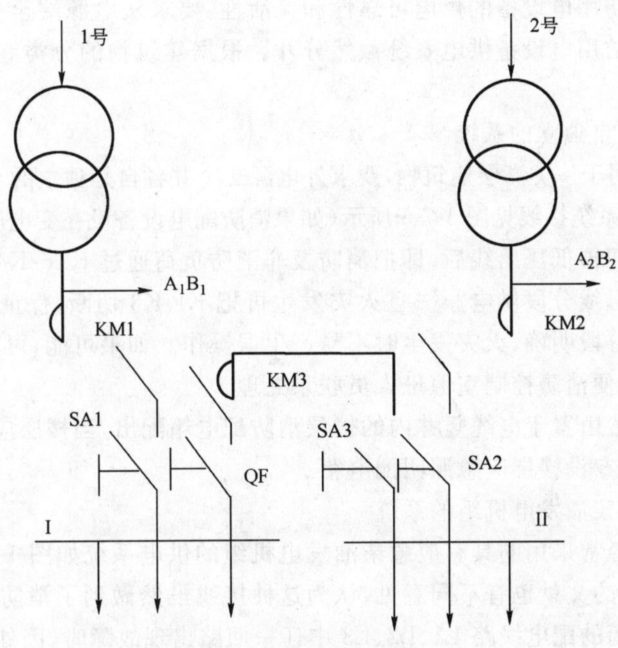

图 1-7-4 电源自动投入装置接线

五、消防用电设备的配电系统的实际应用

1. 保证供电的可靠性

根据《高层民用建筑设计防火规范》，按其使用性质、火灾危险性、疏散和扑救难度划分，高层建筑可分为一类和二类。

属于一类建筑的消防控制室、消防水泵、消防电梯、防排烟设施、火灾自动报警、自动灭火装置、火灾事故照明、疏散指示标志和电动的防火门窗、卷帘、阀门等消防用电，为一级负荷。因此，一类建筑一般应有两个独立电源供电。设计时要同供电部门研究确定两个电源回路是否是独立电源。如果无法取得两个独立电源回路，当负荷比较大时也要由两个回路供电。

除了具有外部电网的可靠电源外，还应有备用的柴油发电机组，作为应急电源。备用发电机组的容量，主要应保证消防设备和事故照明装置的供电。备用柴油发电机组应有自起动和自动投入装置。

为了保证消防中心的供电可靠，除上述考虑外，还应有后备镉镍蓄电池组，作为第三电源，保证防火通信系统、事故照明等特别重要的一级负荷供电可靠性的要求。

2. 保证接线的灵活性

消防系统的配电方式力求简单灵活，便于维护管理，能适应负荷的变化，并留有必要的发挥余地。消防用电设备的配电按防火分区进行。消防用电设备的两个电源或两回路共电线路应在末端切换。

从配电箱至消防设备应是放射式配电，每个回路的保护应当分开设置，以免相互影响。配电线路不设漏电保护装置，当电路发生接地故障时，可根据需要设置单相接地报警装置。

为了保证消防用电设备的供电可靠性和灵活性，要求从电源端至负荷端的消防用电设备供电系统与非消防用电设备供电系统截然分开。根据建筑物的分类和外部电源情况，下列供电系统可供参考：

(1)双电源各自独立的系统

这种系统适用于一类高层建筑物，要求外电源二个并各自是独立的，以满足一类高层建筑对消防负荷的要求，系统接线见图 1-7-5 所示(如果消防配电设备设在变电所内，K2、K4 应取消)。

该系统自变压器低压出线后，即把消防及非消防负荷通过 K1～K4 开关分开，消防及非消防负荷由各自单母线分段供电。一旦火灾发生可把 K1、K3 切断，保证对消防负荷可靠供电。该系统由于负荷分段明确，火灾发生时不易产生误操作。如果可能，可将消防配电室与消防控制室贴邻布置，以便消防控制室值班人员联系处理。

应急照明一般由置于电缆竖井内的楼层消防配电箱配出，当楼层应急照明容量较大，配出回路较多时，也可专设楼层应急照明配电箱。

(2)备有应急柴油发电机组的系统

在高层楼宇经常采用的具有应急柴油发电机组的供电系统如图 1-7-6 所示。具有较高的可靠性。但是，有的文献也有不同意见，认为这种接线虽然做到了消防负荷在末级切换，但由电网供电至切换箱的配电线路 L1、L2、L3 中任一回路出现故障时，因外电源未停，应急发电机并不会自动启动，消防负荷仍将断电；当发电机出线回路 L′1、L′2、L′3 或 L′4 故障时，由于火灾事故有可能将外电源切断。此时虽然发电机已经启动送电，但仍然无法保证故障回路的负荷用电。其实，这种考虑问题的方法，有些过分复杂化，线路故障概率不可能说没有，但毕竟还是个别的，而且在这样运行系统的单位，一般都要配备专门的电工管理，可以通过经常性制度化的维护，及早发现上述所说的故障，从而排除隐患。当然，也可以在这种系统上采用一些自动检测手段来解决这一矛盾，这在实际工程中也是可行的。

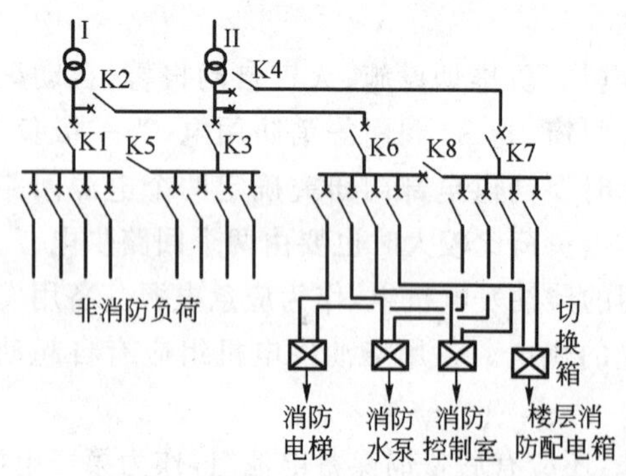

图 1-7-5　双电源系统接线

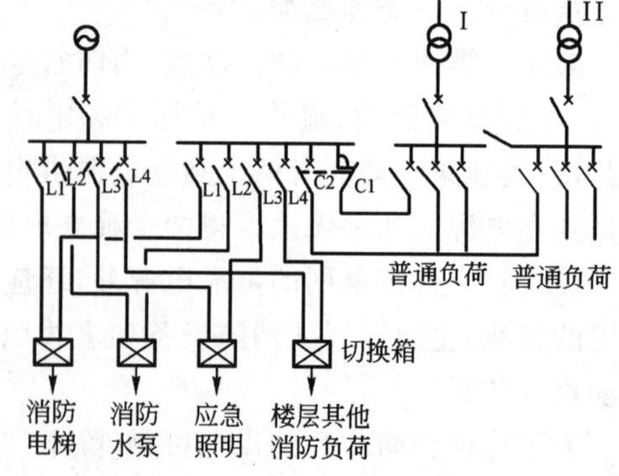

图 1-7-6　具有发电机的系统

(3)带不停电电源装置的供电系统

为保证消防用电可靠性.有的在图 1-7-6 系统的基础上，对特别重要的消防负荷(如消防控制系统用电脑等)又加上不停电电源装置(UPS)。这种接线方式不论系统电源出现何种情况,都能保证火灾报警装置和通信系统得到可靠地供电,如图 1-7-7 如示。

(4)由附近低压备用电源供电的系统

当负荷容量较小,只能选用一台变压器供电时,对消防负荷的供电可采取如图 1-7-8 所示的接线系统,从建筑物附近的变电所,引一低压回路作为备用电源,以保证消防负荷的供电可靠性。

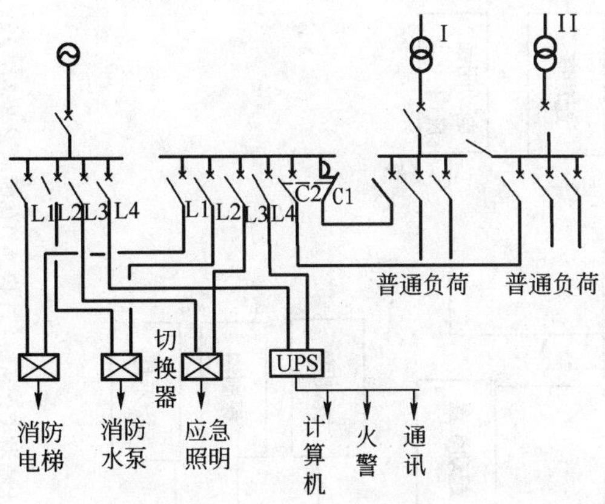

图 1-7-7 带 UPS 的供电系统

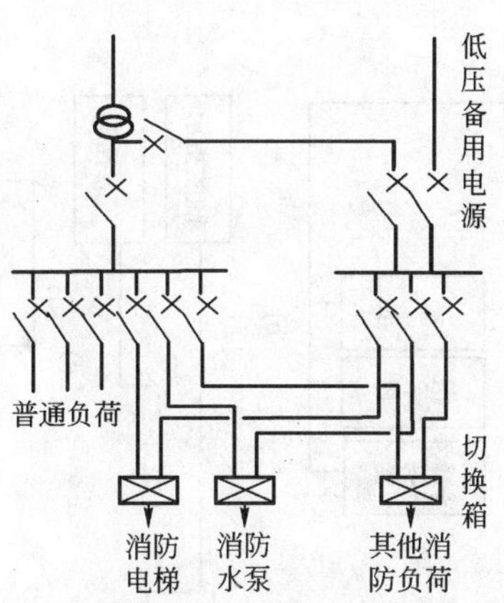

图 1-7-8 一台变压器的系统

第二节 消防系统的布线

一、一般原则

(1)火灾自动报警系统的传输线路和采用 50V 以下供电的控制线路,应采用等级不低于交流 250V 的铜芯绝缘导线和铜芯电缆。采用交流 380/220V 供电或控制的交流用电设备线路,应采用耐压不低于交流 500V 的铜芯电线和铜芯电缆。

(2)超高层建筑内的电力、照明、自控等线路应采用阻燃型电线和电缆;但重要的消防设备(如消防泵、消防电梯、防排烟风机等)的供电线路,有条件时可采用耐火型电缆和 MI(矿物绝缘)电缆。

(3)一类高层建筑内的电力、照明、自控等线路宜采用阻燃型电线和电缆;但重要的消防设备(如消防泵、消防电梯、防排烟风机等)的供电线路,有条件时可采用耐火型电缆、MI(矿物绝缘)电缆或采用其他防火措施以达到耐火要求。

(4)二类高层建筑内消防用电设备宜采用铜芯阻燃型电线和电缆。

(5)火灾自动报警系统传输线路芯线截面的选择除应满足自动报警技术条件要求外,还应满足机械强度的要求,绝缘导线、电缆芯线的最小截面不应小于表 1-7-1 规定。

铜芯绝缘电线、电缆芯线的最小截面

表 1-7-1

序 号	类 别	线芯最小截面(mm^2)
1	穿管敷设的绝缘导线	1.00
2	线槽内敷设的绝缘导线	0.75
3	多芯电缆	0.50

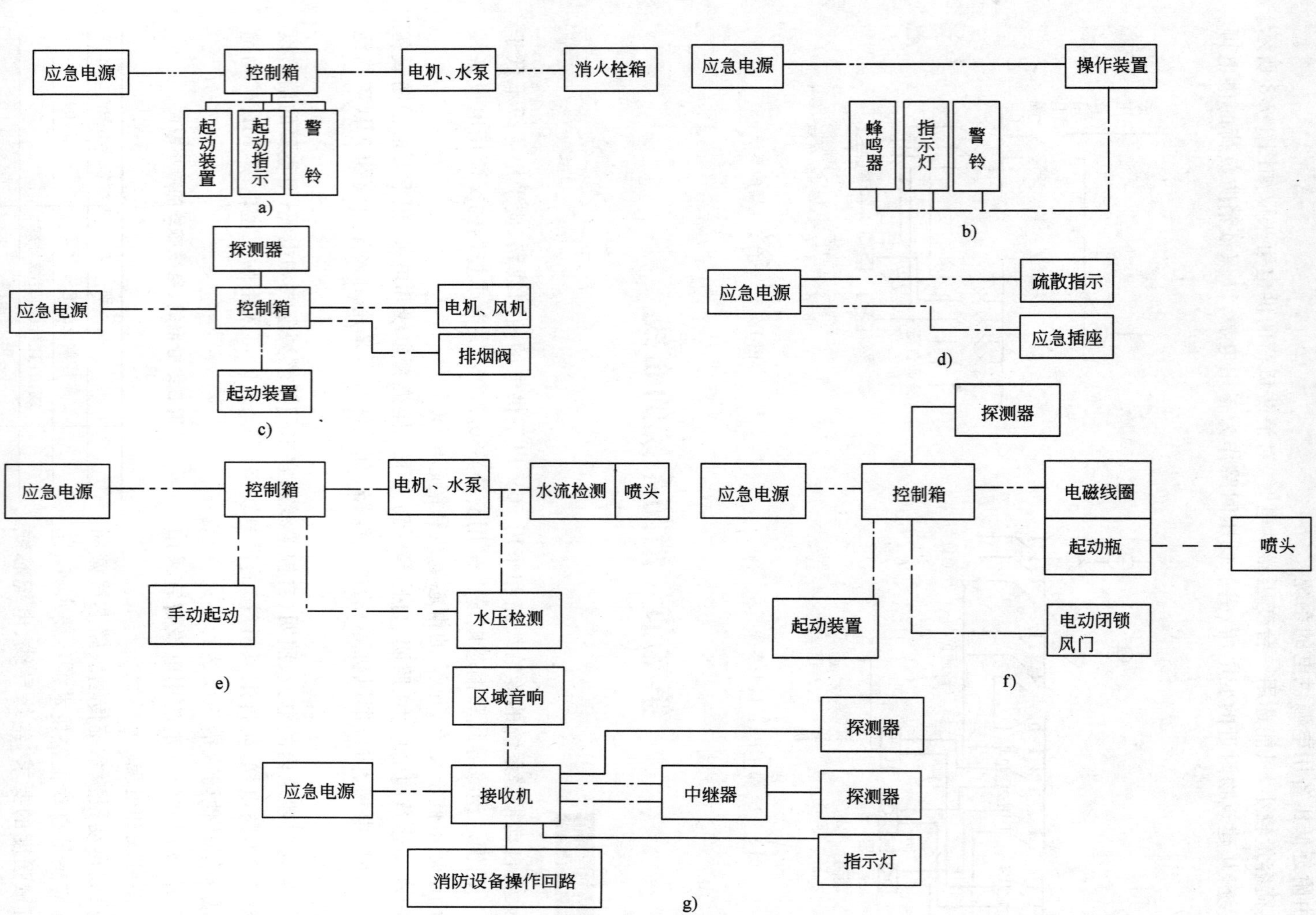

图1-7-9　建筑消防系统防火耐热布线

a) 消火栓灭火系统；b) 声、光报警装置；c) 防排烟系统；d) 疏散诱导及应急插座装置；e) 自动水喷淋灭火系统；f) 自动气体喷洒灭火系统；g) 火灾自动报警系统

图中：— · · —耐火线；— · —耐热线；—— 一般线；----管道线

二、室内布线要求

(1)火灾自动报警系统的传输线路,应采取穿金属管、阻燃型硬质塑料管或封闭式线槽保护方式布线。

(2)消防用电设备的配电线路,消防控制、通信、应急照明和警报线路,应设有明显标志,宜按防火分区划分,敷设应符合下列规定:

①当采用暗敷设时,应敷设在不燃烧结构体内,且保护层厚度不宜小于30mm。

②当采用明敷设时,应在金属管或金属线槽上涂防火涂料保护(在线管外用硅酸钙筒或用石棉、玻璃纤维隔热筒,壁厚25mm)。

③采用绝缘和护套为不延燃性材料的电缆时,可不穿金属管保护,但应敷设在电缆竖井或吊顶内的有防火保护措施的封闭式线槽内,对消防电气线路所经过的建筑物基础、天棚、墙壁、地板等处均应采用阻燃性能良好的建筑材料和建筑装饰材料填充。

(3)建筑物内如只有一个电缆井(无强电与弱电之分),弱电与强电线路应分别设置在竖井的两侧。

(4)火灾自动报警系统不同用途的传输线路,宜选择不同颜色的绝缘导线,同一工程中相同用途的绝缘导线颜色应一致,接线端子应有标号。

(5)不同防火分区的横向敷设的消防系统传输线路,如采用穿管敷设,不宜穿于同一根管内。

(6)绝缘导线或电缆穿管敷设时,所占总面积不应超过管内截面积的40%,穿于线槽的绝缘导线或电缆总面积不应大于线槽截面积的60%。

(7)不同系统、不同电压、不同电流类别的线路不应穿于同一根管内或线槽内的同一槽孔内。

(8)耐火配线:指由于火灾影响,室内温度高达840℃时,仍能使线路在30min内可靠供电。

(9)耐热配线:指由于火灾影响,室内温度高达380℃时,仍能使线路在15min内可靠供电。

建筑消防系统防火耐热布线如图1-7-9所示。

本章小结

本章介绍了消防系统供电和消防系统布线两部分内容:分别阐述了对供电和布线要求,消防供电系统的几种形式;通过本章的学习,使读者掌握消防系统供电和布线的要求,消防供电系统的常用形式,耐火配线和耐热配线的要求,为今后从事消防设计、施工等打下基础。

复习思考题

1. 消防系统供电有哪些要求?

2. 消防系统布线有哪些要求?

第八章 消防系统的设计及应用实例

第一节 消防系统设计的基本原则和内容

一、设计内容

消防系统的设计一般有两大部分内容：一是火灾自动报警系统；二是消防联动控制。具体设计内容如表1-8-1所列。

火灾自动报警系统设计的内容　表1-8-1

设备名称	内容
报警设备	火灾自动报警控制器，火灾探测器，手动报警按钮，消火栓报警按钮等
通讯设备	应急通讯设备，对讲电话分机等
广播	火灾事故广播设备
灭火设备	喷水灭火系统的控制 室内消火栓灭火系统的控制 泡沫、卤代烷、二氧化碳等管网灭火系统的控制等
消防联动设备	防火门、防火卷帘门的控制，防排烟风机、排烟阀的控制，空调、通风设施的紧急停止，电梯控制监视
避难设施	应急照明装置、诱导灯

一个建筑物内合理设计火灾自动报警系统，能及早发现和通报火灾，防止和减少火灾危害，保证人身和财产安全。设计的优劣主要从以下几方面进行评价。

(1)满足国家火灾自动报警设计规范及建筑设计防火规范的要求；

(2)满足消防功能的要求；

(3)技术先进，施工、维护及管理方便；

(4)设计图纸资料齐全，准确无误；

(5)投资合理，即性能价格比高。

二、消防系统的设计原则

消防系统设计的最基本原则，在符合现行的建筑设计消防法规的要求基础上，还要遵照下列原则进行：

(1)熟练掌握国家标准、规范、法规等,对规范中的正面词及反面词的含义领悟准确,保证做到依法设计。

(2)详细了解建筑物的使用功能,保护对象级别及有关消防监督部门的审批意见。

(3)掌握所设计建筑物相关专业的标准、规范等,如车库、卷帘门、防排烟、人防等,以便于综合考虑后着手进行系统设计。

按照我国消防法规的分类大致有五类:即建筑设计防火规范、系统设计规范、设备制造标准、安全施工验收规范及行政管理法规。设计者只有掌握了这五大类的消防法规,设计中才能做到应用自如、准确无误。

在执行法规遇到矛盾时,应按以下几点执行:

(1)行业标准服从国家标准;

(2)从安全考虑就高不就低;

(3)报请主管部门解决,包括公安部、建设部等规范制定的主管部门。

第二节 火灾自动报警系统保护对象分级及探测器设置场所

一、系统保护对象分级

在进行火灾自动报警系统的设计时,最重要的问题是系统方案的确定,即什么样规模的建筑应设置什么样的系统,因此应根据建筑物的功能、火灾危险性、疏散和扑救难度等对保护对象进行分级,划分情况如表 1-8-2 所列。

民用建筑火灾自动报警系统保护对象分级　　表 1-8-2

级别	建筑物属类	所含建筑物
特级	建筑高度超过100m的高层建筑	各类建筑物
一级	建筑高度不超过100m的高层民用建筑(一类建筑)	1.医院;2.高级旅馆;3.建筑高度超过50m或每层建筑面积超过1000m² 的商业楼、展览楼、综合楼、电信楼、财贸金融楼;4.建筑高度超过50m或每层建筑面积超过1500m² 的商住楼;5.中央级和省级(含计划单列市)广播电视楼;6.网局级和省级(含计划单列市)电力调度楼;7.省级(含计划单列市)邮政楼、防灾指挥调度楼;8.藏书超过100万册的图书馆、书库;9.重要的办公楼、科研楼、档案楼;10.建筑高度超过50m的教学楼和普通的旅馆、办公楼、科研楼、档案楼等
	建筑高度不超过24m的高层民用建筑及建筑高度超过24m的单层公共建筑	1.200床及以上的病房楼,每层建筑面积1000m² 及以上的门诊楼;2.每层建筑面积超过3000m² 的百货楼、商场、展览楼、高级旅馆、财贸金融楼、电信楼、高级办公楼;3.藏书超过100万册的图书馆、书库;4.超过3000座位的体育馆;5.重要的科研楼、资料档案楼;6.省级(含计划单列市)的邮政楼、广播电视楼、电力调度楼、防灾指挥调度楼;7.重点文物保护场所;8.大型以上的影剧院、会堂、礼堂
	地下民用建筑	1.地下铁道、车站;2.地下电影院、礼堂;3.使用面积超过1000m² 的地下商场、医院、旅馆、展览厅及其他商业或公共活动场所;4.重要的实验室,图书、资料、档案库
	工业建筑	1.甲、乙类生产厂房;2.甲、乙类物品库房;3.占地面积或总建筑面积超过1000m² 的地下丙、丁类生产车间及物品库房

续上表

级别	建筑物属类	所含建筑物
二级	建筑高度不超过100m的高层民用建筑（二类建筑）	1.除一类建筑以外商业楼、展览楼、综合楼、电信楼、财贸金融楼、商住楼、图书馆、书库；2.省级以下的邮政楼、防灾指挥调度楼、广播电视楼、电力调度楼；3.建筑高度不超过50m的教学楼和普通的旅馆、办公楼、科研楼、档案楼等
	建筑高度不超过24m的高层民用建筑	1.设有空气调节系统或每层建筑面积超过2000m²、但不超过3000m²的商业楼、财贸金融楼、电信楼、展览楼、旅馆、办公楼，车站、海河客运站、航空港等公共建筑及其他商业或公共活动场所；2.市、县级的邮政楼、广播电视楼、电力调度楼、防灾指挥调度楼；3.中型以下的影剧院；4.高级住宅；5.图书馆、书库、档案楼
	地下民用建筑	1.长度超过500m的城市隧道；2.使用面积不超过1000m²的地下商场、医院、旅馆、展览厅及其他商业或公共活动场所
	工业建筑	1.丙类生产厂房；2.建筑面积大于50m²，但不超过1000m²的丙类物品库房；3.总建筑面积大于50m²，但不超过1000m²的地下丙、丁类生产车间及地下物品库房

在消防工程设计中，除应考虑保护等级的确定外，还应对消防审核的重点项目认真对待，以确保交工验收，消防审核的重点项目有：

(1)高层民用建筑；

(2)地下工程；

(3)科研基地、学校、图书馆、幼儿园、档案馆、展览馆、博物馆等；

(4)宾馆、体育馆、歌舞厅、影剧院、礼堂、汽车客运站、铁路旅客站、码头、机场候机楼、医院、商(市)场等公共建筑；

(5)广播、电视中心、邮政、通讯枢纽、发电厂(站)等重要工程；

(6)甲、乙、丙类火灾危险性的厂房、库房(含堆厂)、洁净厂房、高层工业建筑；

(7)其他重要工程。

二、火灾探测器的设置部位

建筑物的哪些部分应设置探测器是设计中首先应考虑的问题，一般而言，探测器设置部位应与保护对象的分级相适应，并符合下列规定：

1. 特级保护对象

除了游泳池、溜冰场、卫生间外，均应设置探测器。

2. 一级保护对象

(1)财贸金融楼的办公室、营业厅、票证库。

(2)电信楼、邮政楼的重要机房和重要房间。

(3)商业楼、商住楼的营业厅、展览楼的展览厅。

(4)高级旅馆的客房和公共活动用房。

(5)电力调度楼、防灾指挥调度楼等的微波机房、计算机房、控制机房、动力机房。

(6)广播电视楼的演播室、播音室、录音室、节目播出技术用房、道具布景房。

(7)图书馆的书库、阅览室、办公室。

(8)档案楼的档案库、阅览室、办公室。

(9)办公楼的办公室、会议室、档案室。

(10)医院病房楼的病房、贵重医疗设备室、病历档案室、药品库。

(11)科研楼的资料室、贵重设备室、可燃物较多的和火灾危险性较大的实验室。

(12)教学楼的电化教室、理化演示和实验室、贵重设备和仪器室。

(13)高级住宅(公寓)的卧房、书房、起居室(前厅)、厨房。

(14)甲、乙类生产厂房及其控制室。

(15)甲、乙、丙类物品库房。

(16)设在地下室的丙、丁类生产车间。

(17)设在地下室的丙、丁类物品库房。

(18)地下铁道的地铁站厅、行人通道。

(19)体育馆、影剧院、会堂、礼堂的舞台、化妆室、道具室、放映室、观众厅、休息厅及其附设的一切娱乐场所。

(20)高级办公室、会议室、陈列室、展览室、商场营业厅。

(21)消防电梯、防烟楼梯的前室及合用前室、除普通住宅外的走道、门厅。

(22)可燃物品库房、空调机房、配电室(间)、变压器室、自备发电机房,电梯机房。

(23)净高超过 2.6m 且可燃物较多的技术夹层。

(24)敷设具有可延燃绝缘层和外护层电缆的电缆竖井,电缆夹层、电缆隧道、电缆配线桥架。

(25)贵重设备间和火灾危险性较大的房间。

(26)电子计算机的主机房、控制室、纸库、光或磁记录材料库。

(27)经常有人停留或可燃物较多的地下室。

(28)餐厅、娱乐场所、卡拉 OK 厅(房)、歌舞厅、多功能表演厅、电子游戏机房等。

(29)高层汽车库、I类汽车库、I、II类地下汽车库、机械立体汽车库、复式汽车库、采用升降梯作汽车疏散出口的汽车库(敞开车库可不设)。

(30)污衣道前室、垃圾道前室、净高超过 0.8m 的具有可燃物的闷顶、商业用或公共厨房。

(31)以可燃气体为燃料的商业和企、事业单位的公共厨房及燃气表房。

(32)需要设置火灾探测器的其他场所。

3. 二级保护对象

(1)财贸金融楼的办公室、营业厅、票证库。

(2)广播、电视、电信楼的演播室,播音室、录音室、节目播出技术用房,微波机房、通讯机房。

(3)指挥、调度楼的微波机房、通讯机房。

(4)图书馆、档案楼的书库,档案室。

(5)影剧院的舞台、布景道具房。

(6)高级住宅(公寓)的卧房、书房、起居室(前厅)、厨房。

(7)丙类生产厂房、丙类物品库房。

(8)设在地下室的丙、丁类生产车间,丙、丁类物品库房。

(9)高层汽车库、I类汽车库、I、II类地下汽车库、机械立体汽车库、复式汽车库、采用升降梯作汽车疏散出口的汽车库(敞开车库可不设)。

(10)长度超过500m的城市地下车道、隧道。

(11)商业餐厅,面积大于500m² 的营业厅、观众厅、展览厅等公共活动用房,高级办公室,旅馆的客房。

(12)消防电梯、防烟楼梯的前室及合用前室,除普通住宅外的走道、门厅,商业用厨房。

(13)净高超过0.8m的具有可燃物的闷顶,可燃物较多的技术夹层。

(14)敷设具有可延燃绝缘层和外护层电缆的电缆竖井、电缆夹层、电缆隧道、电缆配线桥架。

(15)以可燃气体为燃料的商业和企、事业单位的公共厨房及其燃气表房。

(16)歌舞厅、卡拉OK厅(房)、夜总会。

(17)经常有人停留或可燃物较多的地下室。

(18)电子计算机房的主机房、控制室、纸库、光或磁记录材料库、重要机房、贵重仪器房和设备房、空调机房、配电房、变压器房、自备发电机房、电梯机房、面积大于50m² 的可燃物品库房。

(19)性质重要或有贵重物品的房间和需要设置火灾探测器的其他场所。

第三节　设计程序及方法

一、设计程序

1. 已知条件及专业配合

(1)全套土建图纸:包括风道(风口)、烟道(烟口)位置,防火卷帘樘数及位置;

(2)水暖通风专业给出的水流指示器、压力开关等;

(3)电力、照明给出的供电及有关配电箱(如应急照明配电箱、空调配电箱、防排烟机配电箱及非消防电源切换箱)的位置;

(4)防火类别及等级。

总之,建筑物的消防设计是各专业密切配合的产物,应在总的防火规范指导下各专业密切配合,共同完成任务。电气专业应考虑的内容如表1-8-3所列。

设计项目与电气专业配合的内容　　表1-8-3

序　号	设 计 项 目	电气专业配合措施
1	建筑物高度	确定电气防火设计范围
2	建筑防火分类	确定电气消防设计内容和供电方案
3	防火分区	确定区域报警范围、选用探测器种类
4	防烟分区	确定防排烟系统控制方案
5	建筑物室内用途	确定探测器形式类别和安装位置
6	构造耐火极限	确定各电气设备设置部位

续上表

序 号	设 计 项 目	电气专业配合措施
7	室内装修	选择探测器形式类别、安装方法
8	家具	确定保护方式、采用探测器类型
9	屋架	确定屋架探测方法和灭火方式
10	疏散时间	确定紧急和疏散标志、事故照明时间
11	疏散路线	确定事故照明位置和疏散通路方向
12	疏散出口	确定标志灯位置指示出口方向
13	疏散楼梯	确定标志灯位置指示出口方向
14	排烟风机	确定控制系统与联锁装置
15	排烟口	确定排烟风机联锁系统
16	排烟阀门	确定排烟风机联锁系统
17	防火烟卷帘门	确定探测器联动方式
18	电动安全门	确定探测器联动方式
19	送回风口	确定探测器位置
20	空调系统	确定有关设备的运行显示及控制
21	消火栓	确定人工报警方式与消防泵联锁控制
22	喷淋灭火系统	确定动作显示方式
23	气体灭火系统	确定人工报警方式、安全启动和运行显示方式
24	消防水泵	确定供电方式及控制系统
25	水箱	确定报警及控制方式
26	电梯机房及电梯井	确定供电方式、探测器的安装位置
27	竖井	确定使用性质、采取隔断火源的各种措施，必要时放置探测器
28	垃圾道	设置探测器
29	管道竖井	根据井的结构及性质，采取隔断火源的各种措施，必要时设置探测器
30	水平运输带	穿越不同防火分区，采取封闭措施

2. 设计程序

(1)确定设计依据

有关规范：

①《民用建筑电气设计规范》JGJ/T 16—92；

②《高层民用建筑设计防火规范》GB 50045—95(2001 年版)；

③《火灾自动报警系统设计规范》GB 50116—98；

④《全国民用建筑工程设计技术措施　电气》2003 等。

(2)确定设计方案

确定合理的设计方案是设计成败的关键所在，应根据建筑物的性质疏散难易程度及全部已知条件确定采用什么规模、类型的系统，采用哪个厂家的产品。

3. 平面图的绘制

(1)按房间使用功能及层高计算布置设备包括:探测器、手动报警按钮、区域报警器(楼层显示器)、消火栓报警按钮、中继器、总线驱动器、总线隔离器、各种模块等;

(2)参考产品样本中系统图对平面图进行布线、选线,并确定敷设、安装方式并加以标注。

4. 系统图的绘制

根据厂家产品样本所给系统图结合平面图中的实际情况绘制系统图,要求分层清楚、布线标注明确、设备符号与平面图一致、设备数量与平面图一致。

5. 绘制其他一些施工详图

包括:消防控制室设备布置图及有关非标设备的尺寸及布置图等。

6. 编写设计说明书(计算书)

(1)编写设计总体说明:包括设计依据、厂家产品的选择、消防系统的各子系统的工作原理、设备接线表、材料表、图例符号及总体方案的确定等;

(2)设备、管线的计算选择过程(此过程只在学生在校作设计时有,实际工程中可不表现在所交内容上)。

7. 装订上交材料

(1)设计总体说明;

(2)平面图全部;

(3)施工详图;

(4)系统图。

二、设计方法

1. 设计方案的确定

火灾自动报警与消防联动控制系统的设计方案应根据保护对象的分级规定、功能要求、消防管理体制、防烟、防火分区及探测区域或报警区域的划分确定(这些具体划分方法及规定已在前面叙及)。

火灾自动报警系统的三种传统形式所适应的保护对象如下:

区域报警系统,一般适用于二级保护对象;

集中报警系统,一般适用于一二级保护对象;

控制中心报警系统,一般适用于特级、一级保护对象。

为了使设计更加规范化,且又不限制技术的发展,消防规范对系统的基本形式规定的很多原则,工程设计人员可在符合这些基本原则的条件下,根据工程规模和对联动控制的复杂程度,选择检验合格且质量上乘的厂家产品,组成合理、可靠的火灾自动报警与消防联动系统。

2. 消防控制中心的确定及消防联动设计要求

(1)消防控制设备的组成

①火灾报警控制器;

②自动灭火系统的控制装置;

③室内消火栓系统的控制装置;

④防烟、排烟系统及空调通风系统的控制装置;

⑤常开防火门、防火卷帘的控制装置；

⑥电梯回降控制装置；

⑦火灾应急广播的控制装置；

⑧火灾警报装置的控制装置；

⑨火灾应急照明与疏散指示标志的控制装置。

(2)消防设备的控制方式

①单体建筑宜集中控制；

②大型建筑宜采用分散与集中相结合控制。

总之消防控制设备应根据建筑的工程规模、管理体制、形式及功能要求合理确定其控制方式。另外消防控制设备的控制电源及信号回路电压应采用直流 24V。

(3)消防控制室

①消防控制室的门应向疏散方向开启，且入口处应设置明显的标志。

②消防控制室的送、回风管在其穿墙处应设防火阀。

③消防控制室内严禁与其无关的电气线路及管路穿过。

④消防控制室周围不应布置电磁场干扰较强及其他影响消防控制设备工作的设备用房。

⑤消防控制室内设备的布置应符合下列要求：

a. 设备面盘前的操作距离：单列布置时不应小于 1.5m；双列布置时不应小于 2m。

b. 在值班人员经常工作的一面，设备面盘至墙的距离不应小于 3m。

c. 设备面盘后的维修距离不宜小于 1m。

d. 设备面盘的排列长度大于 4m 时，其两端应设置宽度不小于 1m 的通道。

e. 集中火灾报警控制器或火灾报警控制器安装在墙上时，其底边距地面高度宜为 1.3～1.5m，其靠近门轴的侧面距墙不应小于 0.5m，正面操作距离不应小于 1.2m。

(4)消防控制室设备的功能

①消防控制室的控制设备应有下列控制及显示功能：

a. 控制消防设备的启、停、并应显示其工作状态；

b. 消防水泵、防烟和排烟风机的启、停、除自动控制外，还应能手动直接控制。

c. 显示火灾报警、故障报警部位；

d. 显示保护对象的重点部位、疏散通道及消防设备所在位置的平面图或模拟图等。

e. 显示系统供电电源的工作状态。

f. 消防控制室应设置火灾警报装置与应急广播的控制装置，其控制程序应符合下列要求：

• 二层及以上的楼房发生火灾，应先接通着火层及其相邻的上下层；

• 首层发生火灾，应先接通本层、二层及地下各层；

• 地下室发生火灾，应先接通地下各层及首层；

• 含多个防火分区的单层建筑，应先接通着火的防火分区及其相邻的防火分区。

g. 消防控制室的消防通信设备，应符合消防专用电话的设置规定。

h. 消防控制室在确认火灾后，应能切断有关部位的非消防电源，并接通警报装置及火灾应急照明灯和疏散标志灯。

i. 消防控制室在确认火灾后，应能控制电梯全部停于首层，并接收其反馈信号。

②消防控制设备对室内消火栓系统应有下列控制、显示功能：

a. 控制消防水泵的启、停；

b. 显示消防水泵的工作、故障状态；

c. 显示启泵按钮的位置。

③消防控制设备对自动喷水和水喷雾灭火系统应有下列控制、显示功能：

a. 控制系统的启、停；

b. 显示消防水泵的工作、故障状态；

c. 显示水流指示器、报警阀、安全信号阀的工作状态。

④消防控制设备对管网气体灭火系统应有下列控制、显示功能：

a. 显示系统的手动、自动工作状态；

b. 在报警、喷射各阶段，控制室应有相应的声、光警报信号，并能手动切除声响信号。

c. 在延时阶段，应自动关闭防火门、窗，停止通风空调系统，关闭有关部位防火阀；

d. 显示气体灭火系统防护区的报警、喷放及防火门(帘)、通风空调等设备的状态。

⑤消防控制设备对泡沫灭火系统应有下列控制、显示功能：

a. 控制泡沫泵及消防水泵的启、停；

b. 显示系统的工作状态。

⑥消防控制设备对干粉灭火系统应有下列控制、显示功能：

a. 控制系统的启、停；

b. 显示系统的工作状态。

⑦消防控制设备对常开防火门的控制，应符合下列要求：

a. 门任一侧的火灾探测器报警后，防火门应自动关闭；

b. 防火门关闭信号应送到消防控制室。

⑧消防控制设备对防火卷帘的控制，应符合下列要求：

a. 疏散通道上的防火卷帘两侧，应设置火灾探测器组及其警报装置，且两侧应设置手动控制按钮；

b. 疏散通道上的防火卷帘，应按下列程序自动控制下降：

感烟探测器动作后，卷帘下降至距地(楼)面 1.8m；

感温探测器动作后，卷帘下降到底；

c. 用作防火分隔的防火卷帘，火灾探测器动作后，卷帘应下降到底；

d. 感烟、感温火灾探测器的报警信号及防火卷帘的关闭信号应送至消防控制室。

⑨火灾报警后，消防控制设备对防烟、排烟设施应有下列控制、显示功能：

a. 停止有关部位的空调送风，关闭电动防火阀，并接收其反馈信号；

b. 启动有关部位的防烟和排烟风机、排烟阀等，并接收其反馈信号；

c. 控制挡烟垂壁等防烟设施。

3. 平面图中设备的选择、布置及管线计算

(1)设备选择及布置

①探测器的选择及布置：根据房间使用功能及层高确定探测器种类，量出平面图中所计算房间的地面面积，再考虑是否重点保护建筑，还要看房顶坡度是多少，然后用 $N \geqslant S/KA$ 分别

算出每个探测区域内的探测器数量，然后再进行布置（关于布置前已叙及）。

火灾探测器的选用原则如下：

a.火灾初期有阴燃阶段，产生大量的烟和少量的热，很少或没有火焰辐射，应选用感烟探测器；

b.火灾发展迅速，有强烈的火焰辐射和少量的热、烟，应选用火焰探测器；

c.火灾发展迅速，产生大量的热、烟和辐射，应选用感温、感烟及火焰控制器的组合即复合型探测器；

d.若火灾形成的特点不可预料，应进行模拟试验，根据试验结果选用适当的探测器。

探测器种类选择在探测器中已有表可查，但这里还需进一步说明其种类选择范围。

下列场所宜选用光电和离子感烟探测器：

电子计算机房、电梯机房、通讯机房、楼梯、走道、办公楼、饭店、教学楼的厅堂、办公室、卧室等，有电气火灾危险性的场所、书库、档案库、电影或电视放映室等。

有下列情况的场所不宜选用光电感烟探测器：

存在高频电磁干扰；在正常情况下有烟滞留，可能产生蒸汽和油雾；大量积聚粉尘。

有下列情况的场所不宜选用离子感烟探测器：

产生醇类、醚类酮类等有机物质；可能产生腐蚀性气体；有大量粉尘、水雾滞留；相对湿度长期大于95%；在正常情况下有烟滞留；气流速度大于5m/s。

有下列情况的场所宜选用火焰探测器：

需要对火焰作出快速反应；无阴燃阶段的火灾；火灾时有强烈的火焰辐射。

下列情况的场所不宜选用火焰探测器：

在正常情况下有明火作业及X射线、弧光等影响；探测器的"视线"易被遮挡；在火焰出现有浓烟扩散，可能发生无焰火灾；探测器的镜头易被污染；探测器易受阳光或其他光源直接或间接照射。

下列情况的场所宜选用感温探测器：

可能发生无烟火灾；在正常情况下有烟和蒸汽滞留，吸烟室、小会议室、烘干车间、茶炉房、发电机房、锅炉房、汽车库等；其他不宜安装感烟探测器的厅堂和公共场所；相对温度经常高于95%以上；有大量粉尘等；在散发可燃气体和可燃蒸汽的场所（如高压聚乙烯、合成甲醇装置等的泵房、阀门间法兰盘、合成酒精装置、裂解汽油装置、乙烯装置），宜选可燃气体探测器。

②火灾报警装置的选择及布置：规范中规定火灾自动报警系统应有自动和手动两种触发装置。

自动触发器件有：压力开关、水流指示器、火灾探测器等。

手动触发器件有：手动报警按钮、消火栓报警按钮。

要求探测区域内的每个防火分区至少设置一个手动报警按钮。

a.手动报警按钮的安装场所：各楼层的电梯间、电梯前室；主要通道等经常有人通过的地方；大厅、过厅、主要公共活动场所的出入口；餐厅、多功能厅等处的主要出入口。

b.手动报警按钮的布线，宜独立设置；

手动报警按钮的数量应按一个防火分区内的任何位置到最近一个手动报警按钮的距离不大于30m给予考虑。

c. 手动报警按钮墙上安装底边距地高度为 1.5m，按钮盒应具有明显的标志和防误动作的保护措施。

③其他附件选择及布置：

a. 模块：由所确定的厂家产品的系统确定型号，安装距顶棚 0.5m 高度，墙上安装。

b. 短路隔离器：与厂家产品配套选用，墙上安装，距顶棚 0.2～0.5m；

c. 总线驱动器：与厂家产品配套选用，根据需要定数量，墙上安装，底边距地 2～2.5m。

d. 中继器：由所用产品实际确定，现场墙上安装，距地 1.5m。

④火灾事故广播与消防专用电话

a. 火灾事故广播及警报装置：

火灾报警装置（包括警灯、警笛、警铃等）是当发生火灾时发出警报的装置。火灾事故广播是火灾时（或意外事故时）指挥现场人员进行疏散的设备。两种设备各有所长，火灾发生初期交替使用，效果较好。

火灾报警装置的设置范围和技术条件：

国家规范规定：设置区域报警系统的建筑，应设置火灾警报装置；设置集中和控制中心报警系统的建筑，宜设置火灾警报装置；在报警区域内，每个防火分区至少安装一个火灾报警装置。其安装位置，宜设在各楼层走道靠近楼梯出口处。

为了保证安全，火灾报警装置应在确认火灾后，由消防中心按疏散顺序统一向有关区域发出警报。在环境噪声大于 60dB 场所设置火灾警报装置时，其声压级应高于背景噪声 15dB。

火灾事故广播与其他广播（包含背景音乐等）合用时应符合以下要求：

火灾时，应能在消防控制室将火灾疏散层的扬声器和公共广播扩音机强制转入火灾应急广播状态；消防控制室应能监控用于火灾应急广播时的扩音机的工作状态，并能开启扩音机进行广播，火灾应急广播应设置备用扩音机，其容量不应小于火灾应急广播扬声器最大容量总和的 1.5 倍；床头控制柜设有扬声器时，应有强制切换到应急广播的功能，（其他已在广播一章中叙及）

b. 消防专用电话：

消防专用电话十分必要，他对能否及时报警，消防指挥系统是否畅通。起着关键作用。为保证消防报警和灭火指挥畅通，规范对消防专用电话作了明确规定，已在广播通讯中作了叙述，这里不再重复。根据以上设备选择列出材料。

（2）消防系统的接地

为了保证消防系统的正常工作，对系统的接地规定如下：

①火灾自动报警系统应在消防控制室设置专用接地板，接地装置的接地电阻值应符合下列要求：当采用专用接地装置时，接地电阻值不应大于 4Ω；当采用共用接地装置时，接地电阻值不应大于 1Ω。

②火灾报警系统应设专用接地干线，由消防控制室引至接地体。

③专用接地干线应采用铜芯绝缘导线，其芯线截面积不应小于 $25mm^2$，专用接地干线宜穿硬质型塑料管埋设至接地体。

④由消防控制室接地板引至各消防电子设备的专用接地线应选用铜芯塑料绝缘导线，其芯线截面积不应小于 $4mm^2$。

⑤消防电子设备凡采用交流供电时，设备金属外壳和金属支架等应作保护接地，接地线应与电气保护接地干线(PE线)相连接。

⑥区域报警系统和集中报警系统中各消防电子设备的接地亦应符合本措施上述“①～⑤”条。

(3)布线及配管

①火灾自动报警系统的传输线路应采用铜芯绝缘导线或铜芯电缆，其电压等级不应低于交流250V，线芯最小截面一般应符合表1-8-4规定。

火灾自动报警系统用导线最小截面要求　　表1-8-4

类　别	线芯最小截面(mm^2)	备　注
穿管敷设的绝缘导线	1.00	
线槽内敷设的绝缘导线	0.75	
多芯电缆	0.50	
由探测器到区域报警器	0.75	多股铜芯耐热线
由区域报警器到集中报警器	1.00	单股铜芯线
水流指示器控制线	1.00	
湿式报警阀及信号阀	1.00	
排烟防火电源线	1.50	控制线>1.00mm^2
电动卷帘门电源线	2.50	控制线>1.50mm^2
消火栓控制按钮线	1.50	

②火灾探测器的传输线路，宜采用不同颜色的绝缘导线，以便识别，接线端子应有标号。

③配线中使用的非金属管材、线槽及其附件，均应采用不燃或非延燃性材料制成。

④火灾自动报警系统的传输线，当采用绝缘电线时，应采取穿管(金属管或不燃、难燃型硬质、半硬质塑料管)或封闭式线槽进行保护。

⑤不同电压、不同电流类别、不同系统的线路，不可供管或在线槽的同一槽孔内敷设。横向敷设的报警系统传输线路，若采用穿管布线，则不同防火分区的线路不可共管敷设。

⑥消防联动控制、自动灭火控制、事故广播、通讯、应急照明等线路，应穿金属管保护，并宜暗敷设在非燃烧体结构内，其保护层厚度不小于3cm。当必须采用明敷时，则应对金属管采取防火保护措施。当采用具有非延燃性绝缘和护套的电缆时，可以不穿金属保护管，但应将其敷设在电缆竖井内。

⑦弱电线路的电缆宜与强电线路的电缆竖井分别设置。若因条件限制，必须合用一个电缆竖井时，则应将弱电线路与强电线路分别布置在竖井两侧。

⑧横向敷设在建筑物内的暗配管，钢管直径不宜大于25mm；水平或垂直敷设在顶棚内或墙内的暗配管，钢管直径不宜大于20mm。

⑨从线槽、接线盒等处引至火灾探测器的底座盒、控制设备的接线盒、扬声器箱等的线路，应穿金属软管保护。

(4)画出系统图及施工图详图

设备、管线选好后在平面图中标注后，根据厂家产品样本，再结合平面图画出系统图，并进行相应的标注：如每处导线根数及走向，每个设备数量、所对应的层楼等。

施工详图主要是对非标产品或消防控制室而言的。比如非标控制柜(控制琴台)的外形、尺寸及布置图;消防控制室设备布置图,应标明设备位置及各部分距离等。

(5)编写设计说明书(计算书)及装订

前已叙述,不再重复。

总之,消防工程设计是一项十分严肃认真的事情,一定按规范、按消防法规进行,决不能凭感情减少任何应该设置的项目,否则一旦发生火灾,系统出现误报、漏报或灭火不当、联动不合理等,设计者将会受到法律的制裁。

另外还应注意的是:目前教学、设计、施工单位这三个环节仍有一定距离,设计者的设计一定要联系工程实际,切实保证能正常施工,不要纸上谈兵,在实际施工中漏洞百出。这就要求设计者多向工程实际学习,掌握消防施工的实际情况,设计就会得心应手。

第四节 设计实例

一、工程概况

某综合楼地上26层,地下二层,属于一类建筑,其中地下一、二层为停车库及设备用房,一层为大堂,二至六层为开敞式办公室,七至二十六层为商住两用办公室。

二、消防设计

本工程一层设有消防控制室,核心筒设有一强弱电共用的电气竖井。其消防报警及联动系统设计思路如下:

(1)探测器的设置:依据《火灾自动报警系统设计规范》,本工程为一级保护对象,除了卫生间外全楼所有功能房间均设有火灾报警探测器,其中地下车库采用感温探测器,其余均采用感烟探测器,具体而言,根据每个房间的面积、高度,采用公式 $N=S/K\times A$(其中对于一级保护对象,K 取0.8～0.9)计算出该房间应设置的探测器数量,然后根据每个探测器的保护半径将这些探测器合理地安排位置。

(2)手动报警按钮的设置:根据建筑专业提供的条件,本工程每层为一防火分区,依据《火灾自动报警系统设计规范》,则每层至少设置一个手动报警按钮,从一个防火分区内的任何位置到最邻近的一个手动报警按钮的距离不应大于30m。手动报警按钮宜设置在公共活动场所的出入口处,且应设置在明显的和便于操作的部位,安装高度1.3～1.5m。

(3)消火栓报警按钮的设置:水暖专业设置的每一个消火栓箱内均应设置一个消火栓报警按钮。

(4)火灾应急广播的设置:本工程为一级保护对象,按照规范宜采用集中报警系统,所以宜设置火灾应急广播,具体而言,本工程在走道和大厅等公共场所设置了扬声器,每个扬声器功率不小于3W,其数量应能保证从每个防火分区内的任何部位到最近一个扬声器的距离不大于25m。走道内最后一个扬声器至走道末端的距离不应大于12.5m。消防控制室内设置火灾广播备用扩音机,其容量不应小于火灾时须同时广播的范围内火灾应急广播扬声器最大容量总和的1.5倍。

(5)层显器的设置:《火灾自动报警系统设计规范》规定:当用一台区域火灾报警控制器或一台火灾报警控制器警戒多个楼层时,应在每个楼层的楼梯口或消防电梯前室等明显部位,设置识别着火楼层的灯光显示装置。故本工程在每层消防电梯前室均设置一台层显器。

(6)输入模块的设置:根据水暖专业提供的条件及要求,本工程设置的湿式报警阀、水流指示器、信号阀、排烟阀等装置需配置输入模块以接入火灾自动报警系统。此模块一般安装在所控设备附近的墙上,距顶棚 0.3m。

(7)输入输出模块的设置:根据水暖专业提供的防火阀、排烟阀、正压送风口、排烟口、消防水泵控制箱、喷淋泵控制箱、正压送风机控制箱、排烟风机控制箱、地下车库送风机控制箱等装置;根据建筑专业提供的卷帘门控制箱、电梯及消防电梯控制柜等装置;根据强电专业提供的应急照明配电箱、火灾时须切掉电源的非消防负荷配电箱等装置均需配置输入输出模块以接入火灾自动报警系统。其中卷帘门控制箱需配置双输入双输出模块控制其两步动作,其余设备配置单输入单输出模块。

(8)隔离器的设置:隔离器的作用是,当总线发生故障时,将发生故障的总线部分与整个系统隔离开来,以保证系统的其他部分能够正常工作,同时便于确定出发生故障的总线部位。为了缩小故障面,一个总线隔离器所带的编码设备越少越好,但造价却要增多,所以综合考虑,一般一个总线隔离器带 30 个左右编码设备为宜。

(9)火灾报警控制器、消防广播设备、消防电话主机的设计选用。

①首先将以上在本工程设置的设备按照其所在层数及数量列表如 1-8-5 所示。

表 1-8-5

楼层	感烟探测器(个)	感温探测器(个)	手动报警按钮(个)	消火栓报警按钮(个)	扬声器(个)	层显器(个)	输入模块(个)	消防广播切换模块(个)	输入输出模块(个)
−2F	0	50	2	5	10	1	2	1	14
−1F	6	35	2	5	12	1	2	1	15
1F	38	0	2	5	15	1	2	1	7
2F	38	0	2	5	15	1	2	1	7
3F	38	0	2	5	15	1	2	1	7
4F	38	0	2	5	15	1	2	1	7
5F	38	0	2	5	15	1	2	1	7
6F	38	0	2	5	15	1	2	1	7
7F	36	0	2	5	15	1	2	1	7
8F	36	0	2	5	15	1	2	1	7
9F	36	0	2	5	15	1	2	1	7
10F	36	0	2	5	15	1	2	1	7
11F	36	0	2	5	15	1	2	1	7
12F	36	0	2	5	15	1	2	1	7
13F	36	0	2	5	15	1	2	1	7
14F	36	0	2	5	15	1	2	1	7
15F	36	0	2	5	15	1	2	1	7
16F	36	0	2	5	15	1	2	1	7
17F	36	0	2	5	15	1	2	1	7
18F	36	0	2	5	15	1	2	1	7
19F	36	0	2	5	15	1	2	1	7

续上表

楼层	感烟探测器（个）	感温探测器（个）	手动报警按钮（个）	消火栓报警按钮（个）	扬声器（个）	层显器（个）	输入模块（个）	消防广播切换模块（个）	输入输出模块（个）
20F	36	0	2	5	15	1	2	1	7
21F	36	0	2	5	15	1	2	1	7
22F	36	0	2	5	15	1	2	1	7
23F	36	0	2	5	15	1	2	1	7
24F	36	0	2	5	15	1	2	1	7
25F	36	0	2	5	15	1	2	1	7
26F	36	0	2	5	15	1	2	1	7
27F	4	0	1	2	2	0	0	0	5
合计	958	85	57	142	414	28	56	28	216

根据以上统计结果：

a.全楼感烟探测器共958个，全部采用编码型，即占用958点。

b.全楼感温探测器共85个，全部采用编码型，即占用85点。

c.全楼手动报警按钮共57个，全部采用编码型，即占用57点。

d.全楼消火栓报警按钮共142个，全部采用编码型，即占用142点。

e.全楼扬声器共414个，火灾时需同时广播的范围内火灾应急广播扬声器最大数量为52个，即要求所选的功放为52×3W×1.5＝234W。

f.全楼层显器共28个。

g.全楼单输入模块共56个，全部采用编码型，即占用56点。

h.全楼广播切换模块共28个，全部采用编码型，即占用28点。

i.全楼单输入与输出模块共216个，全部采用编码型，即占用216点。

②设备选用：

ⓐ火灾报警控制器的选用：全楼编码点共958＋85＋57＋142＋56＋28＋216＝1542点，设计采用海湾安全技术有限公司生产的JB-QT-GST5000型火灾报警控制器（联动型），此控制器最大容量可扩展到40个242地址编码点的回路，即最多9680点，完全可以满足本工程的点数需要，另外此控制器可外接64台层显器，亦可满足本工程的需要；

ⓑ消防广播设备的选用：设计选用250W的消防广播设备（包括一只播音话筒、一只录放机卡座、一只功率放大器），采用总线制结构在楼层通过消防广播切换模块控制楼层广播；

ⓒ消防电话主机的选用：设计选用TS-Z03型多线制消防电话主机。每个固定消防电话分机采用TS-200A型，独占一个消防电话主机中的一路，每层消防电话插孔并联占用一路。

三、平面图

火灾报警及联动系统平面图，如图1-8-1所示。

四、系统图

火灾报警及联动系统图如1-8-2所示。

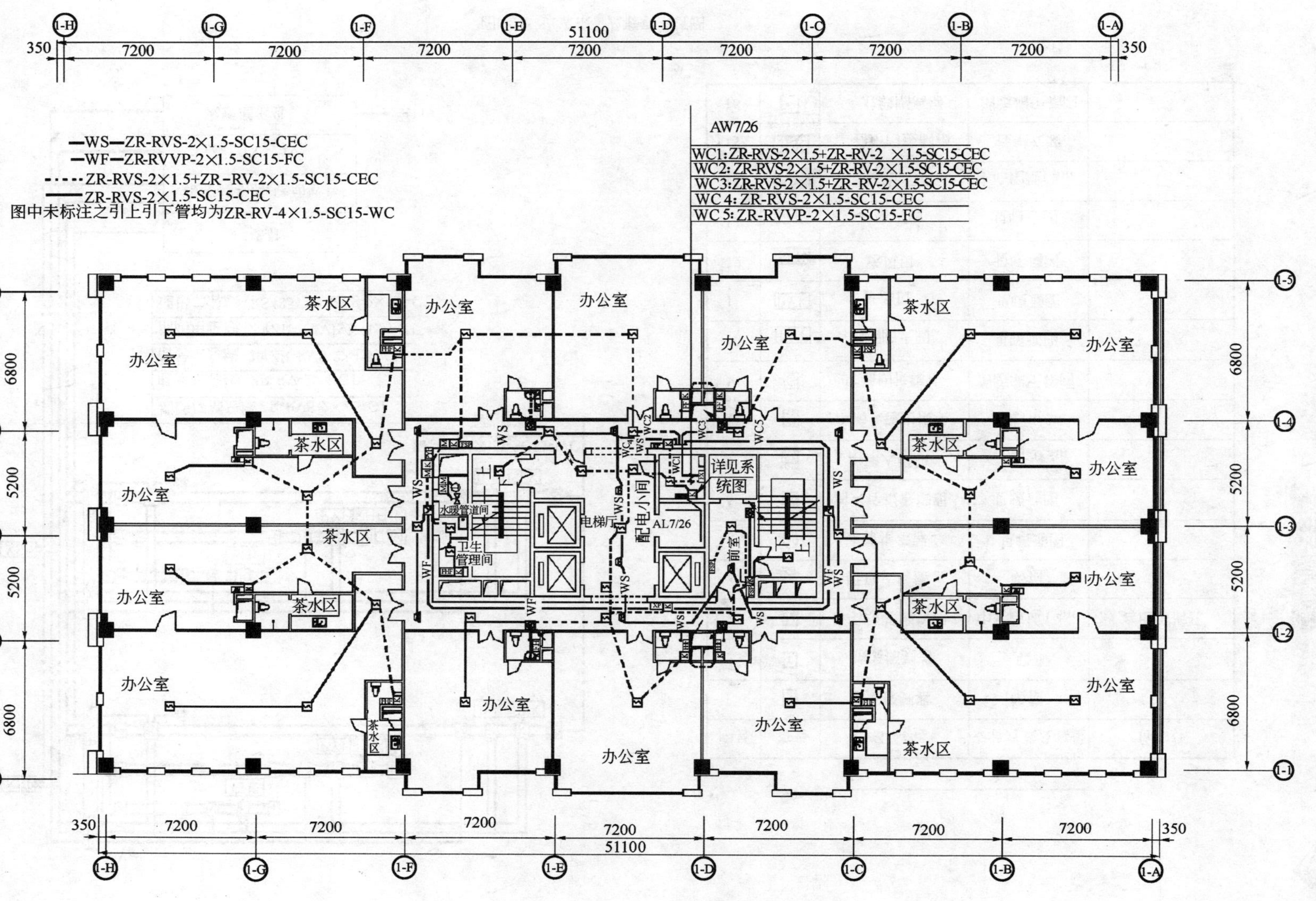

图1-8-1 火灾报警及联动系统平面图

AW26

XSP

FHF

PYF PYK

JLK SFK

AW7

XSP

FHF

PYF XHF

JLK SFK

ZR-RV-4×1.5-SC15-WC

至消防泵房

消防广播总线ZR-RVS-2×2.5-CT

电源二总线 ZR-RV-2×4-CT

信号二总线 20(ZR-RVS-2×1.5)-CT

消防电话线 20(ZR-RVVP-2×1.5)-CT

通讯二总线 (RS485) ZR-RVS-2×1.5-CT

广播盘

报警控制器(联动型)

电源 (DC-24V)

火警通讯盘

至119

图 例

序号	符号	名 称	安装方式及容量	备 注
1		感烟探测器	吸顶	
2		感温探测器	吸顶	
3		手动报警按钮	中心距地1.4m	含电话插孔
4		吸顶式广播	吸顶	
5	L	水流指示器	见暖通图	
6		消火栓报警按钮	见暖通图	
7	M	单输入模块	棚下0.3m	
8	K	单输入输出模块	棚下0.3m	
9	C	广播切换模块	消防端子箱内	
10	PYF	排烟防火阀	见暖通图	
11	PYK	排烟口	见暖通图	
12	SFK	送风口	见暖通图	
13	FHF	防火阀	见暖通图	
14	XSP	火灾显示盘	中心距地1.4m	
15	JLK	卷帘门控制箱	挂梁安装	
16		总线隔离器	消防端子箱内	

图1-8-2 火灾报警及联动系统图

第二篇　安全防范技术

第一章 概述

安全防范系统简称安防系统，是建筑中重要的组成部分。它的设立是为了防止各种盗窃和暴力事件的发生。当不法分子侵入防范区域时，智能保安系统能使保安人员及时发现并能通过电视监视系统了解其活动。若发现有犯罪行为发生，报案系统能采取相应的防范措施，同时还有事件发生前后的信息记录，以便事后对事件发生经过进行分析。

安全防范技术就是应用计算机网络技术、通信技术和自动控制技术等现代科学技术实现安全防范的各种功能和自动化管理。它将逐步向安全防范的集成化、智能化方向发展。

第一节 安全防范系统

随着我国经济的发展，人们的生活水平生活质量明显提高。人们在改善自己生活条件的同时，对居住环境的安全问题日益关注，加强建筑安全防范设施的建设和管理，提高住宅安全防范功能，已成为当前城市建设和管理工作中的重要内容。

安全防范是包括人力防范、物理防范和技术防范三方面的综合防范体系。对于保护建筑目标来说，人力防范主要有保安站岗、人员巡更、报警按钮、有线和无线内部通信；物理防范主要是实体的防护，如周界的栅栏、围墙、入口门栏等；而技术防范则是以各种现代科学技术、运用技防产品、实施技防工程为手段，以各种技术设备、集成系统和网络来构成安全保证的屏障。电子化安防将是未来的大势所趋。安全防范系统是以维护社会公共安全和预防重大治安事故为目的，综合运用技防产品和其他相关产品所组成的电子系统或网络。

安全防范的基本功能是设防、发现和处置，首先对防护区域和防护目标进行布防，利用防盗报警探测器、摄像机等物理设施来探测，监视罪犯作案，及时发现犯罪行为。采用自动化监控、报警等防范技术措施进行管理，再配以保安人员值班和巡逻，一旦有侵害，可及时发现，防患于未然，并可及时快速查处。

安全防范工作应实行“人防、物防、技防”的有机配合才能达到最佳安全防范效果。

第二节　安全防范系统的组成部分

安全防范系统由闭路电视监控系统、防盗报警系统、出入口管理系统、访客对讲系统、电子巡更系统和停车场管理系统组成，如图 2-1-1 所示。

一、闭路电视监控系统

该系统在重要的场所安装摄像机，提供了利用眼睛直接监视建筑内外情况的手段，使保安人员在控制中心可以监视整个大楼内外的情况，从而大大加强了保安的效果。监视系统除了起到正常的监视作用外，在接到报警系统和出入口控制系统的示警信号后，可进行实时录像，录下报警时的现场情况，以供事后重放分析。

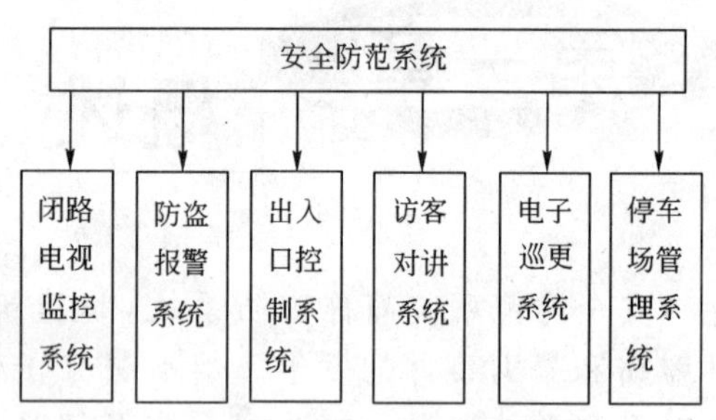

图 2-1-1　安全防范系统组成框图

二、防盗报警系统

防盗报警系统是用探测装置对建筑内外重要地点和区域进行布防，在探测到有非法侵入时，及时向有关人员示警。此外，电梯内的报警按钮、人员受到威胁时使用的紧急按钮、脚挑开关等也属于此系统，振动探测器、玻璃破碎报警器及门磁开关等可有效探测罪犯从外部的侵入，安装在楼内的运动探测器和红外探测器可感知人员在楼内的活动，接近探测器可以用来保护财物、文物等珍贵物品。探测器是系统的重要组成部分。另外，该系统可报警，会记录入侵的时间、地点，同时能向监视系统发出信号，并录下现场情况。

三、出入口控制系统

出入口控制就是对建筑物内外正常的出入通道进行控制管理，并指导人员在楼内及其相关区域的行动。智能大厦采用的是电子出入口控制系统，在大楼的入口处、金库门、档案室门、电梯处可以安装出入口控制装置，如磁卡识别器或者密码键盘等。想要进入必须拿出自己的磁卡或输入正确的密码，或两者兼备。只有持有有效卡片或密码的人才允许通过。

四、访客对讲系统

在高层住宅楼或居住小区，此设置能为来访客人与居室中的人们提供双向通话或可视通话，具有住户遥控入口大门的电磁开关，以及向安保管理中心紧急报警或向“110”报警的功能。

五、电子巡更系统

电子巡更系统是按设定程序路径上的巡更开关或读卡器，使保安人员能够按照预定的顺序，在安全防范区域内的巡视站进行巡逻，可同时保障保安人员以及大楼的安全。

六、停车场管理系统

停车场管理系统的主要功能和作用包括:汽车出入口通道管理,停车计费,车库内外行车信号指示,库内车位空额显示诱导等。

近来,安全防范系统正在向综合化、智能化方向发展。以往出入口控制系统、防盗报警系统、闭路电视监控系统、访客对讲系统、电子巡更系统、停车场管理系统等,是各自独立的系统。目前,先进的安全防范系统一般由计算机协调起来共同工作,构成集成化安全防范系统,可以对大面积范围、多部位地区进行实时、多功能的监控,并能对得到的信息进行及时的分析与处理,实现高度的安全防范的目的。

由此可见,一个安全防范系统是多个子系统有机的结合,而绝不是各种设备系统的简单堆砌。

第三节 安全防范系统的发展趋势

安全防范技术也是在随着科学技术的发展不断的向前发展,就像通信自动化技术的发展一样,数字化、网络化、智能化、集成化、规范化将是安全防范技术的发展方向。

一、数字化

21 世纪是数字化的世纪,是以信息技术为核心的通信自动化技术发展的必然,随着时代的发展,我们的生存环境将变得越来越数字化。目前在安全防范技术中仍有许多技术沿用的是模拟技术,特别是音视频传输技术,在系统布线时,采用的是专门的音视频线路,不对音视频进行任何压缩与处理,造成带宽资源的严重浪费,虽然现在有许多厂家都宣传自己利用了先进的音视频技术,但还没有完全应用于实际中,将来的发展必将对音视频进行压缩,以便进行分析、传输、存储。在信号检测处理单元部分,将更多地利用无线技术,减少布线,特别是一些新的技术将会应用在这个领域中,例如:多媒体技术、流媒体技术、软交换技术、蓝牙(blue tooth)技术、Wi-Fi(Wireless-Fidelity)无线高保真技术、ZigBee 技术等。

二、网络化

目前在每个安全防范系统中,都单独建有自己的专用网络,由于现在的安全防范技术中个别技术没有得到很好的应用,安全防范系统的网络化没有真正的实现。安全防范系统实现网络化后,人们可以利用 Internet 随时随地的了解自己的安全状况,当有警情发生时,可以随时知道并第一时间自动的通知到相关部门进行及时处理,减少损失。并向着 IP 的智能安防系统发展。

基于 IP 的智能安防系统与传统的安防系统最主要的区别在于,IP 智能安防系统构建在网络技术基础之上,从图像的采集、图像的传输、图像的存储,到图像的处理和识别,全部采用数字化技术和网络化技术。

IP 智能安防系统可以实现随时随地对对象进行监控和管理。比如,用户可以通过网络摄像机或无线终端随时随地监控大厦,也可以通过电话随时进行视频监控,因此可以随时随地看到监控的内容。同时,它可以提供更高级的服务,比如特征识别系统可以进行车辆管理,面部识别系统可以对进入大厦的人员进行识别。

三、智能化

随着各种相关技术的不断发展,人们对安防系统提出了更高的要求,安防系统将进入智能化阶段。在安防系统智能化后,可以实现自动数据处理,信息共享,系统联动,自动诊断,并利用网络化的优势进行远程控制、维护。先进的语音识别技术、图像模糊处理技术将是安防系统智能化的具体表现。

四、集成化

如前所述,目前安防系统在智能楼宇系统中是专门的系统,它是5A中的1A,即SAS(Safety Automation System)。5A集成系统,使弱电电缆用量大量增加,而且种类繁多,难于管理,极不符合智能楼宇的整体发展,随着各种相关技术的不断发展,5A集成在一起,是将来发展的必然趋势。

五、规范化

目前,在安防系统中,各国都有自己的规范文件,但是对使用的技术却没有像电信一样有着全世界统一的技术规范,因此可能会使信息的通信、共享、管理造成一定的混乱。

适应信息时代的要求,充分利用各种新技术,不断完善安防系统自动化,将造就一个和谐、安全的社会。

第四节　安全防范系统的结构模式

一、安全防范系统的结构模式

安全防范系统一般由安全管理系统和若干个相关子系统组成。安全防范系统的结构模式按其规模大小、复杂程度可有多种构建模式。按照系统集成度的高低,安全防范系统分为集成式、组合式、分散式三种类型。

1.集成式安全防范系统

(1)安全管理系统设置在禁区内(监控中心),通过统一的通信平台和管理软件将监控中心设备与各子系统设备联网,实现由监控中心对各子系统的自动化管理与监控。安全管理系统的故障应不影响各子系统的运行;某一子系统的故障应不影响其他子系统的运行。

(2)能够对各子系统的运行状态进行监测和控制,并对系统运行状况和报警信息数据等进行记录和显示。应设置足够容量的数据库。

(3)建立以有线传输为主、无线传输为辅的信息传输系统。能够对信息传输系统进行检测,并能与所有重要部位进行有线或无线通信联络。

(4)设置紧急报警装置。留有向接警中心联网的通信接口。

(5)留有多个数据输入、输出接口,能连接各子系统的主机,能连接上位管理计算机,以实现更大规模的系统集成。

2. 组合式安全防范系统的安全管理系统

(1)安全管理系统应设置在禁区内(监控中心)。通过统一的管理软件实现监控中心对各子系统的联动管理与控制。安全管理系统的故障应不影响各子系统的运行。某一子系统的故障应不影响其他子系统的运行。

(2)能够对各子系统的运行状态进行监测和控制,并能够对系统运行状况和报警信息数据等进行记录和显示。可设置必要的数据库。

(3)能对信息传输系统进行检测,并能够与所有重要部位进行有线或无线通信联络。

(4)设置紧急报警装置。留有向接警中心联网的通信接口。

(5)留有多个数据输入、输出接口,应能连接各子系统的主机。

3. 分散式安全防范系统的安全管理系统

(1)相关子系统独立设置,独立运行。系统主机应设置在禁区内(值班室),系统应设置联动接口,以实现与其他子系统的联动。

(2)各子系统应能单独对其运行状态进行监测和控制,并能提供可靠的监测数据和管理所需要的报警信息。

(3)各子系统应能对其运行状况和重要报警信息进行记录,并能向管理部门提供决策所需的主要信息。

(4)设置紧急报警装置,留有向接处警中心报警的通信接口。

二、集成模式的安防系统

安全防范系统由闭路电视监控系统,防盗报警系统,出入口管理系统,访客对讲系统,电子巡更系统,停车场管理系统等子系统组成。过去乃至现在许多建筑中对这些安全防范子系统采用的是组合模式,即选用相互独立的不同厂家的设备进行自成体系的系统设计。在这种组合模式中,因各子系统相互独立,造成各个系统的硬件设备大量重复,而且要求操作管理人员熟悉掌握各个不同厂家的产品和技术,系统的投资高,维修成本也高,同时系统管理效率低。随着现代科技的发展,集成式成为被人们认识和接受的高标准模式,系统集成方式越来越多地应用在安全防范自动化系统工程中。

集成模式的安全防范系统结构如图 2-1-2 所示。即将出入口管理系统、防盗报警系统、闭路电视监控系统、电子巡更系统等建立在同一计算机网络的平面上,共享同一管理软件和集中统一操作。使各子系统的管理级都集中到一个中央监控计算机主机上,并采用了统一的并行处理、分布式计算机操作方式,不仅提高保安管理工作的效率,同时还提高了系统容错性和可靠性。

中心计算机的保安管理系统可以管理监控和控制所有的保安设施,并在事件发生后,以视听方式指示或提示预置的处理措施。中心计算机可自动显示报警及监视点的图像,同时计算机还可以对图像进行捕捉,存在计算机的磁盘中,也可以用打印机打印出来。所有系统及使用者的活动(如报警时间、位置、响应方式及控制电路的联动等)都将存储下来,事后可查找生成报表或打印,以通过对这些数据的分析,提供预防措施。另外,在这种系统中,显示与控制同步切换,计算机屏幕上显示哪路画面,就可以对此路的云台、镜头、雨刷、电源、灯光等进行控制。

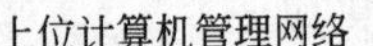

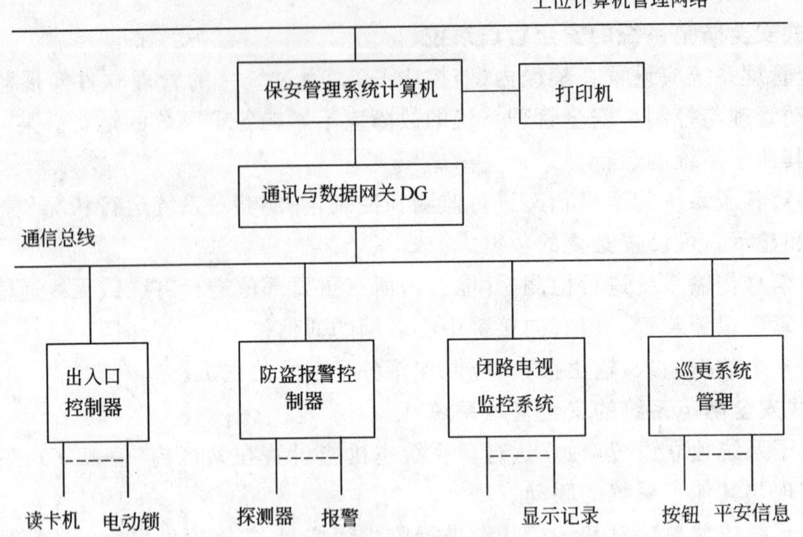

图 2-1-2 采用系统集成模式的安防系统结构图

监视画面在计算机屏幕上可循环显示,每一路的驻留时间可以调节。监控器上的图像也可以随报警联动切换,以达到跟踪目标的作用。

由于通信总线的应用,系统具有很好的扩充功能。无论是扩充报警还是监控点只需要增加现场设备即可,无须增加主控设备。另外采用集成系统的综合模式,各子系统间的接口按信号显示(模拟量、数字量、开关量等)均归一化处理,对部分不能归一化的设备,也有相应的接口使其联网。这样不仅扩网容易,而且硬件及软件资源共享,使系统的造价大大下降,并有利于公共安全系统的标准化、规范化。

本章小结

本章主要任务是使读者对安全防范系统有一个初步的认识。本章首先概述了安防系统的功能及组成,接着分析了安防系统的发展趋势,最后阐述了安防系统的三种构建方式,并对集成模式的安防系统进行了详细介绍。

复习思考题

1. 安全防范系统的基本功能是什么?
2. 按全防范系统有哪几部分组成?
3. 安全防范系统的发展趋势是什么?
4. 安全防范系统有哪三种构建方式?
5. 集成模式的安全防范系统的要求是什么?

第二章 闭路电视监控系统

闭路电视监控系统的主要功能是对被控现场情况进行监视,同时可以把监视现场的情况进行同步录像,也可以与防盗报警系统联动,是一种防范能力较强的综合系统。目前,在国内外市场上主要推出的是数字控制的模拟视频监控系统和数字视频监控系统两类产品。前者技术发展已经非常成熟,性能稳定,应用广泛;后者仍需进一步完善和发展。视频监控系统正处在模拟系统与数字系统混合应用并逐渐向数字系统过渡的阶段。

第一节 闭路电视监控系统的组成及组成方式

一、闭路电视监控系统的组成和功能

闭路电视通常采用同轴电缆(或光缆)作为电视信号的传输介质,由于传输中不向空间发射信号,故被称为闭路电视监控(Closed circuit television,CCTV)。闭路电视监控系统是安防领域的重要组成部分,系统通过遥控摄像机及其辅助设备(镜头、云台等),直接观察被监视场所的情况,同时可以把被监视场所的情况进行同步录像。另外,电视监控系统还可以与防盗报警系统等其他安全技术防范体系联动运行,使用户安全防范能力得到整体的提高。

1. 闭路电视监视系统的组成

该系统由生成图像的摄像前端、传输系统、闭路电视监控主机、后端图像显示记录设备等四个主要环节构成。如图 2-2-1 所示。主要优点是技术成熟、价格低廉和安装使用方便。

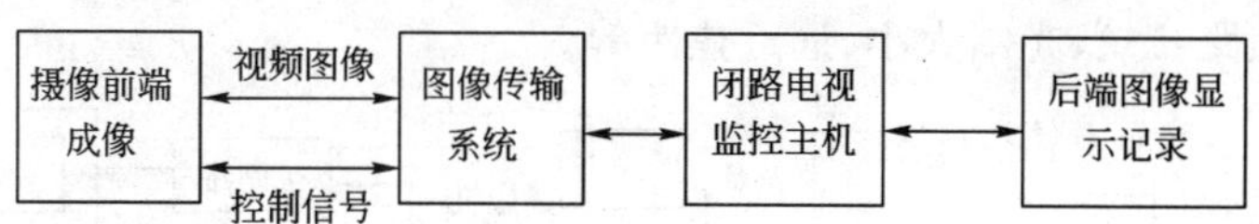

图 2-2-1 闭路电视监控系统

(1)摄像前端装置,主要负责信号的采集,包括各类摄像机、定焦或变焦变倍镜头、实现摄像机上下左右运动及旋转扫描的云台、保护摄像机与镜头的防护罩等。

(2)传输系统中既有摄像前端向控制主机传输的视频图像,传输介质有同轴电缆、光缆或双绞线构成的有线传输方式以及由发射机、接收机组成的无线传输信道,也有从控制主机传送给摄像前端的控制信号。

(3)闭路电视监控主机,也称为视频信号矩阵切换控制器,是闭路电视监控系统的核心。主要功能是接收传输来的视频图像并按需要切换到指定的显示器上,但也具有控制功能如能对前端装置执行云台上下俯仰、左右旋转运动;对镜头光圈、聚焦和变倍进行调节控制;对云台运动和镜头设置进行按预置位的快速定位;让摄像机按预定日期和指定时间段执行巡回扫描,记录和打印系统内发生的所有操作动作。

(4)后端设备,作用是对系统传输的图像信号进行切换、记录、重放、加工和复制。主要是成像和记录装置,包括视频显示器、视频分配器、多画面图像分割器、录像设备等。

2. 闭路电视监控系统实现的主要功能

(1)与报警系统联网,发生报警触发录像并自动弹出报警区域的摄像机的图像。

(2)在中央控制室可以切换看到所有的图像。在图像的切换过程中感觉不到图像间的干扰。

(3)系统设有时间、日期、地点、摄像机编号提示,可在录像带上做标记,便于分析和处理。

(4)系统可任意选择某个指定的摄像区域,便于重点监视或在某个范围内对多个摄像机区域做自动巡回显示。

(5)矩阵系统具有分组同步切换的功能,可将系统全部或部分摄像机分为若干个组,每组摄像机图像可以同时切换到一组监视器上。

(6)可以在必要的场所设置副控,通过副控键盘可以在监视器上切换看到所有的图像,并进行控制。

(7)在配置系统时,可以决定各使用者进入系统的权限,即使用者可观看哪些摄像机,控制哪些摄像机。使用者可以用自己的键盘手动操作哪些继电器,操作哪些 VCR 和多画面分割器。

二、闭路电视监控系统的组成方式

根据监视对象监视方式不同,闭路电视监控系统的组成方式一般有四种类型。

1. 单头单尾方式

单头单尾方式图 2-2-2a)所示,由一台摄像机和一台监视器组成,用于一处连续监视一个目标或一个区域的场所。

图 2-2-2b)增加了控制器件,可实现某些控制功能,比如遥控电动云台左右、上下旋转,调节摄像机镜头的焦距长短、光圈大小、远近焦距等。

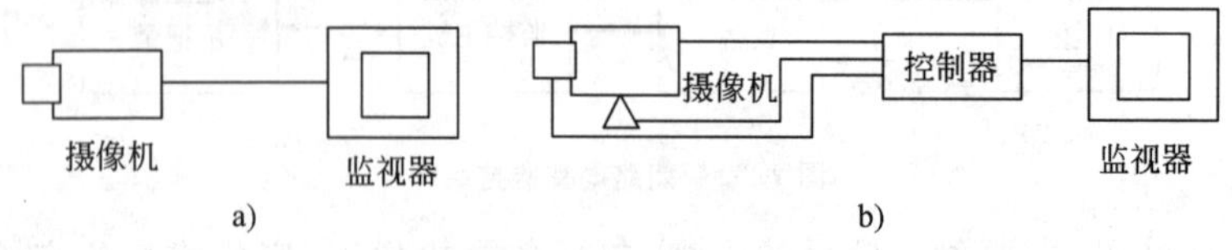

图 2-2-2 单头单尾方式

2. 单头多尾方式

图 2-2-3 所示为单头多尾方式,由一台摄像机拍摄的图像,通过视频分配器可传送给多台监视器。多用于多处监视同一个目标或一个区域的场所。

3. 多头单尾方式

图 2-2-4 所示为多头单尾方式，多台摄像机拍摄的图像可以通过视频切换器在一台监视器上显示出来。多用于一处集中监视多个目标或区域的场所。

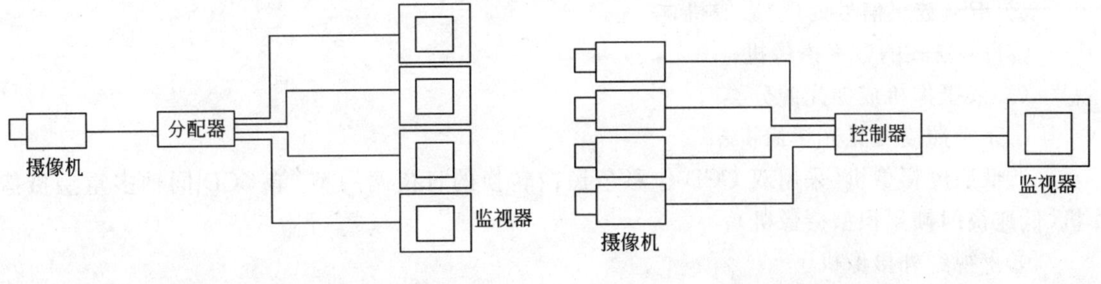

图 2-2-3 单头多尾方式　　图 2-2-4 多头单尾方式

4. 多头多尾方式

图 2-2-5 所示为多头多尾方式，通过设置多个视频分配切换器或矩阵网络，各个摄像机拍摄的图像可以在多台监视器上任意切换。本方式用于多处监视多个目标或区域的场所。

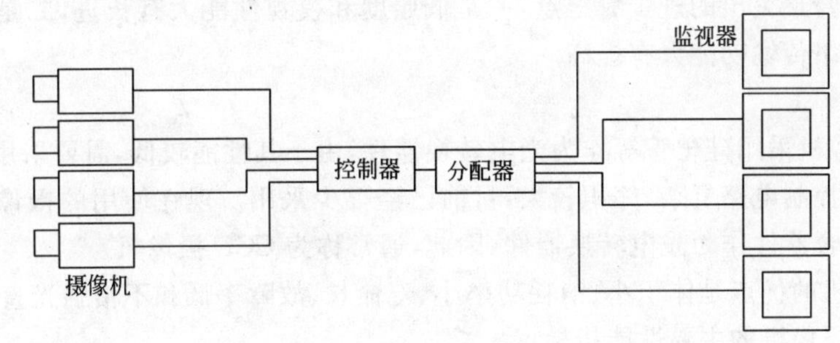

图 2-2-5 多头多尾方式

第二节　摄像前端图像生成环节

一、摄像机

摄像机是一种把图像转换成电视信号的设备，它能把被监视现场的画面转换成图像信号，再通过监视器显示出来。

1. 摄像机的分类

(1)依成像色彩分类

①黑白摄像机(Monochrome)。适用于光线不充足地区及夜间无法安装照明设备的地区，其分辨率通常高于彩色摄像机，可达 600～800 线，在仅监视景物的位置或移动时选用。

②彩色摄像机(Color camera)。适用于景物细部辨别，如辨别衣着或景物的颜色。因有颜色而使信息量增大，信息量约为黑白摄像机的 10 倍。在闭路电视监控方面发挥着举足轻重的作用。低分辨率彩色摄像机为 330 线，高分辨率为 470 线。

③彩色/黑白自动转换型摄像机。适用于光线有较大变化的室外场合。一般是白天以彩

色成像，当接近黄昏照度低于某一阈值时开始至夜间以黑白成像。

(2)依摄像机采用技术分类

①模拟式摄像机；

②DPS(数字信号处理)摄像机；

③DV 格式的数字摄像机。

(3)依摄像机成像光源分类

①正常照度可见光摄像机；

②低照度摄像机(采用双 CCD 作彩色黑白转换的日夜两用型、单 CCD 同轴多重型摄像机、低速快门帧累积型摄像机)；

③夜视红外摄像机。

电视监控用摄像机目前正朝着小型化、轻量化、廉价化、高图像质量、增加操作功能的方向发展。从技术上而言，围绕着摄像机的各种组成要素，包括摄像机的体积大小和外观、成像感应方式、分辨率、灵敏度、智能化程度(白平衡、逆光补偿、电子快门、同步方式、数字化处理、屏幕显示、自动增益等)、一体化水平、安装使用方式等诸多要素的千变万化，不断有新产品推出。目前，摄像机自身最突出的进步有三点：一是低照度和夜视性能大有长进，二是微型化方面进展迅速，三是网络传输功能大有提高。

2. CCD 摄像机

早期的摄像机采用硅靶管等作为光电转换器件，由于其性能较低，需要采用磁聚焦和静电偏转系统，因此控制电路复杂，体积较大，目前已经很少采用。现在使用的摄像机绝大部分采用 CCD 电荷耦合器件作为光电转换器件，因此，通常称为 CCD 摄像机。

CCD 摄像机的优点是体积小、消耗功率小、寿命长、故障率低和不怕强光直接射照。

CCD 彩色摄像机的主要性能指标：

(1)CCD 像素值　像素越多，则图像分辨率越高、越清晰，如 752(H)×582(V)像素。现多以 25 万像素和 38 万像素划界，38 万像素以上者为高清晰度摄像机。现已出现单片式百万像素 800 电视线摄像机，1280(H)×960(V)。

(2)水平分辨率(Resolution)　是衡量图像清晰度的标准，通常用电视线数 TVL 来表示，彩色摄像机的典型分辨率在 320～500 线之间，低分辨率在 420 线以下，高分辨率多在 460 线以上。黑白摄像机的分辨率在 400～1000 线之间。

水平分辨率与摄像器件和镜头的质量有关，还与摄像机系统的电路通道的频带宽度直接相关，通常规律是 1MHZ 的频带宽度相当于 80 条电视线的清晰度。频带越宽，图像就越清晰，TVL 的数值也就越大。一条电视线(TVL)＝1.33 像素(Pixel)，因此将水平像素值 H 乘以 3/4，得到的数值就是摄像机清晰度的电视线数值。

(3)最低照度　也称为灵敏度(Sensitivity)，是 CCD 器件对光的敏感程度，1 国际烛照射量在距离为 1cm、面积为 $1mm^2$ 平面上的光通量定义为 1lm(流明)，而 1lm 的光通量均匀分布在 $1m^2$ 面积上的照度称为 1lx。

摄像机的最低照度与镜头的光圈大小有关。现时的彩色摄像机多在 1lx/F1.4 左右。要在很暗条件下工作，则可采用月光级(0.1lx)和星光级(0.01lx)等高增感度摄像机。黑白摄像机的灵敏度大多在 F1.2 时能达到 0.1lx 以下。0.5lx/F0.75 相当于 1.5lx/F1.4。

(4)摄像靶面　也就是扫描区域，亦即 CCD 尺寸，目前状况是 1/3″(8.5mm)摄像机占据主导地位，1/4″摄像机将会迅速上升，还出现了 1/5″和 1/6″的摄像机，1/2″(13mm)摄像机所占比例则急剧下降，1/5″已经商品化，影像面积小将能降低成本。

(5)信噪比　典型值为 46dB；若为 50dB，则图像质量良好，但是图像仍有少量噪声；若能达到 60dB，则图像质量优良，不出现噪声。

(6)扫描制式　彩色有 PAL 制(标准为 625 行、50 场即 25 帧)和 NTSC 制(标准为 525 行、60 场即 30 帧)之分。黑白有 CCIR 和 ETA 之分。扫描系统多为 2：1 隔行扫描。

(7)摄像机电源　直流为 12V 或 9V，交流有 220V、110V、24V，随着摄像机微型化，用直流供电的将越来越多，也有不少摄像机能以 24VAC/l2VDC 供电。

(8)视频输出　多为 lVp－p、75Ω 复合视频信号，均采用 BNC 接头。

(9)镜头安装方式 有 C 和 CS 方式，二者间不同之处在于到感光表面距离不同。

(10)摄像机菜单中有无摄像机标识码 ID 显示，一般最多为 16 个字符。

(11)摄像机可否作遥控设置，例如摄像机与矩阵切换控制器或 PC 机之间可否以单根同轴电缆或用 RS-485 进行通讯。

(12)同步方式(Sync) 有电压同步锁定(Line-Lock)、外同步锁定(Genlock)、晶体震荡内同步锁定(Crystal-Lock)。

除上述主要指标外，为了在具体应用中获得最佳视觉效果，在 CCD 彩色摄像机内还设置有一系列的可调整功能。包括同步方式的选择、自动增益控制 AGC(Automatic Gain Control)、背景光补偿 BLC(Backlight Compensation)可变电子快门 AES(Automatic Electronic Shutter)白平衡 WE(White Balance)等等。

未来，较低价位的 COMS 摄像机也会占据一片市场，由于 COMS 摄像机体积小，有可能被直接嵌入计算机中而得到较广泛应用。

二、摄像机镜头

当用户选定一个摄像机后，应根据监视现场的环境，观测距离和要求，选购适合型号的摄像机镜头，安装在摄像机上，以满足不同的使用要求。

1. 镜头的特性参数

镜头的特性参数很多，主要有焦距、光圈、视场角、镜头安装接口、景深等。

由平行光线通过镜头折射在主轴上会聚成清晰的一点，此点即为焦点；由焦点至镜头中心的距离称为焦距 f，镜头焦距示意图如图 2-2-6 所示。图中，F 为焦点；f 为焦距；y 为景物；y' 为成像；a 为物距；b 为像距。

$$\frac{1}{a}+\frac{1}{b}=\frac{1}{f}$$

当物距 a 一定时，拍摄全景用短焦距；拍摄特写用长焦距。

(1)影响镜头焦距长短选择的因素

①成像大小。焦距长的成像大，焦距短的成像小。

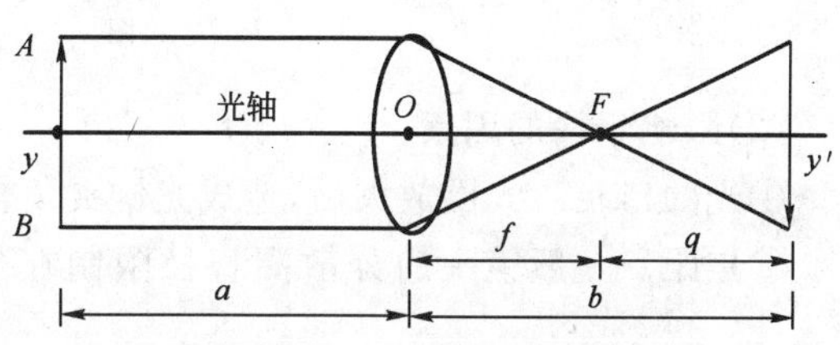

图 2-2-6　镜头焦距示意图

②感光能力强弱。焦距长的感光能力弱，焦距短的感光能力强。

③镜头视角（摄像范围）。焦距长的镜头视角小，焦距短的镜头视角大。

④景深的大小（清晰范围）。焦距长的景深小，焦距短的景深大。

镜头视角的大小，决定于镜头焦距的长短和所摄底片尺寸的大小。焦距短，而底片尺寸又大，则视角大，摄视范围也大；焦距长，而底片尺寸又小，则视角小，摄视范围也小。

视场角 $Q_d = 2\arctan(d/2f)$[rad]，由于所用摄像机的摄像管画面尺寸一定，故视场角仅随焦距 f 而变化，长焦距视场角小。

镜头通光孔的口径愈大，通光量愈多；镜头通光孔的口径愈小，通光量愈少。

焦距的长短也与通光量大小有关。

通常以镜头的焦距与通光孔口径相比，其比值的大小即表示镜头感光能力的强弱。镜头感光力一般以 f 系数（光圈系数）表示：

$$f\text{系数} = \text{焦距} / \text{光束直径}$$

光束直径相同的条件下，其焦距越大，则 f 系数的数值就越大，镜头的感光能力就越弱。

摄像时，向某一物体调焦，即在该物体前后形成一个清晰区，这个清晰区通常称为景深。凡是包含在这个区域内的物体，皆能摄成清晰的像。

以照相为例，由图 2-2-7 可见，A，B，C 代表三个物体，以物体 A 为调焦目标，其焦点 D 聚在感光片上，成像最为清晰。离开照相机较远的物体 B 的焦点 E 聚在感光片的前面，较近的物体 C 的焦点 F 聚在感光片后面，它们的焦点因为离开了感光片，像就模糊起来，不那么清晰了，在感光片上形成的不是焦点，而是分散圈。如果 E 和 F 的清晰度不及 D，但看上去也不算模糊，仍可被人眼看清的话，那么就认为 A、B、C 三物体的像都是清晰的。影像的清晰范围就扩大到 E 和 F 之间的距离，称之为焦深。与焦深相对应的位置，即从物体 B 至 C 之间的距离，为景深。如果物体超出景深（即物体成像的焦点超出焦深），像就比较模糊而不能被人眼看清。

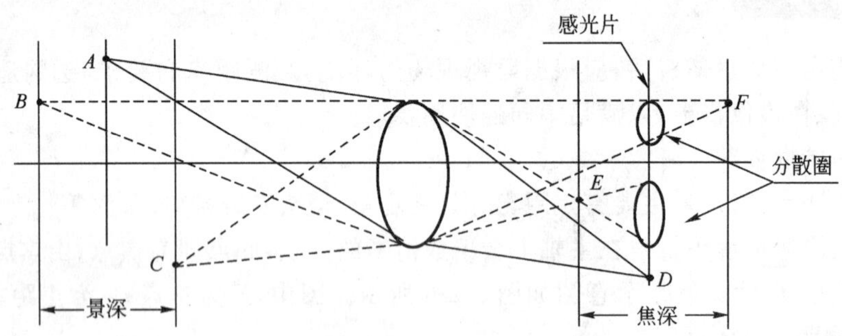

图 2-2-7 景深现象

（2）影响景深的因素

①光圈口径。光圈放大后，造成光锥夹角较大，分散圈也较大，所以得到的景深较小。

②焦距。一般镜头的分散圈直径限制在焦距的 1‰ 以内，因此，焦距越小，景深反而越大。

③物距。物距愈大，景深愈长；物距愈小，景深愈短。因此远处物体比近处物体成像小，分

散圈直径也相对细小一些，所以距离远的物体可以得到较大的景深。

2. 镜头的分类

摄像机镜头按照其功能和操作方法可分为以下几种。

(1)固定焦距镜头

固定焦距镜头习惯上也称为“定焦镜头”。这种镜头的焦距固定不变，它适合摄取焦距相对固定的目标，如用于固定物体的监视。定焦镜头又分为手动光圈定焦镜头和自动光圈定焦镜头。固定焦距镜头可根据现场环境的实际需要和观测的视场角的大小，选择不同焦距的定焦镜头。当需要观测的视场角大时，应选用焦距小的镜头，当需要观测某一固定物体，视场角比较小时，可选择焦距大一些的镜头。手动光圈定焦镜头适合用在环境照度变化不大的场合。一旦光圈调整好后，应适合 24h 内的观察需要。它一般使用在具有照明环境下的场所。

(2)手动变焦、手动光圈(自动光圈)镜头

这种镜头的焦距和光圈都可以手动调节，在使用中比较方便，可以根据实际环境需要，将焦距和光圈调节在最合适的状态。自动光圈镜头也有手动变焦调节方式的镜头。

(3)自动光圈、电动变焦电动聚焦镜头

自动光圈、电动变焦电动聚焦镜头通常称为“二可变”镜头。它的光圈随摄像机摄取图像信号的明亮程度，由摄像机的驱动输出自动调整其大小。它的焦距可以通过系统控制主机、云台镜头控制器进行人工电动调节改变焦距大小，以满足观察不同视场角的需要。

(4)电动变焦、电动聚焦、电动光圈镜头

这种镜头通常称为“三可变”镜头。它的光圈、聚焦、变焦都可以由操作人员通过系统控制主机、云台镜头控制器根据使用需要电动调节，使观测的图像质量达到最满意的效果。它通常与电动云台一起配合使用，满足不同观测位置、方向和各种观测要求的需要，是一种最常用的变焦镜头。

(5)特殊镜头

除了以上常用镜头外，根据安全防范工作的需要，还有针孔镜头、显微镜头、特长焦距镜头、广角镜头等各种各样的特种镜头可供选择使用。

针孔镜头的镜头只有针孔大小，隐蔽性很强，应安装在隐蔽的环境下，例如天花板内、墙壁内、电梯间等，一般人很难发现它的存在，适合在特种需要的场合使用。

显微镜头用于微小物体的观察，适合于近距离观察细小物体的需要。

特长焦距的镜头焦距可达几百毫米，主要用于远距离观察使用。当摄像机安装上特长焦距的镜头以后，可以观测几公里以外的物体。

3. 镜头的选择

正确选择镜头才能使摄像机清晰成像。当前 1/3″镜头是应用的主流，自动光圈镜头销售量最多，变焦镜头是应用发展的趋势。

(1)应依据摄像机到被监视目标的距离，来选择定焦镜头的焦距。

从焦距上区分有短焦距广角镜头、中焦距标准镜头、长焦距远望镜头。一般 CCD 镜头规格如表 2-2-1 所示。

(2)常用的电动变焦镜头有 6 倍、10 倍、12 倍变焦倍数等规格。通常镜头手册上是按最小

焦距至最大焦距给出指标，选用时应按要求的最小焦距和最大焦距来选择镜头。例如 6～60mm 的变焦镜头和 8～80mm 变焦镜头都为 10 倍变焦镜头，但它们观测的视场角范围是不同的。

镜头规格　表 2-2-1

镜头种类 / CCD 尺寸	远望镜头 (mm)	标准镜头 (mm)	广角镜头 (mm)	镜头种类 / CCD 尺寸	远望镜头 (mm)	标准镜头 (mm)	广角镜头 (mm)
2/3″	>25	16	<8	1/3″	>12	8	<4
1/2″	>28	12	<6				

(3)摄像机镜头分为 C 型安装接口和 CS 型安装接口两种安装方式。它们的接口装座距离(安装靠面至摄像机靶面的空气光程)是不同的。C 型接口的装座距离为 17.52mm，CS 型接口的装座距离为 12.52mm，这 2 种接口相差 5mm。C 型接口镜头可以通过一个 5mm 接圈安装在 CS 型接口的摄像机上。而 CS 型接口镜头只能安装在 CS 型接口的摄像机上，不能安装在 C 型接口的摄像机上，否则图像聚焦将不清晰。

(4)在选择摄像机和镜头时，还要注意，镜头的成像规格应与摄像机的靶面规格相一致，即 17.2mm 镜头要安装在 17.2mm 的摄像机上，8.47 镜头要安装在 8.47mm 的摄像机上。当把一个 8.47mm 镜头装于 17.2mm 摄像机上时，图像不能充满屏幕，即图像出现四个黑角现象，在选用时应注意。

三、云台

云台是承载摄像机及镜头、防护罩等一起依水平方向和垂直方向运动，以适应摄取不同方向和角度图像的一个机械运动装置。云台按使用环境区分可分为室内型云台和室外型云台。室内云台多为轻型云台和重型云台。室外云台均为密封防雨云台。高寒地区使用的室外云台，还带有自动加温装置，以适应严寒环境下使用。云台的主要指标有：

(1)云台的承载能力。云台能够承受的负载能力不同，室内云台一般为 8kg 以内，室外云台承载量有 15kg、25kg 不等。

(2)云台的旋转方式和回转范围。依运动轨迹不同，云台可分为水平运动云台和全方位云台，水平运动云台只能做水平旋转运动，而全方位云台则既能够作水平旋转运动，也能够作垂直俯仰运动，有的还能够作结合二者的复合运动。

就水平旋转运动范围而言，云台还分两端设置限位开关、水平旋转角度为 0～355°的云台及可以作任意 360°旋转的云台。云台的垂直俯仰范围一般为 90°，但现在已经出现垂直俯仰范围 360°，在垂直回转至后方时，自动将影像调整为正向的新产品。

(3)云台的旋转速度。

①恒速云台。只有一挡速度，一般水平旋转速度最小值为 6～12°/s，垂直俯仰速度为 3～3.5°/s。但快速云台水平旋转和垂直俯仰速度更高。

②变速云台。水平旋转速度范围为 0～400°/s，垂直倾斜速度范围多为 0～120°/s，但最高已有达到 400°/s 的产品。

四、防护罩

摄像机若放置在室外，则要经受风吹雨淋日晒，在高寒地区，还要经受酷暑和严寒，温差变化很大，在环境恶劣条件下还可能有粉尘或水雾，这些都将造成摄像机不能正常工作，也会缩短摄像机的使用寿命，为此而需要安装防护罩，将摄像机和镜头放置于其中，并为它们创造出适宜的工作环境。适用温度范围－40℃～＋50℃，湿度范围95％，最好还有雷击保护装置。防护罩功能有：

(1)起隔热作用的太阳罩；

(2)摄像机防护罩雨刷的开关；

(3)摄像机防护罩降温风扇的开关(大多数采用温度控制自动开关方式)；

(4)摄像机防护罩除霜加热器的开关(大多数采用低温时自动加电，至指定温度时自动关闭方式)。

对于特殊应用场合有特种防护罩，如铠装高安全度防护罩、电梯用特种护罩、防尘和防爆护罩、耐高压和水冰护罩等。

五、解码器

按解码器所接收代码形式的不同，通常有三种类型的解码器：一是直接接收由切换控制主机发送来的曼彻斯特码的解码器；二是由切换控制主机将曼彻斯特码转换后接收的RC－232或RS－422输入型解码器，即该类解码器在距离较近时由RS－232方式控制，在距离较远时用RS－422方式进行控制；三是经同轴电缆传送代码的同轴视控型解码器。因此，与不同解码器配合使用的云台存在着相互是否兼容的选择。

在以视频矩阵切换与控制主机为核心的系统中，每台摄像机的图像需经过单独的同轴电缆传送到切换与控制主机。对云台与镜头的控制，除近距离和小系统采用多芯电缆作直接控制外，一般是由主机经由双绞线等先送至解码器，由解码器先对传送来的信号进行译码，即确定对哪台摄像单元执行何种控制动作，再经固态继电器做功率放大，驱动指定的云台或镜头完成以下控制动作：

(1)前端摄像机电源的开关控制。

(2)对来自主机的控制命令进行译码，控制对应云台与镜头的运动，目前各厂家所用控制代码不具开放性，已成为阻碍各厂家产品可互换的关键。采用的控制代码主要有曼彻斯特码(Manchester)、SEC RS－422码、SensorNet码等。指令解码器完成的动作包括：

①云台的左右旋转运动；

②云台的上下俯仰运动；

③云台的扫描旋转（定速或变速）；

④云台预置位的快速定位；

⑤镜头光圈大小的改变；

⑥镜头聚焦的调整；

⑦镜头变焦变倍的增减；

⑧镜头预置位的定位；

⑨摄像机防护罩雨刷的开关；

⑩某些摄像机防护罩降温风扇的开关(大多数采用温度控制自动开关方式)；

⑪某些摄像机防护罩除霜加热器的开关(大多数采用低温时自动加电，至指定温度时自动关闭方式)；

(3)通过固态继电器提高对执行动作的驱动能力。

(4)与切换控制主机间信息的传输控制。

解码器的各自设计是造成目前监控系统不能相互兼容的根源。未来，解码器将必须具有开放式的结构。

六、一体化摄像机

一体化摄像机现在专指可自动聚焦、镜头内建的摄像机，其技术从家用摄像机技术发展而来，与传统摄像机相比，一体化摄像机体积小巧、美观，安装、使用方便，监控范围广、性价比高，在成功应用于教育行业视频展示台之后，正对安防产业监控系统形成新一轮的冲击。

1. 一体化摄像机的定义

对于一体化摄像机，一直以来有几种不同的理解，有指半球型一体机、快速球型一体机、结合云台的一体化摄像机和镜头内建的一体机。严格来说，快速球型摄像机、半球型摄像机与一般的一体机不是一个概念，但所用摄像机技术是一样的，因而一般也会将其归为一体化范畴。现在通常所说的一体化摄像机应专指镜头内建、可自动聚焦的一体化摄像机。

2. 一体化摄像机的特点

与传统摄像机相比，一体机体积小巧、美观，在安装方面具有优势，比较方便，其电源、视频、控制信号均有直接插口，不似传统摄像机有麻烦的连线。一体机成像系统(镜头)、CCD、DSP技术专利均被国际知名大厂所掌握，相对传统摄像机来说，一体机质量可以得到较好的控制。同时，一体化摄像机监控范围广、性价比高。传统摄像机定位系统不够灵活，多需要手动对焦，而一体化摄像机最大的优点就是具有自动聚焦功能。

可以做到良好的防水功能也是一体化摄像机的特色之一，一体化摄像机室外型都具有防水功能，而传统摄像机需和云台、防护罩配合使用才可以达到防水的功能。

3. 一体化摄像机的类型

一体化摄像机种类繁多，不一而足，目前的市场主体可分为彩色高解型和日夜转换型，以16、18、20、22倍变倍最多，其他6倍、10倍应用较少。总体来说，一体机的趋势是照度越来越低，倍数越来越高。如Samsung最新推出的SCC－C4203P型一体化摄像机，具有日夜彩色自动转黑白功能，内置22倍光学变焦及10倍电子变焦镜头，彩色最低照度0.02lx，黑白最低照度0.002lx，Samsung该款机型可说代表了技术上的新潮流。

4. 一体化摄像机的发展及前景

一体化摄像机技术发展方向可从几个方面看：

(1)成像技术——镜头倍数更高，拍摄距离更广、更远；

(2)像素数更高——提高图像清晰度；

(3)实用性——开发商的思路、对市场的理解，决定其产品是否具有实用价值。

2002年新加入一体化摄像机的技术有日夜自动转换功能、图像遮盖效果、图像翻滚、图像

报警等。与普通摄像机一样，一体化摄像机在数字化及网络功能上也有新的进展，主要是数字化处理技术，在一体机内部嵌入 IP 处理模块，具备网络功能；另外就是目标锁定、自动跟踪功能。理论上来说自动跟踪功能可以很好地实现，可是实际应用中在多目标跟踪时一体机只能自动选择最大的目标进行锁定。网络功能与自动跟踪功能也是未来摄像机（包括一体化摄像机和普通摄像机）发展的方向。

一体化摄像机市场应用呈快速增长之势，而价格呈不断下降之势，早期普遍认为一体化摄像机价格太高，影响了一体化摄像机的市场开拓，而最近两年人们理性地看到，从综合性价比及实用性来说，一体化摄像机以其独特的魅力，正在成为 CCTV 监控系统的新宠，一般应用领域的传统彩色摄像机则面临来自一体机的强烈冲击，市场的均衡正在被一步步打破，可以预见，几年以后，市场格局将与今天完全不同。

第三节 视频图像的显示切换装置

一、视(音)频切换器

视(音)频切换器是一种将多路摄像机的输出视频信号和音频信号，有选择地切换到一台或几台显示器和录像机上进行显示和记录的开关切换设备。

在闭路电视监控系统中，一般有几个、几十个、上百个乃至上千个摄像机安装在安全防范现场，他们传送回来的视频图像在闭路电视监控系统中一般没有必要实行一对一显示，以减少显示器的数量。通常情况下，大多采用 4∶1、6∶1、8∶1 或 12∶1 的方式进行手动切换或自动顺序切换即可满足安全防范工作的需要。

视(音)频切换器具有手动切换选择、自动顺序切换选择、同步显示和监听一组摄像机图像和声音的功能。具有报警功能的视频切换器带有与视频输入相同输入路数的报警输入端子，可以同时响应报警输入信号，进行报警联动摄像机图像的切换显示。

目前常用的切换器有视(音)频切换器、视频切换器、报警输入视频切换器等可供选择使用。

二、视频矩阵切换控制主机

视频矩阵切换控制主机的功能是将多台摄像机的视频图像按需要向各个视频输出装置作交叉传送，即可以选择任意一台摄像机的图像在任一指定的监视器上输出显示，犹如 M 台摄像机和 N 台监视器构成的 $M \times N$ 矩阵一般，视应用需要和装置中模板数量的多少，矩阵切换系统可大可小，最小系统可以是 4×1、大型系统可以达到 1024×256 或更大。如图 2-2-8 所示。

视频切换控制主机是闭路电视监控系统的核心，多为插卡式箱体，内有装置外，还插有一块含微处理器的 CPU 板、数量不等的视频输入板、视频输出板、报警接口板等，有众多的视频 BNC 接插座、控制连线插座及操作键盘插座等。

1. 矩阵切换主机的分类

(1)按系统的连接方式分类。可分为并联连接方式矩阵切换主机和星形连接方式矩阵切换主机两种。

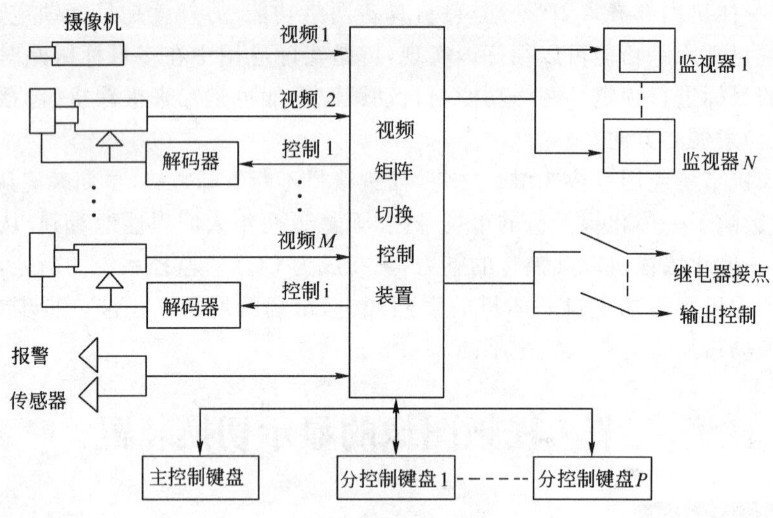

图 2-2-8　视频矩阵切换控制主机

并联连接方式指电视监控系统中的所有控制设备(如矩阵切换主机、操作键盘、解码器、多媒体电脑控制平台、报警接口箱等)之间是通过一根通信总线相连接的,各控制设备之间的数据交换都是在这根通信总线上传输的。这一通信总线一般采用 RS-485 接口。在中小型电视监控系统中常常采用,具有施工简单、便于维护、便于扩展、节省材料等特点。

星形连接方式指电视监控系统中的所有控制设备(如矩阵切换主机、操作键盘、解码器、多媒体电脑控制平台、报警接口箱等)之间是通过矩阵切换主机相连接的,各控制设备之间的数据交换都要通过矩阵切换主机进行转发,这种连接方式在大中型监控系统中常常采用,具有施工简单、便于维护、便于扩展、便于管理等特点。

(2)按系统的容量大小分类。可分为小规模矩阵切换主机和大规模矩阵切换主机两种。

小规模矩阵切换主机亦可称为固定容量矩阵切换主机。这类矩阵切换主机的规模一般都不是很大,且在产品出厂前,其矩阵规模已经固定,在以后的使用中不能随意扩展。如常见的 32×16(32 路视频输入、16 路视频输出)、16×8(16 路视频输入、8 路视频输出)、8×4(8 路视频输入、4 路视频输出)矩阵切换主机均属于小规模矩阵切换主机。其特点是产品体积较小,成本低。

大规模矩阵切换主机亦可称为可变容量矩阵切换主机。这类矩阵切换主机的规模一般都较大,且在产品设计时,充分考虑了其矩阵规模的可扩展性。在以后的使用中,用户根据不同时期的需要可随意扩展。如常见的 128×32(128 路视频输入、32 路视频输出)、1024×64(1024 路视频输入、64 路视频输出)矩阵切换主机均属于大规模矩阵切换主机。其特点是产品体积较大、成本相对较贵、系统扩展非常方便。

2. 矩阵切换主机具备的主要功能

(1)接收各种视频装置的图像输入,并根据操作键盘的控制将它们有序的切换到相应的监视器上供显示或记录,完成视频矩阵切换功能。通常是以电子开关器件实现。

(2)接收操作键盘的指令,通过解码器完成对摄像机云台、镜头、防护罩的动作控制。

(3)键盘有口令输入功能,可防止未授权者非法使用本系统,多个键盘之间有优先等级安排。

(4)对系统运行步骤可以进行编程,有数量不等的编程程序可供使用,可以按时间顺序来触发运行所需程序。

(5)有一定数量的报警输入和继电器接点输出端,可接收报警信号输入和端接控制输出。

(6)有字符发生器可在屏幕上生成日期、时间、场所、摄像机号等信息。

第四节 后端成像设备

一、视频监视器

监视器是监看图像的显示装置,系统前端中所有摄像机的图像信号以及记录后的回放图像信号都将通过监视器显示出来。电视监控系统的整体质量和技术指标,与监视器本身的质量和技术指标关系极大。也就是说,即使整个系统的前端、传输系统以及中心控制室的设备都很好,但如果监视器质量较差,那么整个系统的综合质量也不高。所以,选择质量好、技术指标能与整个系统设备的技术指标相匹配的监视器是非常重要的。

1. 监视器的分类

(1)从使用功能上分。有黑白监视器与彩色监视器,有带音频与不带音频的监视器,有专用监视器与收/监两用监视器(接收机),有显像管式监视器与投影式监视器等。

(2)从监视器的屏幕尺寸上分。有 9in、14in、17in、18in、20in、21in、25in、29in、34in 等显像管式监视器,还有 34in、72in 等投影式监视器。此外,还有便携式微型监视器及超大屏幕投影式、电视墙式组合监视器等。

(3)从性能及质量级别上分。有广播级监视器、专业级监视器、普通级监视器。其中以广播级监视器的性能质量为最高。

2. 监视器的主要技术指标

(1)清晰度(分辨率)。这是衡量监视器性能质量的一个非常重要的技术指标。通常给出的指标常以"中心水平清晰度(或分辨率)"为多见。按我国及国际上规定的标准及目前电视制式的标准,最高清晰度以 800 电视线为上限。在电视监控系统中,根据《民用闭路监视电视系统工程技术规范》(GB 50198—1994)的标准,对清晰度(分辨率)的最低要求是:黑白监视器水平清晰度应≥400 线,彩色监视器≥270 线。

(2)灰度等级。这是衡量监视器能分辨亮暗层次的一个技术指标,最高为 9 级。一般要求≥8 级。

(3)通频带(通带宽度)。这是衡量监视器信号通道频率特性的技术指标。因为视频信号的频带范围是 6MHz,所以要求监视器的通频带应≥6MHz。

二、多画面处理器

多画面处理器是在一台显示器上或一台录像机上,同时显示或记录多个摄像机图像的设备。它一般用在需要多个画面同时需要显示和记录的场合。多画面处理器包括画面分割器和多画面处理器等产品。

根据输入摄像机视频信号的通道数和在一台监视器上能同时显示的画面数量。通常分为4画面,6画面,双4画面,8画面,9画面和16画面等多种产品。

1. 画面分割器

画面分割器是较简单的画面处理设备。以4画面分割器较多。它把4个摄像机的视频图像压缩显示在一台监视器屏幕上的4个部分。它具有字符显示功能,可以在屏幕上同时显示识别字符和日期时间等。一般具有报警输入和输出功能。可以全屏显示和切换显示每个摄像机的输入图像。有些机型具有2个视频输出端子,可以连接2台监视器,一台监视器固定显示4个分割画面图像,另一台监视器用于全屏或切换显示画面。由于其价格相对较低,可以满足一些需要的场合,因而使用较多。

2. 多画面处理器

多画面处理器是随着数字处理技术发展起来的画面处理设备。它是以数字处理、动态时间分割(DTD)、并行视频处理(PVP)技术和计算机技术相结合发展起来的视频分割显示处理设备。一般具有以下功能和特点:

(1)屏幕菜单编程,功能菜单设定,菜单快速设置。

(2)双工或单工操作。双工操作时可用一台录像机实时录像,另一台录像机回放。在一台多画面处理器内同时进行,互不影响。

(3)采用数字图像处理技术,可以由编程任意设定画面在屏幕上显示的位置。点触式冻结画面。

(4)现场满屏,顺序切换,电子变倍放大(ZOOM),画中画(PIP),2×2(3×3或4×4)等多种画面显示。

(5)视频信号丢失检测报警,报警输入,视频运动报警检测,联动报警输出,受控报警录像,报警事件记录。

(6)自动安装检测,包括自动终端检测、自动彩色和黑白图像检测、自动摄像机检测、自动增益控制。

(7)RS-232遥控和编程,分控键盘,级联多画面处理器。

(8)动态检测,VEXT自动化录像机录像速度同步。

(9)具有对云台镜头的控制能力。

(10)屏幕字符、日期、时间显示。

除了以上介绍的功能外,各种画面处理器还有各种独特的功能。采用画面处理器即可组成一套独特的小型闭路监控系统用于一些场合。

三、录像机

录像机是监控系统的记录和重放装置。目前录像机可分为磁带录像机和数字硬盘录像机两种。

1. 模拟式长时间录像机

长时间录像机是记录监控图像的有效途径,有模拟式记录和数字式记录两大类。利用它可以减少不断更换与贮存录像带的麻烦。模拟式又分为时滞式(Time Lapse)和实时式

(Real Time Video Cassette Recorder)。

模拟式长时间录像机最基本的特征是由伺服电动机(Servo motor 或 Stepping motor)直接驱动磁头,使其逐格转动,每记录一幅图像磁头就转动一格。长时间录像机的类别有:

(1)24h 实时型录像机。

24h 实时型录像机回放时画面动作连续可观,技术上采用四磁头结构来抑制出现噪声,其分辨率已能达到黑白 350 线左右,彩色 250～300 线。使用一盘 E－240 录像带,它可以每秒 16.7 帧的速度作 24h 连续录像,也可以每秒 50 帧图像作 8h 的连续录像。该录像机在与之相连的外部报警传感器被触发时,会从每秒 16.7 帧方式自动转换成每秒 50 帧记录方式,以完整地捕捉该报警事件。为了适应某些部门每周 5 天工作,每天工作 8h 的需要,出现了 40h 连续录像机。

(2)24h 时滞式录像机。

24h 时滞式录像机有 0.02～0.2s 的时间间隔,即从每秒 50 帧到每秒 5 帧,因此在回放每秒 5 帧的录像带时,影像会有不连续感,将给人以动画的效果,典型产品有 3h、6h、12h 和 24h 四种时间记录方式;其水平分辨率在 3h 记录方式时黑白图像为 320 线、彩色图像为 240 线或 300 线,信噪比为 46dB,有一道声音信号。

而可作 24h 高密度录像的机型,其带速为 3.9mm/s,每秒钟可记录 8.33 帧画面,提高了录像密度,该类长时间录像机均带有报警功能(表 2-2-2)。

24h 高密度录像机 表 2-2-2

磁带类型 / 记录类型	可记录时间(h)						录像间隔	声音记录	带速(mm/s)
	E240	E180	E120	E90	E60	E30			
8h	8	6	4	3	2	1	连续	有	11.7(连续)
24h	24	18	12	9	6	3	0.06	有	3.9(连续)

(3)最长 960h 的时滞式长时间录像机。

时滞式长时间录像机工作时的时间间隔是可以由用户选择的,用户可从每盒 E－180 录像带 3h 连续记录到间隔长达数秒钟记录一幅图像的范围选择。长时间录像机中录像时间最长的是一盘录像带能记录 960h,其录像模式有 3h、12h、24h、36h、48h、72h、84h、120h、168h、240h、480h、720h、960h,并带有报警功能;其他长时间录像机还有 168h、720h 等几种。一般选择时间间隔以 5s 以内为好,彩色分辨率以 240 线为标准,但不少产品的分辨率已达到彩色 300 线,若要达到 500 线左右的水平分辨率,则需要采用 S－VHS 系统的长时间录像机。

2. 数字硬盘录像机

硬盘录像机是将视频图像以数字方式记录保存在计算机的硬磁盘中,故也称为数字视频录像机 DVR(Digital Video Recorder,DVR)或数码录像机。现时 DVR 产品的结构,主要有两大类,一类是采用工业奔腾 PC 计算机和 Windows 操作系统作平台,在计算机中插入图像采集压缩处理卡,再配上专门开发的操作控制软件,以此构成基本的硬盘录像系统,即基于 PC 机的 DVR 系统(PC－Based DVR),其市场份额目前占绝大多数。另一类是非 PC 类的嵌入式数码录像机(Stand alone DVR),随着今后对系统可靠性要求的增高,此类机型将会蚕食 PC 类 DVR 的市场,而占有更多的市场份额。

DVR 除了能记录视频图像外，还能在一个屏幕上以多画面方式实时显示多个视频输入图像，集图像的记录、分割、VGA 显示功能于一身。在记录视频图像的同时，还能对已记录的图像作回放显示或者作备份，成为一机多工系统。

硬磁盘录像机由于是以数字方式记录视频图像，为此对图像需要采用 Motion JPEG、MPEG4 等各种有效的压缩方式进行数字化，而在回放时则需解压缩。这种数字化图像既是实现数字化监控系统的一大进步，又因能通过网络进行图像的远程传输而带来众多的优越性，非常符合未来信息网络化的发展方向。

某产品 DVR 处理流程如图 2-2-9 所示，主要特点如下：

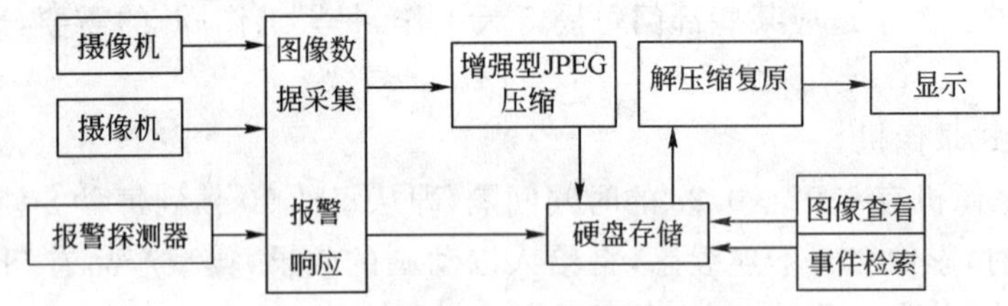

图 2-2-9　DVR 处理流程

(1)可同时输入最多 16 台摄像机的图像进行数字化记录，并可同时观看，即在 S-VGA 主监视器可看到最多 16 画面分割的图像，同时在副监视器上可看到所录制的复合视频图像。

(2)可将最多 16 路视频图像经压缩后保存在内置的数据硬盘中，1GB 容量可存储 1.5～4h 的图像。

(3)在发生报警时，可自动增加记录视频图像的数量至最高 30～45 帧/s，从而实现智能搜索与智能捕获，并完整的记录报警事件。

近期，数码录像机的存储容量不断增大，价格不断下降，它的普及和应用是一种趋势。

第五节　传输线路

一、视频信号的传输

监视现场和控制中心需要有信号传输，一方面摄像机得到的图像要传到控制中心，另一方面控制中心的控制信号要传送到现场，所以传输系统包括视频信号和控制信号的传输。

CCTV 系统中视频信号的传输可分为两大类，一类是用电缆等进行传输的有线方式，另一类是用微波等进行传输的无线方式。我国 CCTV 视频信号的传输一般都采用有线方式。有线传输方式也有多种类型，按导线的结构分类，分为同轴电缆(不平衡电缆)、平衡对电缆(电话电缆)和光纤传输等三种类型；按传输频率分类，分为视频基带传输、低载波残留边带调频或调幅传输、共用天线电视频道方式传输、光强调制传输等四种类型。对于宾馆、酒店等一般都采用同轴电缆传输视频基带信号的视频传输方式。

平衡对电缆传输方式是利用电话电缆的传输方式，光纤传输方式是利用激光通过光导纤维(光缆)的传输方式，这两种传输方式目前一般都适于长距离传输。下面着重对目前宾馆、酒店常用的同轴电缆传输方式进行介绍。

1. 同轴电缆型号命名法与线缆特性

(1)命名(图 2-2-10)

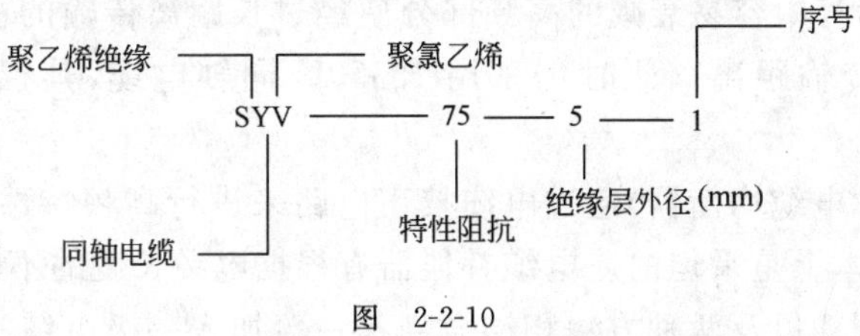

图 2-2-10

(2)特性

同轴电缆是传输视频图像最常用的媒介,同轴电缆截面的圆心为导体,其外用聚乙烯同心圆状覆盖绝缘,再外是金属编织物的屏蔽层,最外层为聚乙烯封皮。同轴电缆对外界电磁波和静电场具有屏蔽作用,导体截面积越大,传输损耗越小,从而可以传送更长的距离。

在 CCTV 工程中视频信号的传输主要用 SYV 型(其绝缘层为实心的聚乙烯)和 SBYFV 型(其绝缘层为泡沫聚乙烯)特性阻抗 75Ω 的两种同轴电缆。单以衰减特性而言,同样直径的这两种电缆,SBFTV 型的衰减量比 SYV 型要小。表 2-2-3 列出了国产常用 SYV 型同轴电缆的主要特性。

国产常用 SYV 型同轴电缆的主要特性 表 2-2-3

线缆特性 / 线缆型号	电缆外径(mm)	特性阻抗(Ω)	衰减量(dB/m)		
			5MHz	30MHz	200MHz
SYV-75-2	2.9±0.10	75±5	0.10	0.22	0.579
SYV-75-3	5.0±0.25	75±3	0.045	0.122	0.308
SYV-75-5-1	7.1±0.30	75±3	0.026	0.0706	0.190
SYV-75-5-2	7.13±0.30	75±3	0.032	0.0785	0.211
SYV-75-7	10.2±0.30	75±3	0.02	0.0510	0.140
SYV-75-9	12.4±0.40	75±3	0.017	0.0369	0.104

2. 同轴电缆的传输

同轴电缆对视频信号的衰减虽小,但当传输距离大时,由于信号的衰减量增大将造成图像质量下降。例如 SYV 型电缆在不同规格和长度时图像的劣化程度如图 2-2-11 所示。

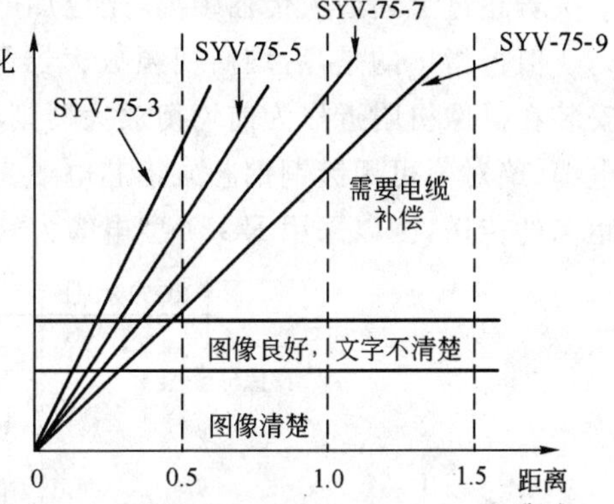

图 2-2-11 SYV 型电缆的图像劣化

摄像机输出通过同轴电缆直接传输至某一监视器,若要保证能够清晰地加以显示,则同轴电缆的长度有限制,RG59U 型通常不应超过 230m。国产 SVY-75-5 型同轴电缆经过 300m 传输后图像的分辨率仍能达到 400 线左右,可满足一般监视器的要求。如用SYV-75-9 型同轴电缆,则传输距离可达 500m。若要传输得更远，则需更换同轴电缆类型或加电缆补偿器，一种方法是改用截面积更大的同轴电缆类型，另一种方法是在靠近监视器处安装一台后均衡视频放大器(Post Equalizing Video Amplifier)，通过补偿视频信号中容易衰减的高频部分使经过长距离传输的视频信号仍能保持一定的强度，以此来增长传输距离。此时仍采用 RG59U 同轴电缆，其视频传输距离则可增至 900m 。

电缆补偿器(又称电缆均衡器)通过电缆校正电路来进行高频特性的补偿，以使信号传输通道的总频率特性基本上是平坦的。电缆补偿器有根据电缆长度的不同来变化补偿量的分档变化型，也有连续可调型以及两种方法相结合型。一般加入一级电缆补偿器可传输线路延长 500m。适当增加电缆补偿器后，可使有效传输距离增至 2～3km 左右。

CCTV 系统传输距离较远时，通过电缆传输的黑白电视基带信号在 5MHz 点的不平坦度和通过电缆传输的彩色电视基带信号在 5.5MHz 点的不平坦度大于 3dB 时，宜加电缆均衡器；大于 6dB 时，应加电缆均衡放大器。

例：设某电缆在 10MHz 时每 100m 有 3.5dB 的衰减，那么在 5MHz 时每 100m 电缆的衰减为

$$\sqrt{\frac{5}{10}} \times 3.5\text{dB} = 2.48\text{dB}$$

其最大传输距离为：

$$\frac{6}{2.48} \times 100 = 240\text{m}$$

又如假定某种电缆在 2.5MHz 时每 1000m 有 40dB 的衰减，则在 5MHz 时每 1000m 电缆的衰减为：

$$\sqrt{\frac{5}{2.5}} \times 40\text{dB} = 56.6\text{dB}$$

故其最大传输距离为：

$$\frac{6}{56.6} \times 1000 = 106\text{m}$$

若超过上述最大传输距离，则应加电缆均衡放大器。

值得指出的是，后均衡视频放大器只能安装在靠近监视器之处，如图 2-2-12 所示。如果安装在摄像机附近作为前均衡放大器则将失效。此外，所有电缆均应是阻抗为 75Ω 的纯铜芯电缆，绝对不可用镀铜钢芯或铝芯电缆。对较短距离的传输，推荐用 RG59 型电缆，对于较长距离的传送，则以采用 RG11 型电缆为宜。

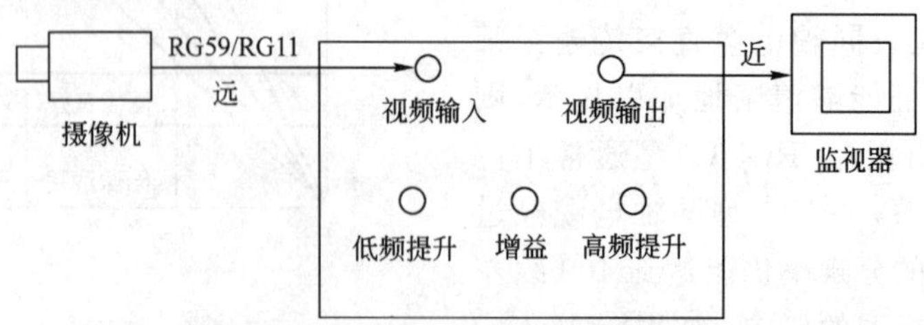

图 2-2-12　同轴电缆传输的后端均衡视频放大器

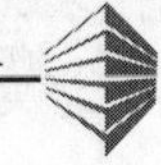

敷设线路一般采用穿钢管暗敷设(扩建、改建工程除外)。当采用 SYV-75-9 型电缆时,管径应≥25mm;当采用 SYV-75-5 型电缆时,管径应≥20mm。采用工业电视电缆时管径应大于38mm。一根钢管一般只穿一根电缆,如果管径较大可同时穿入两根或多根电缆。

电缆与电力线平行或交叉敷设时,其间距不得小于 0.3 m;与通讯线平行或交叉敷设时,其间距不得小于 0.1m。电缆的弯曲半径应大于电缆外径的 15 倍。

传输距离较远,监视点分布范围广,或需进电缆电视网时,宜采用同轴电缆传输射频调制信号的射频传输方式。长距离传输或需避免强电磁场干扰的传输,宜采用无金属的光缆。光缆抗干扰能力强,可传输十几公里不用补偿。

二、控制信号的传输

控制信号的种类如图 2-2-13 所示。

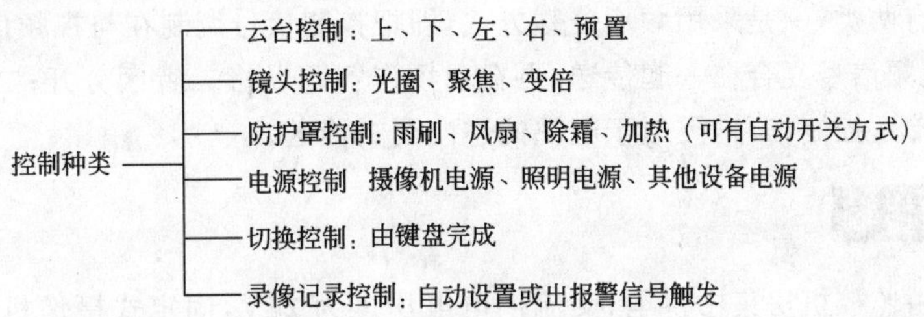

图 2-2-13 CCTV 系统需要的控制种类

控制信号的传输方式包括:

1. 直接控制

控制中心直接把控制量,如云台和变焦距镜头的电源电流等,直接送入被控设备。特点是简单、直观、容易实现。在现场设备比较少,主机为手动控制时适用。但在被控的云台、镜头数量很多时,控制线缆数量多,线路复杂,所以在大系统中不用。

2. 多线编码的间接控制

控制中心把控制的命令编成二进制或其他方式的并行码,由多线传送到现场的控制设备,再由它转换成控制量来对现场摄像设备进行控制。这种方式比上一种方式用线少,在近距离控制时常采用。

3. 串行编码间接控制

适用于规模较大的电视监控系统,用单根线路可以传送多路控制信号,通讯距离在 lkm 以上,若加处理便可传送 10km 以上。用屏蔽双绞线 RVVP2×1.5,作为室外云台摄像机的控制信号线,所有控制线都应在线槽内。其参数为最大 DC 环路阻抗 100Ω/km、20℃最大导体电阻 13.3Ω/km,低烟、无卤、阻燃。解码器与视频矩阵切换主机之间连线采用 2 芯屏蔽通讯线缆 RVVP,每芯截面积为 0.3～0.5mm^2。线缆规格见表 2-2-4。

安装在非木结构上的铜缆可采用 RVV3×0.75,但在防火等安全因素方面要求较高;在木结构上使用的铜缆则需采用阻燃线缆 ZRVV3P×0.75,并将铜缆最大布设长度限制在 100m 以内,而且铜缆全程加套金属护管。

通信电缆的型号规格　表 2-2-4

线缆规格 / 线缆型号	芯线×标称截面积(mm²)	导线电阻(Ω/km)	耐压(V)	频率
RVV	2×0.5/2×0.75	39/26	300/500	低频
RVV	4×0.5/4×0.75	39/26	300/500	低频
RVVP	2×0.5/2×0.75	39/26	300/500	低频
RVVP	4×0.5/4×0.75	39/26	300/500	低频

4. 同轴视控

同轴视控传输技术是当今临近系统设备的发展主流，它只需一根同轴电缆便可同时传输来自摄像机的视频信号以及对云台、镜头、预置功能等所有的控制信号，这种传输方式是以微处理器为核心，节省材料和成本、施工方便、维修简单，在系统扩展和改造时更具灵活性。同轴视控实现方法有两类，一是采用频率分割方式，即把控制信号调制在与视频信号不同的频率范围内，然后同视频信号复合在一起传送，再在现场作解调以将二者区分开；二是利用视频信号场消隐期间来传送控制信号，类似于电视的逆向图文传送。

三、电源的传输

因摄像机由监控机房集中供电，交流供电电压多为 24V，固定式摄像机功率最大 4W，可选择电源线 RVV-2×0.75；球型摄像机的功率为 24W，选择电源线为 RVV－2×1。其参数为 20℃最大导体的电阻是 26/19.5Ω/km，低烟、无卤、阻燃。未来，更多的摄像机会以直流 12V 供电或者采用 12VDC/24VAC 供电制式。

在传统的电视监控系统中，为了减少地电位、相电位的干扰，对摄像机往往采用集中供电方式，这对于远离控制中心的摄像机，用低压电就会有线路的传输损耗。

第六节　多媒体监控系统

多数的矩阵切换系统控制主机都带有与多媒体计算机连接的 RS—232 接口。因此，将多媒体计算机与矩阵系统控制主机通过 RS—232 接口进行连接，使用专用的系统控制软件，即可实现由多媒体计算机对矩阵切换闭路电视监控系统的控制。当多媒体计算机安装有视频捕捉卡时，将矩阵切换系统控制主机的视频输出信号送入视频捕捉卡的输入端，多媒体计算机即可以实施对捕捉的视频图像信号进行处理、压缩、存储和传输的功能。

多媒体计算机可以把报警器、摄像机位置等数据设置在电子地图上。用计算机鼠标、键盘等对前端系统进行控制。利用多媒体计算机的强大处理能力和矩阵切换系统控制主机的切换控制灵活等优点组成的多媒体闭路电视监控系统，使闭路电视监控系统更加完善。采用矩阵切换控制系统与多媒体计算机构成的多媒体闭路电视监控系统，是常常采用的一种设计方案。用户可根据需要，将矩阵切换闭路电视监控系统随时升级为多媒体闭路电视监控系统。

图 2-2-14 示出了多媒体计算机与矩阵系统控制主机的连接。

另一种多媒体闭路电视监控系统是专用计算机多媒体闭路电视监控系统。它是把矩阵切换电路做到专用的计算机钢板机箱内，直接利用计算机系统的内部总线和资源。操作系统控制键盘直接使用计算机的标准键盘和鼠标。由于直接利用了计算机的内部总线和计算机软、硬件的强大处理能力，因此提高了控制速度和系统功能。

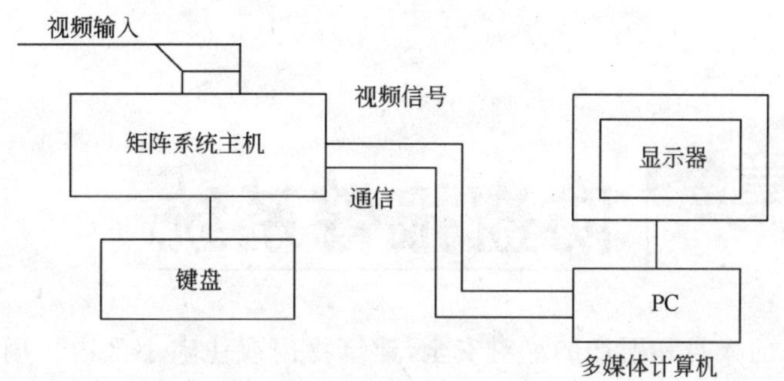

图 2-2-14　矩阵系统控制主机与多媒体计算机的连接

采用多媒体闭路电视监控系统，可以通过 DDN/ISDN/LAN/ATM 以及因特网连接成国际标准的超大型多媒体闭路监控系统网络。

本章小结

闭路电视监控系统是安防系统的重要组成部分。本章共分六小节，先概述了闭路电视监控系统的组成及组成方式，接着对其四大组成部分作了详细阐述。在前端图像生成环节中对摄像机、镜头的分类、性能指标和云台防护罩的功能以及一体化摄像机的特点、发展作了具体说明；在视频图像显示切换装置中主要对视频矩阵切换控制主机的分类和功能作了介绍；在后端成像设备中对监视器的分类、技术指标和多画面处理器的原理、功能以及录像机的分类、功能作了详细说明。然后，分别介绍了传输信号的分类、视频信号的传输线路、控制信号的类型及传输方式。最后简单介绍了多媒体监控系统的特点。

复习思考题

1. 闭路电视监控系统由哪几部分组成？
2. 摄像机的技术指标有哪些？
3. 如何选择摄像机镜头？
4. 云台和防护罩各有什么功能？
5. 一体化摄像机的特点是什么？
6. 视频切换控制主机的功能是什么？
7. 闭路电视监控系统的传输信号有哪几种？
8. 控制信号有几种传输方式？
9. 模拟式录像机主要有哪几类？

第三章 防盗报警系统

为了保证居民的人身和财产的绝对安全，建筑物内或住宅小区内采用防盗报警系统是很有必要的。报警系统可以是独立的系统，还可以与闭路电视监控系统进行联动，一旦发现有告警或其他突发事件，自动启动闭路电视系统，对现场进行实时录像，以协助管理机构尽快找到事件发生的原因。

第一节 防盗报警系统的基本组成及原理

防盗报警系统是采用红外线或微波技术的信号探测器，在一些无人留守的部位，根据不同部位的重要程度和风险等级要求以及现场条件，进行周边界或定方位保护。

防盗报警系统通常是由报警探测装置、信号传输媒体、报警控制主机和报警输出执行设备等基本部分组成。

1. 报警探测装置

根据安全防范的具体要求，被保护区域划分为一个个防区，每个防区可以连接一定数量的报警探测器，负责监视保护区域现场的任何入侵活动。通常在现场使用的报警探测器有：红外探测器、紧急按钮、微波探测器、超声波探测器、磁开关、玻璃破碎探测器等。这些探测器一般由传感器和信号处理器组成，把压力、振动、声音、电磁场等物理量，转换成易于处理的电量（电压、电流、电阻），来获得报警信号。

2. 传输系统

报警探测器通过信号传输媒体，将报警输出信号传送到报警控制主机，进行响应和处理。同时，报警探测器的控制信号、供电电源等也需要由报警控制主机提供。根据现场使用环境和条件不同，信号传输系统可以是有线传输、无线信号传输、微波信号传输、光纤方式传输和电话线传输等多种信号传输媒体方式。

3. 报警控制主机

报警控制主机是对传输系统传送来的报警信号，进行判断、处理、显示、执行、存储和发送的控制设备。它一般要给有线传输系统的前端探测器提供供电电源，对防区进行布防和撤防操作，对系统工作状态进行编程。它带有备用蓄电池，停电时，向前端探测器及系统设备提供不间断供电。

报警控制主机连有电话线，用于与上一级报警中心通信；连接有输出执行设备，完成警情的处理工作。

4. 输出执行设备

输出执行设备包括警灯、警号、打印机、报警联动箱及其联动设备等，当报警系统控制主机发出警报时，警灯、警号发出声光报警指示，打印设备自动打印警情报告，报警联动箱带动联动设备完成报警联动控制操作，如打开现场灯光、启动电控锁工作等。

防盗报警系统可分为三层，由图 2-3-1 所示，最下层的探测和执行设备，探测器负责探测人员的非法侵入，有异常情况时向区域报警控制器发送信息。区域报警控制器带有微处理器，它负责对下层设备的管理，它自带多路数字开关输入（常开或常闭，可由软件自由编集）接受来自探测器的检测信号，同时它还自带多路数字开关输出（可由报警连动）。当接收到探测器发来的异常信号时，一方面向下层执行设备发送报警信号，同时向上层的计算机控制中心传送自己负责区域的报警情况。系统管理中心接到来自控制器的报警时，在指定的终端 CRT 上清晰地显示报警信息，比如地址代码、报警性质、时间等，或在 CRT 显示该报警点的位置平面图，在图形中该控制点图形标志明显闪烁，这样即使在多个报警同时并发时，也不丢失报警信息，同时显示处理操作指示备忘录（例如通知设备主管、电话号码等）。

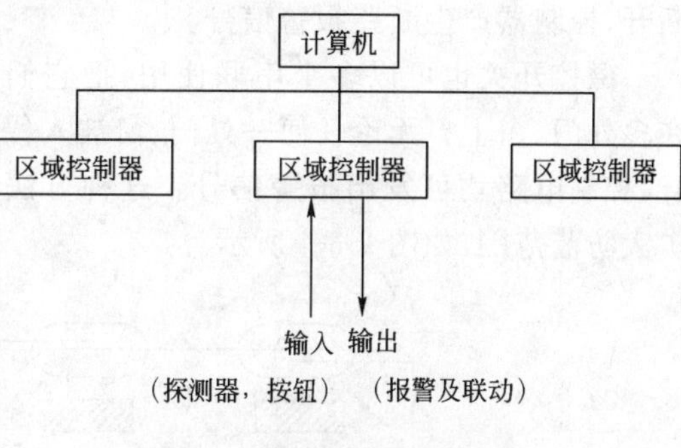

图 2-3-1 防盗报警系统结构图

第二节 防盗报警探测器

一、磁控开关

磁控开关由带金属触点的两个簧片封装在充有惰性气体的玻璃管（称干簧管）和一块磁铁组成，如图 2-3-2 所示。

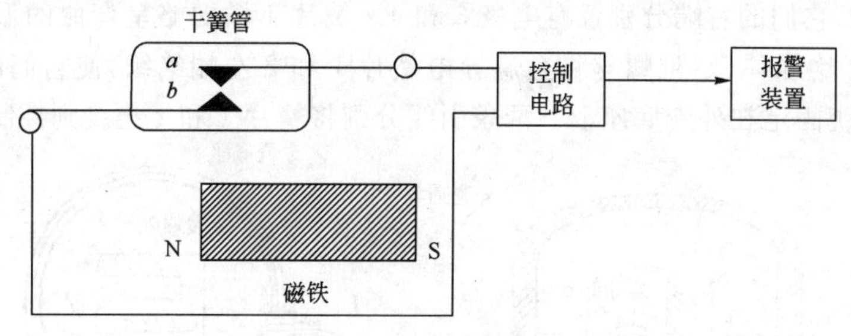

图 2-3-2 磁控开关报警示意图

当磁铁靠近干簧管时，管中带金属触点的两个簧片，在磁场作用下被吸合，a、b 接通；磁铁远离干簧管达一定距离时干簧管附近磁场消失或减弱，簧片靠自身弹性作用恢复到原位置，a、b 断开。

使用时，一般是把磁铁安装在被防范物体（如门、窗等）的活动部位（门扇、窗扇），如图 2-3-3所示，干簧管装在固定部位（如门框、窗框）。磁铁与干簧管的位置需保持适当距离，以保证门、窗关闭时磁铁与干簧管接近，在磁场作用下，干簧管触点闭合，形成通路。当门、窗打开时，磁铁与干簧管远离，干簧管附近磁场消失，其触点断开，控制器产生断路报警信号。

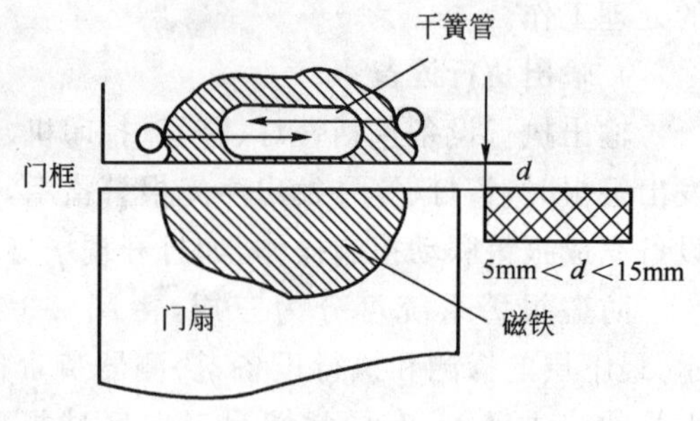

图 2-3-3　磁控开关安装示意图

磁控开关也可以多个串联使用，把它们安装在多处门、窗上。无论任何一处门、窗被入侵者打开，控制电路均可发出报警信号。这种方法可以扩大防范范围，如图 2-3-4 所示。

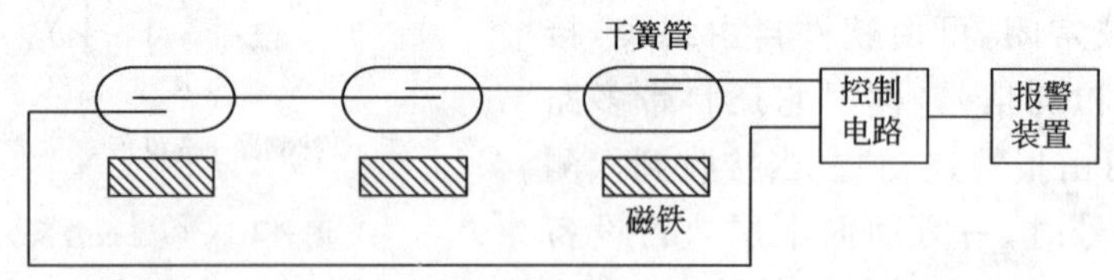

图 2-3-4　磁控开关的串开关使用

磁控开关由于结构简单、价格低廉、耐腐蚀性好、触点寿命长、体积小、动作快、吸合功率小，因此在实际应用中经常采用。

安装、使用磁控开关时，应注意如下一些问题：

(1)干簧管应装在被防范物体的固定部分，安装应稳固，避免受猛烈振动，以防止干簧管碎裂。

(2)磁控开关不适用有磁性金属的门窗，因为磁性金属易使磁场削弱。此时，可选用微动开关或其他类型开关器件代替磁控开关。

(3)报警控制部门的布线图应尽量保密，连线结点要接触可靠。

二、导电簧片式玻璃破碎探测器

一种具有弯形金属导电簧片的玻璃破碎探测器的结构如图 2-3-5 所示。两根特制的金属导电簧片 1 和 2，它们的右端分别置有电极 3 和 4。簧片 1 横向略呈弯曲的形状，它对噪声频率有吸收作用。绝缘体、定位螺丝将金属导电簧片 1 和 2 左端绝缘，使它们的电极可靠地接触，并将簧片系统固定在外壳底座上。两条引线分别将簧片 1 和 2 连接到控制电路输入端。

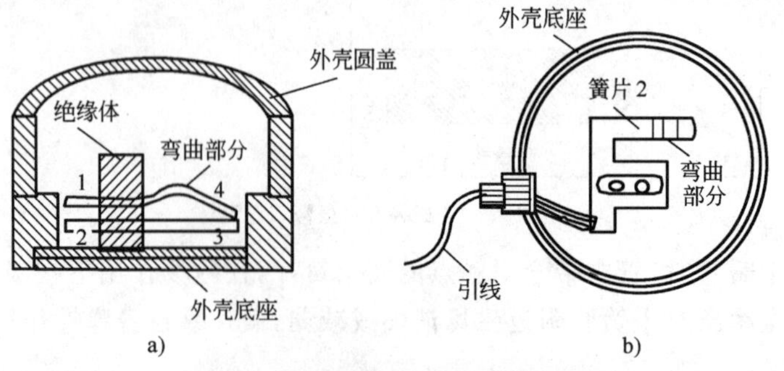

图 2-3-5　导电簧片式玻璃破碎探测器
a)剖面图；b)仰视图

玻璃破碎探测器的外壳需用粘接剂附在需防范玻璃的内侧。环境温度和湿度的变化及轻微振动产生的低频率、甚至敲击玻璃所产生的振动，都能被簧片的几处弯曲部分所吸收，不影响电极 2 和 4，使其仍能保持良好接触。只有当探测到玻璃破碎或足以使玻璃破碎的强冲击力时，这些具有特殊频率的振动，使簧片 2 和 1 产生振动，两者的电极呈现不断开闭状态，触发控制电路产生报警信号。

此外，还有水银开关式、压电检测式、声响检测式等玻璃破碎探测器，它们都是以粘贴玻璃面上的形式，当玻璃破碎或强烈振动时检测报警。因此，这些粘贴式玻璃破碎探测器在布线施工时要仔细、小心。

三、声控报警探测器

声控报警启用传声器作传感器（声控头）用来探测入侵者在防范区域内走动或作案活动发出的声响（如开闭门窗、拆卸搬运物品、撬锁时的声响），并将此声响转换为报警点信号经传输线送入报警控制器。此类报警电信号既可送入监听电路转换为音响，供值班人员对防范区直接监听或录音，同时也可以送入报警电路，在现场声响强度达到一定电平时启动报警装置发出声、光报警，如图 2-3-6 所示。

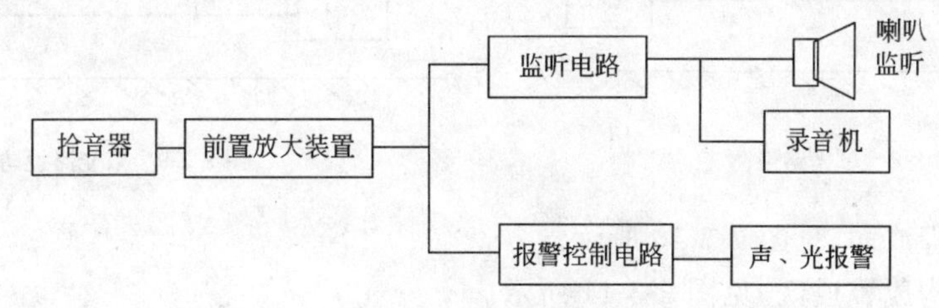

图 2-3-6 声控报警器示意图

这种探测报警系统结构比较简单，仅需在警戒现场适当位置安装一些声控头，将音响通过音频放大器送到报警主控器既可，因而成本廉价，安装简便，适合用在环境噪声较小的银行、商品仓库、档案室、机要室、监房、博物馆等场合。

四、红外报警探测器

红外线报警器是利用红外线的辐射和接收技术构成的报警装置。根据工作原理，又可分为主动式和被动式两种类型。

1. 主动式红外报警器

主动式红外报警器是由收、发装置两部分组成。发射装置向装在几米甚至几百米远的接收装置辐射一束红外线，当被遮断时，接收装置即发出报警信号，因此，它也是阻挡式报警器，或称对射式报警器（图 2-3-7）。

图 2-3-7 主动式红外线报警器原理图

通常,发射装置由多谐振荡器、波形变换电路、红外发光管及光学透镜等组成。振荡器产生脉冲信号,经波形变换及放大后控制红外发光管产生红外脉冲光线,通过聚焦透镜将红外光变为较细的红外光束,射向接收端。

接收装置由光学透镜、红外光电管、放大整形电路、功率驱动器及执行机构等组成。光电管将接收到的红外光信号转变为电信号,经整形放大后推动执行机构启动报警设备。

主动式红外报警器有较远的传输距离,因红外线属于非可见光源,入侵者难以发觉与躲避,防御界线非常明确。

主动式红外报警器是点型、线型探测装置,除了用作单机的点警戒和线警戒外,为了在更大范围有效地防范,也可以利用多机采取光墙或光网安装方式组成警戒封锁区或警戒封锁网,乃至组成立体警戒区。

单光路由一个发射器和接收器组成。收、发装置分别相对,是为了消除交叉误射;多光路构成警戒面,如图 2-3-8 所示。

双光路由两对发射器和接收器组成。两对收、发装置分别相对,是为了消除交叉误射;双光路构成警戒面,见图 2-3-9 所示。

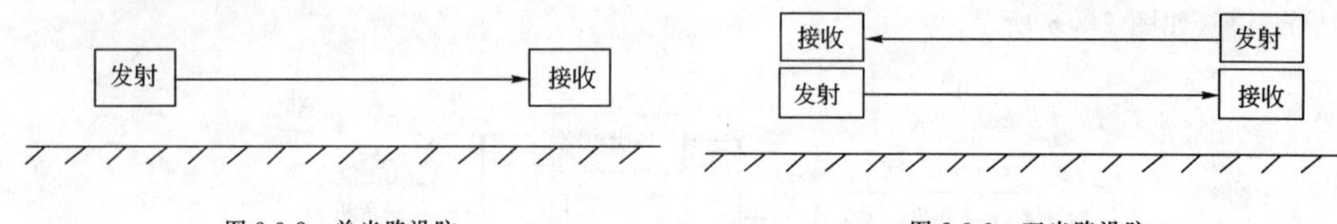

图 2-3-8　单光路设防

图 2-3-9　双光路设防

多光路构成警戒面,见图 2-3-10 所示。

反射单光路构成警戒区,见图 2-3-11 所示。

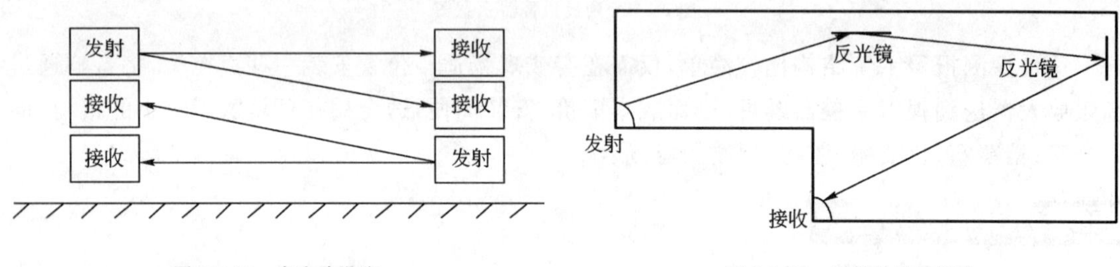

图 2-3-10　多光路设防

图 2-3-11　反射单光路设防

2. 被动式红外报警器

被动式红外报警器不向空间辐射能量,而是依靠接收人体发出的红外辐射来进行报警的。任何有温度的物体都在不断地向外界辐射红外线,人体的表面温度为 36～37℃,其大部分辐射能量集中在 8～12um 的波长范围内。

被动式红外报警器在结构上可分为红外探测器(红外探头)和报警控制部分。红外探测器目前用得最多的是热释电探测器,作为人体红外辐射转变为电量的传感器。如果把人的红外辐射直接照射在探测器上,当然也会引起温度变化而输出信号,但这样做,探测距离有限。为了加长探测器探测距离,须附加光学系统来收集红外辐射,通常采用塑镀金属的光学反射系统,或塑料做的菲涅耳透镜作为红外辐射的聚焦系统。

在探测区域内，人体透过衣饰的红外辐射能量被探测器的透镜接受，并聚焦于热释电传感器上。图 2-3-12 中所形成的视场既不连续，也不交叠，且都相隔一个盲区。

当人体（入侵者）在这一监视范围中运动时，顺次地进入某一视场，又走出这一视场，热释电传感器对运动的人体一会儿探测得到，一会儿又探测不到，于是人体的红外线辐射不断地改变热释电体的温度，使它输出一个又一个相应的信号，此信号就是报警信号。

被动式红外报警器的主要特点如下：

(1)由于它是被动式的，不主动发射红外线，因此其功耗非常小。

(2)安装方便。

(3)与微波报警器相比，红外波长不能穿越砖头水泥等一般建筑物，在室内使用时，不必担心由于室外的运动目标会造成误报。

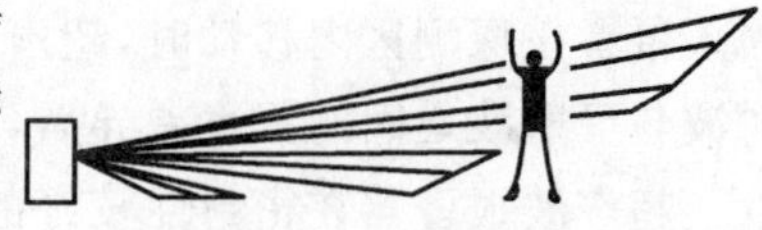

图 2-3-12 被动式红外线探测示意

(4)在较大面积的室内安装多个被动红外报警器时，因为它是被动的，所以不会产生系统互扰的问题。

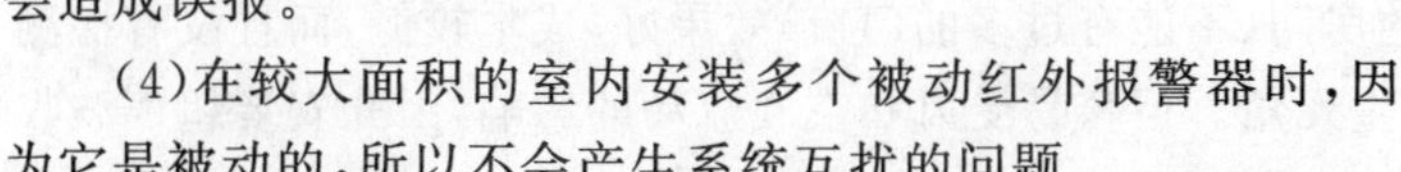

(5)工作不受声音的影响，即声音不会使它产生误报。

五、微波探测器

上述红外探测器报警装置存在着红外线受气候条件（如温度等）变化的影响较大的缺点，影响了安全性。而微波探测防盗报警器可以克服这些缺点，而且微波能穿透废金属物质，故可安装在隐蔽处或外加装饰物，不易被人发觉而加以破坏，安全性很高。利用微波能量辐射及探测技术构成的探测器称为微波探测器。按工作原理划分可以分为移动式和遮挡式探测器两种。

1. 微波移动探测器

微波移动式防盗报警装置主要是通过电磁波对运动目标产生的多普勒效应而进行报警的。如图 2-3-13 所示，探测器发出无线电波频率 f_0，同时接收反射波，当有物体在布防区移动时，反射波的频率与发射波的频率有差异，两者频率差为 f_d 称为多普勒频率。当发射信号频率 $f_0=9.375$GHz 时，人体按 0.5～8m/s 的速度运动时，多普勒频率大约在 31.25～520Hz 之间变动，这是音频段的低频。只要检测出这个频率的信号，就能探知人体在布防区的运动情况，即可完成报警传感功能。微波移动式探测器属于体控型探测器，用于警戒立体空间，一般用于监视室内目标。

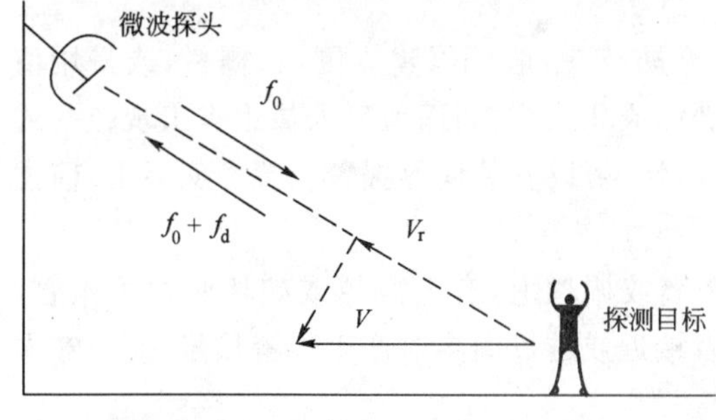

图 2-3-13 多普勒效应

V-探测目标水平运动速度；V_r-目标和探头相对运动的径向速度

2. 微波遮挡式探测器

这种探测器由微波发射机、微波接收机和信号处理器组成。它不是利用多普勒效应工作的，而是分析收、发射机之间微波能量的变化，从而实现探测报警。

这种探测器必须将发射天线和接收天线相对放置在监控区域的两端。发射天线发射微波束直接送达接收天线，当有运动目标遮挡微波波束时，接收天线接收到的微波能量减弱甚至消失了，此减弱的信号经检波、放大及比较，即可产生报警信号。

六、超声波报警探测器

超声波报警探测器的工作方式与上述微波报警器类似，只是使用的不是微波而是超声波。因此，多普勒式超声波报警器也是利用多普勒效应，超声发射器发射25～40kHz的超声波充满室内空间，超声接收器接收从墙壁、天花板、地板及室内其他物体反射回来的超声能量，并不断与发射波的频率加以比较。当室内没有移动物体时，反射波与发射波的频率相同，不报警；当入侵者在探测区内移动时，超声反射波会产生大约±100Hz的多普勒频率，接收器检测出发射波与反射波之间的频率差异后，即发出报警信号。

超声波报警器在密封性较好的房间(不能有过多的门窗)效果好，成本较低，而且没有探测死角，即不受物体遮蔽等影响而产生死角。但容易受风和空气流动的影响，因此安装超声波收发器时不要靠近排风扇和暖气设备，也不要对着玻璃和门窗。

七、被动红外/微波入侵报警探测器

被动红外/微波入侵报警探测器又称为“双鉴”入侵报警探测器。它是被动红外探测再加上微波同时探测，以提高抗干扰的能力，进一步减少误报现象的发生，即具有“双重鉴别”能力。

被动红外/微波入侵报警探测器主动向外发射微波，微波在遇到的物体上反射回来，如果物体是静止不动的，则反射的微波频率不产生变化。如果物体是运动的，则反射的微波频率将产生变化。

被动红外/微波入侵报警探测器只有当检测到红外与微波都产生触发信号时才产生报警信号输出。在使用环境较恶劣的场所，如过道、仓库等，流动空气容易触发红外线报警，但流动的空气不反射微波，因此，被动红外/微波入侵报警探测器使用在这种环境中，不会产生误报。需注意的是：微波具有一定的穿透能力，它能穿透一定厚度的墙壁，探测到墙外的行人。水管内流动的液体也能使微波频率发生变化。在这种环境中使用应予以考虑。

八、周界报警探测器

为了对大型建筑物或某些场地的周界进行安全防范，一般可以建立围墙、栅栏，或采用值班人员守护的方法。但是围墙、栅栏有可能受到破坏或非法翻越，而值班人员也有出现疏忽或暂离岗位的可能性。为了提高周界安全防范的可靠性，可以安装周界报警装置。实际上，前述的主动红外报警器和摄像机也可作周界报警器。

周界报警的传感器可以固定安装在现有的围墙或栅栏上，有人翻越或破坏时即可报警。传感器也可以埋设在周界地段的地层下，当入侵者接近或越过周界时产生报警信号，使值守人员及早发现，及时采取制止入侵的措施。

下面介绍几种专用的周界报警传感器：

1. 泄漏电缆传感器

这种传感器类似于电缆结构，如图2-3-14所示。其中心是铜导线，外面包围着绝缘材料

(如聚乙烯),绝缘材料外面用两条金属(如铜皮)屏蔽层以螺旋方式交叉缠绕并留有方形或圆形孔隙,以便露出绝缘材料层。

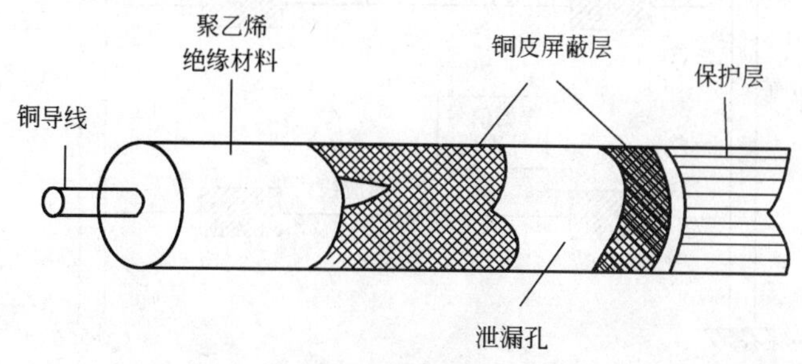

图 2-3-14 泄漏电缆结构示意图

电缆最外面是聚乙烯塑料构成的保护层。当电缆传输电磁能量时,屏蔽层的空隙处便将部分电磁能量向空间辐射。为了使电缆在一定长度范围内能够均匀地向空间泄漏能量,空隙的尺寸大小是沿电缆变化的。

把平行安装的两根泄漏电缆分别接到高频信号发射和接收器就组成了泄漏电缆周界报警器。发射产生的脉冲电磁能量沿发射电缆传输并通过泄漏孔接收空间电磁能量并沿电缆送入接收器。

这种周界报警器的泄漏电缆可埋入地下,如图 2-3-15 所示,当入侵者进入探测区时,使空间磁场分布状态发生变化。因而使接收电缆收到的电磁能量产生变化,此能量变化量就是初始的报警信号,经过处理后即可触发报警器工作。

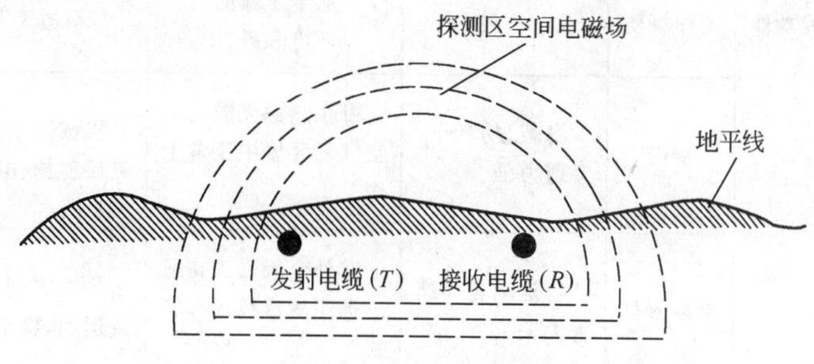

图 2-3-15 泄漏电缆空间场示意图

此周界报警器可全天候工作,抗干扰能力强,误报和漏报率都比较低,适用于高保安、长周界的安全防范场所。

2. 平行线周界传感器

这种周界传感器是由多条(2～10 条)平行线构成的,如图 2-3-16 所示。在多条平行导线中,有部分导线与振荡频率为 1～40kHz 的信号发生器连接,称之为场线,工作时场线向周围空间辐射电磁能量。另一部分平行导线与报警信号处理器连接,称之为感应线,场线辐射的电磁场在感应线中产生感应电流。当入侵者靠近或穿越平行线时,就会改变周围电磁场的分布状态,相应地使感应线中的感应电流发生变化,报警信号处理器检测出此电流变化量作为报警信号。

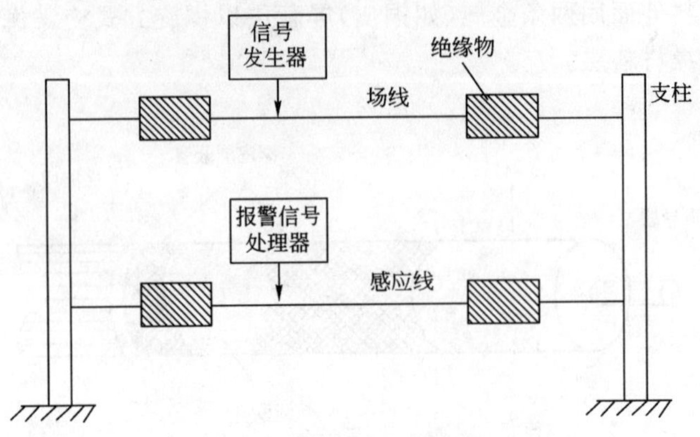

图 2-3-16　平行线周界报警器构成示意图

平行线周界传感器可以全天候工作，误报及漏报率都较低；安装方式可灵活多样，可安装在现有围墙或栅栏的顶端、侧面等部位，也可将平行导线安装在支柱上兼作周界栅栏使用。

显然，前面所述的主动式红外探测器可用作周界报警器。此外，还有用光纤传感器、驻极体电缆传感器等构成的周界报警器，此不赘述。

九、各类型报警器功能比较

选择探测器时要考虑保护现场的实际情况和报警器的工作特性，各类型报警器功能比较见表 2-3-1。

报警器功能比较表　　表 2-3-1

报警器名称		警戒功能	工作场所	主 要 特 点	适于工作的环境和条件	不适于工作的环境及条件
微波	多普勒式	空间	室内	隐蔽，功耗小，穿透力强	可在热源光源流动空气的环境中正常工作	机械振动，有抖动摇摆物体、电磁反射物、电磁干扰
	阻挡式	点线	室内室外	与运动物体速度无关	室外全天候工作适于远距离直线周界警式	收发之间视线内不得有障碍物或运动、摆动物体
红外线	被动式	空间	室内	隐蔽，昼夜可用功耗低	静态背景	收发间视线内不得有障碍物，地形起伏、周界不规则，大雾、大雪恶劣气候
	阻挡式	点线	室内室外	隐蔽，便于伪装，寿命长	在室外与围栏配合使用做周界报警	背景有红外辐射变化既有热源、振动、冷热气流、阳光直射、背景与目标温度接近，有强电磁干扰
超声波		空间	室内	无死角，不受电磁干扰	隔声性能好的密闭房间	振动热源、噪声源、多门窗的房间，温湿度及气流变化大的场合

续上表

报警器名称	警戒功能	工作场所	主 要 特 点	适于工作的环境和条件	不适于工作的环境及条件
激光	线	室内室外	隐蔽性好，价高，调整困难	长距离直线周界警戒	(同阻挡式红外报警器)
声控	空间	室内	有自我复核能力	无噪声干扰的安静场所与其他类型报警器配合做报警复核用	有噪声干扰的热闹场合
监控电视 CCTV	空间面	室内室外	报警与摄像复核相结合	静态景物及照度缓慢变化的场合	背景有动态景物及照度快速变化的场合
双技术报警器	空间	室内	误报极小	其他类型报警器不适用的环境均可	强电磁干扰

第三节 报警信号的接收与处理

安防报警系统小型的由前端报警探测设备和报警控制主机二级连接而成，大型的由前端探测设备、报警控制主机、报警监控中心三级加上报警信号传输系统组成。

一、报警控制主机

报警控制主机也常被称为报警控制器。系统基本连接如图 2-3-17 所示。其底层是各种探测器，负责探测有无人员的非法入侵，报警控制主机在接受到报警信号后按设置程序执行警报的就地处理，发出声光报警信号，同时与监控系统实现联动，控制现场的灯光并记录报警事件和相应的视频图像，之后将相关信息上传到报警监控中心，再由报警管理计算机在报警管理软件指挥下执行整个系统管理功能。

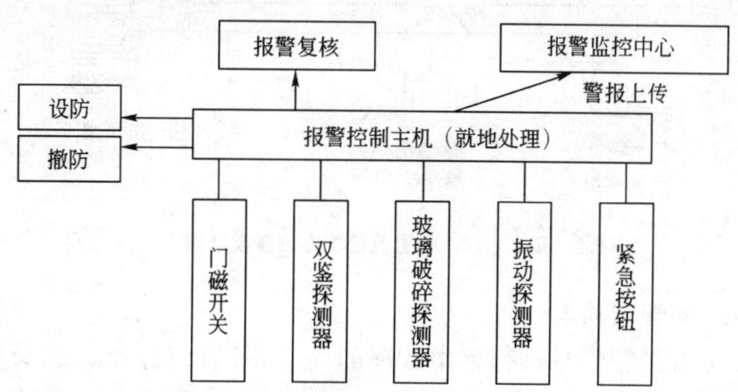

图 2-3-17 报警控制器功能及连接框图

报警控制主机可以实现的基本功能：

1. 设防与撤防

在正常状态下，监视区的探测设备处于撤防状态，不会发出报警；而在设防状态，如果探测器有报警信号向报警控制主机传来，就立即报警。报警控制主机既可手动设防或撤防，也可以定时自动对系统进行自动设防、撤防。

2. 布防后的延时

如果布防时人员尚未退出探测区域、报警控制器能够自动延时一段时间，等人员离开后布防才生效，这是报警控制主机的布防延时功能。

3. 防破坏

如果有人对报警线路和设备进行破坏，线路发生短路或断路、非法撬开情况时，报警控制主机会发出报警，并能显示线路故障信息；任何一种情况发生，都会引起报警控制主机报警。

4. 微机联网功能

报警控制主机具有通信联网功能，使区域的报警信息能上传送到报警监控中心，由监控中心的计算机来进行资料分析处理，并通过网络实现资源的共享及异地远程控制等多方面的功能，大大提高系统的自动化程度。报警响应软件应具有 windows 界面、多媒体工作方式，可以附加电子地图，报警信号也可以设置成不同级别的警情由计算机自动进行处理。

二、报警监控中心

1. 上传报警信号的接受与处理设备(图 2-3-18)

各个区域的报警控制主机都通过直接连接、公众电信网络、报警专用网络连接到报警监控中心。所有子系统公用报警监控中心的局域网报警响应与管理系统。

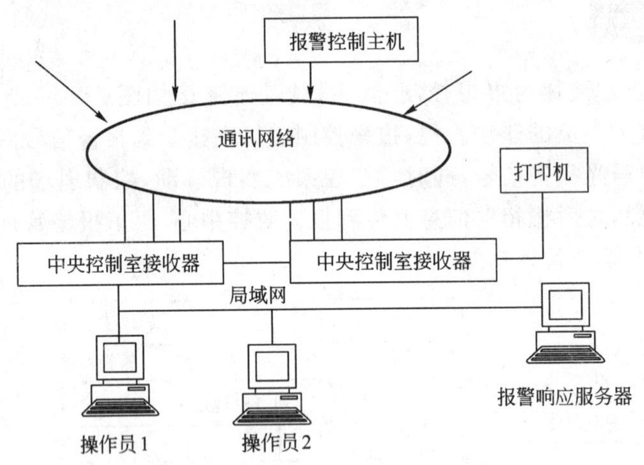

图 2-3-18 报警监控中心设备及结构

2. 报警监控中心的管理功能

报警监控中心是对报警信号进行集中管理的地方，可以通过串口或局域网将中心内的多台大型报警响应主机连接起来，识别各报警控制主机传送来的报警信号，并在软件中转换为便于操作人员容易识别的报警信号。

报警监控中心内置一个极为灵活的电子地图系统，中心操作人员可以利用电子地图实现任意关系的地图、平面图、示意图、楼层图等地图，或将现有的地图资源充分利用，也支持扫描仪扫描的地图。可以在地图上任意放置各种类型的图标，并且图标可以以不同的颜色和动态示出其当前状态。而通过显示板监控界面，可灵活安排进行集中监控。无论通过地图还是显示板方式，都可以直接通过鼠标点击图标的方式来进行控制。

报警监控中心可以根据不同的报警状态，以自定义的声音通告和提醒操作人员注意。也可设置在规定的警情发生时由电脑自动处理，以减轻操作人员的负担。通过对操作员分级管理，分业务管理，能够完全控制每一个操作员在系统中的行为能力。同时在系统数据库的安全方面，系统会自动检查数据的完整性和对数据库进行自动维护，即使在数据库遭到意外破坏时，仍可以利用修复功能来恢复，还可以设定系统有自动备份报警记录等功能，做到万无一失。

报警监控中心具备有完善的事件记录系统，系统中发生的各种事件都将被详细地记录。例如报警事件记录、报警现场图像记录、操作日志记录等。对这些记录可以采用各种方式去检索，如可以按顺序、事件、时间、区域等进行快速查询。

三、报警信号的传输

探测信号的传输通常有有线传输方式和无线传输方式两种。

1. 有线传输

有线传输是将探测器探测到的信号通过导线传送给控制器。根据控制器与探测器之间采用并行传输还是串行传输的方式不同而选用不同的线制。所谓线制是指探测器和控制器之间传输线的线数。一般有多线制、总线制和混合式三种方式。

(1)多线制

所谓多线制是指每个防盗报警探测器与控制器之间都有独立的信号回路。探测器之间是相对独立的，所有探测信号对于控制器是并行输入的，这种方法又称点对点连接。多线制又分为 $n+4$ 线制与 $n+1$ 线制两种，n 为 n 个探测器中每个探测器都要独立设置的一条线，共 n 条；而 4 或 1 是指探测器的公用线。$n+4$ 线制如图 2-3-19 所示。

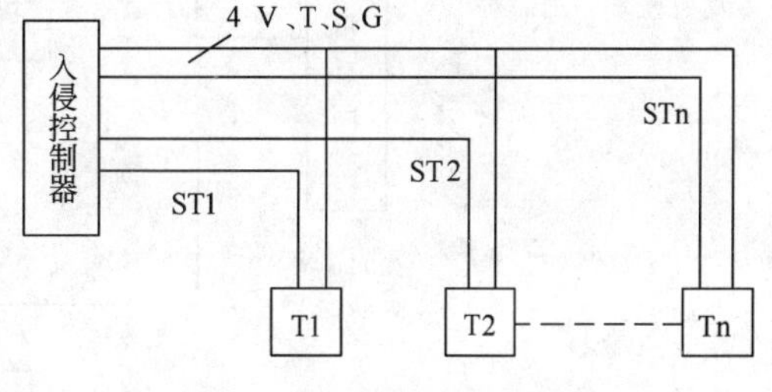

图 2-3-19 $n+4$ 线制连接示意图

图中 4 线分别为 V、T、S、G，其中 V 为电源线(24V)，T 为自诊断线，S 为信号线，G 为地线。ST1～STn 分别为各探测器的选通线。$n+1$ 线制的方式无 V、T、S 线，ST1 线则承担供电、选通、信号和自检功能。

多线制的优点是探测器的电路比较简单但缺点是线多，配管直径大，穿线复杂，线路故障不好查找。显然这种多线制方式只适用于小型报警系统。

(2)总线制

总线制是指采用 2～4 条导线构成总线回路，所有的探测器都并接在总线上，每只探测器都有自己的独立地址码，防盗报警控制器采用串行通信的方式按不同的地址信号访问每只探测器。总线制用线量少，设计施工方便，因此被广泛使用。

图 2-3-20 为四总线连接方式。P 线给出探测器的电源、地址编码信号；T 为自检信号线，以判断探测部位或传输线是否有故障；S 线为信号线，G 线为公共地线。

二总线制则只保留了 P、G 两条线，其中 P 线完成供电、选址、自检、获取信息等功能。

(3)混合式

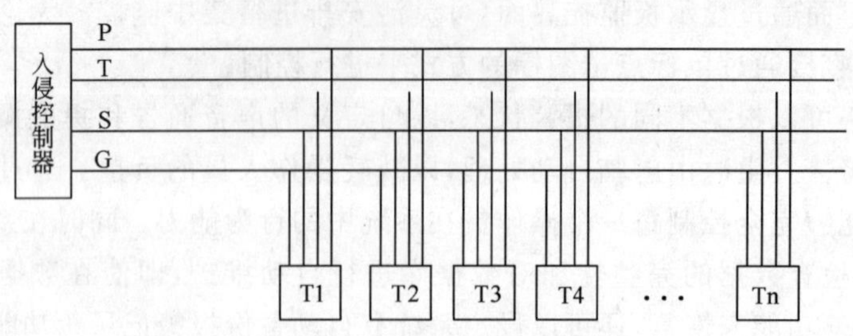

图 2-3-20　四总线连接示意图

有些防盗报警探测器的传感器结构很简单,如开关式防盗报警探测器,如果采用总线制则会使探测器的电路变得复杂起来,势必增加成本。但多线制又使控制器与各探测器之间的连线太多,不利于设计与施工。混合式则是将两种线制方式相结合的一种方法。一般在某一防范范围内(如某个房间)设一通信模块(或称为扩展模块),在该范围内的所有探测器与模块之间采用多线制连接,而模块与控制器之间则采用总线连接。由于房间内各探测器到模块路径较短,探测器数量又有限,故多线制可行,由模块到报警器路径较长,采用总线制合适,将各探测器的状态经通信模块传给控制器。图 2-3-21 为混合式示意图。

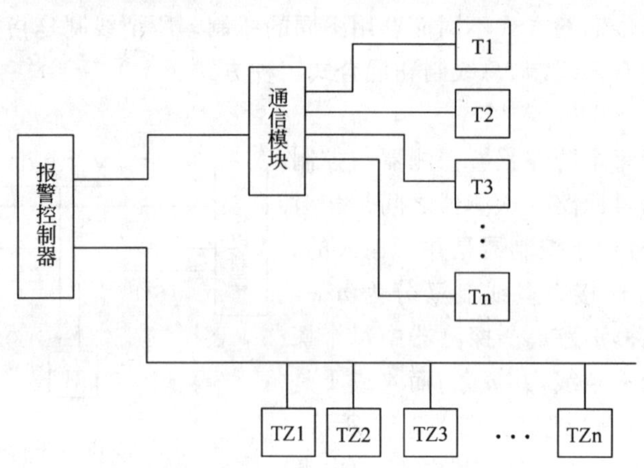

图 2-3-21　混合式连接示意图
Tn-为多线制报警探测器;TZn-总线制报警探测器

2. 无线传输

无线传输是探测器的探测信号经过调制,用一定频率的无线电波向空间发送,由报警中心的控制器所接收。而控制中心将接收信号处理后发生报警信号和判断出报警部位。全国无线电管理委员会指定可用的无线电频率范围为:36.050～36.725MHz。

在无线传输方式下,前端防盗报警探测器发出的报警信号的声音与图像复合信号也可以用无线传输。首先在对应防盗报警器的前端位置将采集到的声音与图像复合信号变频,把各路信号分别调制在不同的频道上,然后在控制中心将高频信号解调,还原出相应的图像信号和声音信号,并经多路选择开关选择需要的声音和图像信号或通过相关设备自动选择报警区域的声音和图像信号,进行监控或记录。

注意:在采用前述的总线制或混合式(总线与多线相结合)有线传输报警信号的方式时,如果在终端(控制中心)的报警控制器上没有一一对应前端各探测器的解码输出时,应对控制器再加接一个能将前端各探测器解码并一一对应输出的装置,通常称为“报警驱动模块”,否则无法与视频矩阵主机进行报警联动,这在组成系统时应加以注意。如果有些报警控制器有与矩阵切换主机通信的接口,并有相同的通信协议,意味着通过通信接口的连接,可将前端报警探测器一一对应送入矩阵切换主机,也可以进行报警联动,这时就不必加装“报警驱动模块”。

本章小结

本章首先概述了防盗报警系统的组成,接着对常见报警探测器的工作原理,安装使用事项进行了介绍,并对各类型探测器的功能进行了比较。最后,对报警控制器的工作原理及功能作了说明,总结了报警监控中心的管理功能,并详细介绍了有线和无线两种传输方式。

复习思考题

1. 防盗报警系统有哪几部分组成?
2. 对常见探测器适用场所作简单介绍。
3. 主动红外报警探测器有哪几种布防方式?
4. 简述微波探测器的工作原理。
5. 报警控制器的功能有哪些?
6. 简述报警监控中心的功能。
7. 报警信号的有线传输方式有哪几种?
8. 常见的周界报警探测器有哪些?

第四章 出入口控制系统

出入口控制系统也叫门禁管理系统，它对建筑物正常的出入通道进行管理，控制人员出入、控制人员在楼内或相关区域的行动。

通常实现出入口控制方式有以下三种：

第一种方式是在需要了解其通行状态的门上安装门磁开关(如办公室门、通道门、营业大厅门等)。当通行门开/关时，安装在门上的门磁开关，会向系统控制中心发出该门开/关的状态信号，同时，系统控制中心将该门开/关的时间、状态、门地址，记录在计算机硬盘中。另外也可以利用时间诱发程序命令，设定某一时间区间内(如上班时间)，被监视的门无需向系统管理中心报告其开关状态，而在其他的时间区间(如下班时间)，被监视的门开/关时，向系统管理中心报警，同时记录。

第二种方式是在需要监视和控制的门(如楼梯间通道门、防火门等)上，除了安装门磁开关以外，还要安装电动门锁。系统管理中心除了可以监视这些门的状态外，还可以直接控制这些门的开启和关闭。另外，也可以利用时间诱发程序命令，设某通道门在一个时间区间(如上班时间)内处于开启状态，在其他时间(如下班时间以后)处于闭锁状态。或利用事件诱发程序命令，在发生火警时，联动防火门立即关闭。

第三种方式是在需要监视、控制和身份识别的门或有通道门的高保安区(如金库门、主要设备控制中心机房、计算机房、配电房等)，除了安装门磁开关、电控锁之外，还要安装磁卡识别器或密码键盘等出入口控制装置，由中心控制室监控，采用计算机多重任务处理，对各通道的位置、通行对象及通行时间等实时进行控制或设定程序控制，并将所有的活动用打印机或计算机记录，为管理人员提供系统所有运转的详细记录。

第一节　出入口控制系统的组成

目前，先进的出入口控制系统是通过计算机网络来进行管理的，其系统框图如图 2-4-1 所示。由图 2-4-1 可知，出入口控制子系统由三个层次的设备组成。第一层是与人直接打交道的设备，包括负责凭证验收的读卡机，作为受控对象的电子门锁，和起报警作用的出入口按钮、报警传感器、门传感器、报警喇叭等。第二层设备是智能控制器，它将第一层发来的信息同自己存储的信息相比较，作出判断后，再给第一层设备发出相关控制信息。第三层设备是监控计算机，管理整个防区的出入口，对防区内所有的智能控制器所产生的信息进行分析、处理和管理，并作为局域网的一部分与其他子系统联网。

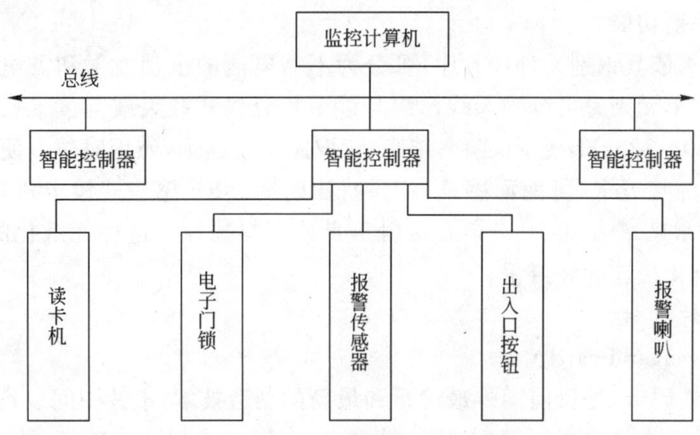

图 2-4-1 出入口控制系统框图

控制出入门的凭证有卡片、密码和生物特征三大类。卡片读出式出入口控制系统也称为刷卡机，应用最为普及，其特点是以各类卡片作为信息输入源，经读出装置判别后决定是否允许持卡人出入。依卡片工作方式的不同，可受理的卡片类别有磁卡、威根卡、集成电路智能卡等接触式卡和非接触式的感应卡两大类。最新的技术是采用单线协议的碰触式识别钮，也称为 TM 识别钮，可靠性最高。密码输入方式是将通过固定式键盘或乱序键盘输入的代码与系统中预先存储的代码相比较，两者一致则开门。而生物特征识别系统包括指纹、掌纹、眼视网膜图、声音识别、签名、DNA 等多种识别方式，具有唯一性特点。

人员出入管理系统对于确保保安区域内安全、实现智能化管理是简便有效的措施，越来越受到用户的青睐，其应用领域日益宽广。

第二节 智能识别系统

一、感应卡自动识别系统

出入口控制系统所用的感应卡由非接触式和接触式两种。

1. 非接触式感应卡

感应卡片由一片可编程的专用芯片和一组天线组成。芯片是感应卡的核心元件，天线用来发射和接收电磁波。感应卡具有防水、防污能力，可用于潮湿恶劣的环境，使用时无需传统的刷卡动作，非常方便，且感应速度快可节省识别时间，并且因具备隔墙感应特性，因此有隐秘性。感应卡卡片上的 IC 芯片可以储存资料，不容易仿造，今后会朝着结合门禁、金融、身份证、汽车驾照、电信、公共交通等多功能方向发展，最具有发展的潜力，将会成为未来市场的主流。

感应式出入口控制系统利用射频感应辨识技术，基本配备包括读卡机、控制器及识别卡(也称感应卡、接近卡)。其感应原理是利用读卡机产生的电磁场，激发识别卡内部的编程心片，该编程芯片经由激发磁场的电能量而发出一射频电波，此射频电波负载一组识别码 (标识码 ID)传回读卡机，读卡机将其信号模组放大后传至解码器，解码器运用模/数转换电路将此信号模组转换成数字型，再经解码后，即透过通信接口以串行传输方式和主电脑及打印机通信联结，完成感应识别功能。

感应卡读卡机依其识别元件（卡片）可分为不需电池的被动发射和需电池供应电力的主动发射；依其读取单元则另可分为天线模组与读卡机分离式和天线与读卡机整合式。产品常用频率范围在110～125kHz之间，频率越高，读取距离就越远，使用时越方便。

感应卡也称为接近卡，可两面感读，记录进出时间。RF感应式读卡机是非接触性的，即使频繁地读写或拿来拿去，也不必担心接触不良或资料抹掉。这种无纸化的作业，使效率提高，成为商品物流化最新的好帮手。

2. 接触式卡片

(1)威根卡[weigand card]

威根卡也称铁码卡，是目前国外最流行和最新的制造技术，卡片中间以特殊材质之极细金属线排列编码，采用金属磁扰原理，卡片一经剥离，金属线排列便遭破坏，故无法复制。此外，卡片内特殊金属线不会受磁场磁化，所以有防磁、防水、防压效果，可用于极度恶劣的气候区，并可长期使用，是目前安全性较高的卡片。

(2)IC卡

IC卡即集成电路卡。在非金融交易类应用中主要用作存储器卡，如果带CPU并且EEPROM容量在1KB以上，则称为智能卡。为了提高安全性，对信用卡或储蓄卡等类智能卡，更有附加上客户指纹特征字节，使用时还需验证指纹的高可靠性系统。为了满足一卡多用的需求，有的采用对卡内存储器（如快闪存储器等）的存储区域作相应划分方式，不同的区域对应不同的用途。智能卡将是未来发展的潮流。

(3)磁条卡

磁条卡是以磁条贴在塑胶卡上让读卡机阅读。其优点是价廉、方便，缺点是可用设备轻易复制且易消磁和污损，故需外加密码辨识以提高安全性。磁卡的刷卡机在断电后仍能长时间保存记忆资料，此外，磁条卡也可做开门卡，还可以加设出勤管理功能，达到一卡多用的目的。

(4)条码卡（BarCode）

在要求不高的出入口控制场所，广泛应用条码卡，它是以黑白相间的印刷线条或金属条置于塑胶卡之夹层中让读卡机阅读，目前大部分产品是二维条码，用眼睛即可分辨出粗细线条，未来三维条码将以矩阵式不规则的黑白点排列，较不宜仿冒，安全性提高。

二、人体生物特征识别系统

人体生物特征识别系统(Biometrics)是以人体生物特征作为辨识条件，有着“人各有异，终身不变”和“随身携带”的特点，因此具有无法仿冒与借用、不怕遗失、不用携带、不会遗忘、有着个体特征独特性、唯一性、安全性的特点，适用于高度机密性场所的安全保护。人体生物特征识别系统主要类别由生理特征（如指纹、掌纹、脸像、虹膜）和行为特征（如语音、笔迹、步态等）两大类。

1. 指纹比对

指纹识别系统是以生物测量技术为基础，利用人类的生物特性——指纹来鉴别用户的身份。由于指纹的特性，指纹识别具有高度的保密性和不可复制性。指纹是每个人所特有的东西，即使是双胞胎，两个指纹相同的概率也小于十亿分之一，而且在不受损伤的条件下，一生都不会有变化。指纹识别主要包括活体指纹图像获取，提取指纹特征和指纹比对三部分。其应用分为验证和辨识两类。验证是将现场指纹与相匹配已登记的指纹进行一对一的比对，而辨识则是在指纹数据库中找出与现场指纹相匹配的指纹，是一对多匹配。指纹的用途很广，包括出入口控制、网络网际安全、金融和商业零售等。

2. 掌形比对

以三维空间测试手掌的形状、4 指长度、手掌的宽度及厚度、各手指的两个关节部分的宽与高等作为辨别的条件，通常以俯视得到手的长度与宽度数据，从侧视得到手的厚度数据，最终将得到的手轮廓数据变换成若干个字符长度的辨识矢量，作为用户模板存贮起来。掌形识别侵入性小，资源节省，只需要 9 个字节(72 位)，可与出入口控制系统结合，应用面广。

3. 视网膜比对

视网膜的血管路径同指纹一样为各人特有，如果视网膜不受损的话，从 3 岁起就终生不变。此外，每个人的血管路径差异很大，外观看不出来，所以被复制的机会很小。市售装置是使用微弱的近红外线来检查出视网膜的路径。这种方法在不是生物活体时无法反应，因此不可能伪造。但是在眼底出血、白内障、戴眼镜的状态下也无法辨识比照。在误判率百万分之一的高精密度下，个人资料 92 位，登记 1500 枚时，识别时间在 5s 以下，误判率为零。

4. 虹彩比对

眼睛虹彩路径同视网膜一样为各人特有，出生第二年左右终生不变。虹彩不同于视网膜，它存在于眼的表面(角膜的下部)，是瞳孔周围的有色环形薄膜，眼球的颜色由虹膜所含的色素决定。所以不受眼球内部疾病等影响。另外，以摄像机动性 1m 左右拍摄，比照时的阻碍非常少。新推出的产品，个人资料 256 位，可达到误判率十万分之一以下的高精度。在眼睛上贴眼球相片的伪造者，也会在眼线转动测试中被排除。

5. 人像脸面识别技术

人脸是比对人体特征时最有效的分辨部位。你只要看上某人一眼，就可以有对此人基本特征的认识。识别的特征有眼、鼻、口、眉、脸的轮廓(头、下巴、颊)的形状和位置关系，脸的轮廓阴影等都可利用。它有“非侵犯性系统”的优点，可用在公共场合特定人士的主动搜寻，也是今后用于电子商务认证方面的利器之一，各国都在竞相努力，并已经在 ATM 自动取款机、机场的登机控制、司法移民及警察机构、巴以加沙地带出入控制系统等开始应用。特别是在美国“9.11”事件后，公共场合的安全已成为国际性课题，反恐怖活动的需求，刺激和推动了此项技术的发展。

三、密码识别系统

出入口控制系统的密码识别系统采用的是电子密码锁。智能卡虽然可以作为通行证，但一般情况下，任何持有者都可通行，一旦丢失则会带来安全隐患。这时则可以配用密码，密码被记忆在人的大脑中，不会随卡丢失，只有证、码全相符时才可确认放行。密码输入通常采用小键盘。键盘有面板固定式和乱序键盘两种不同类型。固定式键盘上 0～9 数字在键盘上的位置是固定不变的，再输入密码时，易于被人窥视而仿冒，故现在仅用于与刷卡机配套使用。

而乱序键盘上10个数字在显示键盘上的排列方式不是固定式而是随机的，每次使用时在每个显示位置的数字都不同，这样就避免了被人窥视而泄露密码的可能，既方便又实用，当然，乱序键盘输入密码与刷卡两者并用，则是最为理想的。

第三节　人员出入管理系统的权限设置

任何功能齐全的出入口控制系统都是实现对3W的控制，其功能均是认可或者拒绝何人(who)于何时(when)出入哪个门(where)，同时根据需要，提供多种多样的管理功能。

一、人员出入管理系统的组织

人员出入管理系统的组织，也就是确定系统如何运行、对哪些用户将被允许出入、允许出入门的日期和时间范围、哪些门控制出入等信息，作详尽的说明并妥善地加以组织，其主要步骤如下：

(1)首先要指定出入口控制系统管理员，其职责包括输入编程方式、加入或变更或删除出入门人员以及建立程序系统等。

(2)对每个出入者，指定类别并赋予一个号码。确定出入者类别是为了指定其允许出入的地点、时间等信息，类别指定大多遵循相同职位级别者同属一类的一致化原则，或者按工作性质及部门来分类，例如公司中有管理部、人事部、生产部、销售部、工程部等分属不同的部门。

对每个出入者赋予一个号码则是为了对何人何时进出了何处的事件加以记录，一般系统允许的用户标识号码为4位，取值0～9999，如果有更多的用户，则系统需增加扩展板。

(3)对允许出入门的用户建立一个出入区域(ACCESS ZONE)表，该表组成如图2-4-2所示。

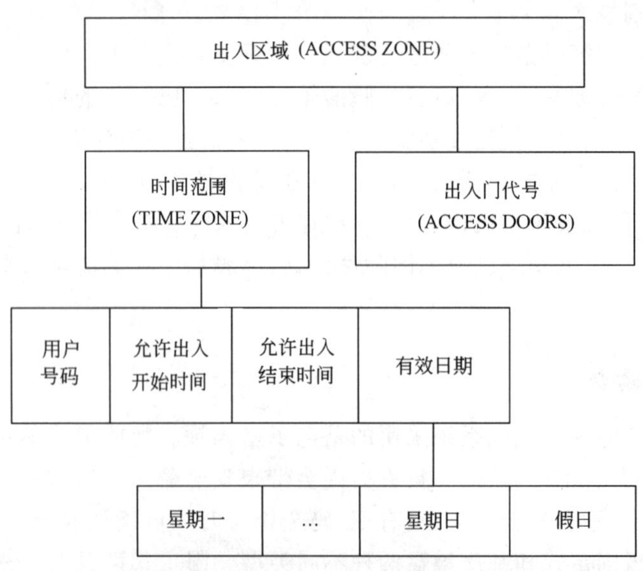

图2-4-2　用户出入区域表

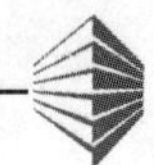

其中有效日期是指定每个星期中的哪几天是允许出入的以及遇到假日是否可出入。

可预编排32个节假日，在节假日时自动屏蔽平时所有功能，并自动执行节假日程序，持卡人经特定时间区内进出所保护的区域。还有限制使用的访客卡，可将访客卡编程为只能使用1～254次(不限日期)或1～254日(在此日期内不限次数)。有系统报告功能，可提供详尽的系统状态报告，将所有正常及非法操作记录在案。

(4)以此表编制程序并存入系统的存储器中，即可实现预定的出入门控制作业。

二、出入门管理法则

为了管理上的需要，对于受控制的门可能会要求有不同的出入方式，这通过系统提供的管理命令可予以实现。主要有：

1. 进出双向控制(Passback Control)

用户必须经由安装在门口处的刷卡机或者键盘输入代码方能进入保安区域；同样若要从保安区域内出门，也须要经由安装在门出口处的装置。这种控制方式有助于防止多个人同时进入保安区域，而其中有人没有向系统注册登记，也允许系统跟踪和报告何人位于保安区域内，这样系统就能控制在保安区内的用户人数。

2. 多重控制(Multi Control)

即在允许用户进入保安区域后，需再次向另一键盘输入密码方能进入受严格控制的内部区域。这用于保安性要求甚高的场合。

3. 二人出入法则(2-Person Access Rule)

即要求有两人在场方能进入保安区域或从保安区域出来，以增强出入控制的安全级别。

4. 使用次数控制(Use-Count Control)

对每个用户规定能够进出的最大次数，一旦达到此最大次数，该用户将不允许再出入或该用户将被删除。

5. 缺席法则(Absentee Rule)

规定每个用户未进入保安区域的缺席天数最大值，一旦达到该缺席值，则不允许再出入或该用户将被删除。

6. 临时出入日期(Temporary Day)**控制**

如规定未来一段时间内用户可以出入的天数，一旦达到截止日期，该用户将不能再出入或将被删除。

本章小结

本章第一小节介绍了出入口控制系统的组成。第二小节对三种身份识别技术作了详细说明，分别介绍了不同类型的非接触式、接触式卡片的原理及特点；对几种不同的人体生物识别技术作了比较说明；还介绍了密码识别技术。第三小节对人员出入管理系统的组织，出入门管理法则分别作了说明。通过本章学习，读者对出入口管理系统的组成，各种智能识别技术及人员出入管理系统的权限设置有了深入的了解。

复习思考题

1. 出入口控制系统有哪几部分组成？

2. 控制人员出入门的接触式卡片主要有哪几种？

3. 用于人员出入门控制系统的人体生物特征主要有哪些？

4. 出入口控制系统中出入门管理的法则有哪些？

5. 简述用于出入口控制的非接触式感应卡的原理。

6. 指纹识别技术有什么特点？

第五章 访客对讲及电子巡更系统

随着居民住宅的不断增加，小区的物业管理就显得日趋重要。其中访客登记及值班看门的管理方法已不适合现代管理快捷、方便、安全的需求。

随之开发出来的访客对讲及可视对讲系统，通过与来访者的对讲通话或用摄像来确认来访者的身份，以决定是否打开楼门电子锁的方法，达到了安全、方便的管理目的。

电子巡更系统是传统的值班巡更与现代先进技术的结合。作为安全防范系统重要的组成部分，电子巡更系统可以用微处理机组成单独的系统，也可以纳入楼宇设备监控系统。

第一节 访客对讲系统

访客对讲系统按功能可分为单对讲型对讲系统和可视对讲系统两种。

一、单对讲型对讲系统

单对讲型对讲系统一般由防盗安全门、对讲系统、控制系统和电源等组成。其中，防盗安全门与普通安全门的区别是加有电控门锁闭门器；对讲系统由传声器、语言放大器和振铃电路组成；控制系统采用数字编码方式，当访客按下欲访户的号码，对应户的分机振铃响起，户主摘机通话后可决定是否打开防盗安全门；访客对讲系统的电源由市电供给。访客对讲系统组成如图 2-5-1 所示。

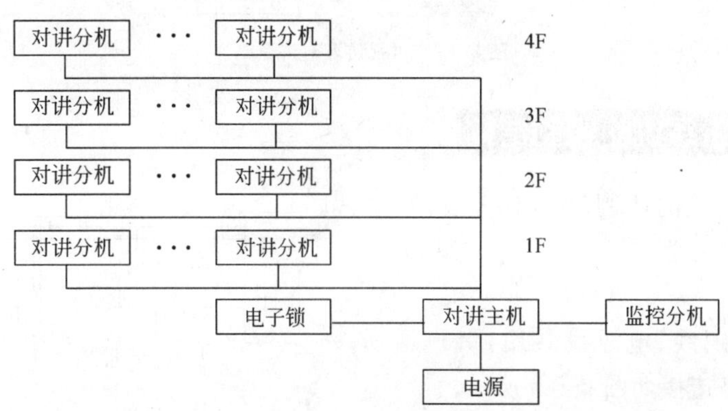

图 2-5-1 访客对讲系统框图

单对讲型对讲系统基本功能如下：

系统在住宅楼的每个单元首层大门处设有一个电子密码锁，每个住户使用自己家密码开锁(此密码根据需要随时修改，以保证密码不被盗用)。来访者需进入时按动大门上主机面板上对应房号，则被访者家分机发出振铃声，主人摘机与来访者通话确认身份后，按动分机上大门电子锁的开关，打开门允许来访者进入后，闭门器使大门自动关闭。来访者如要与管理处的保安人员询问事情时，也可通过按动大门主机上的保安键与之通话。

一般系统还应具有报警和求助功能，当住户家中遇到突发事件(如火灾)，可通过对讲分机与保安人员取得联系，及时得到救助。

二、可视对讲系统

可视对讲系统是在单对讲系统的基础上增加一套视频系统。即在电控防盗门上安装一低照度摄像机，一般配有夜间照明灯。摄像机应安装在隐蔽处并要防破坏。视频信号经普通视频线引到楼层中继器的视频开关上，当访客叫通户主分机时，户主摘机从分机的屏幕上看到访客的影象，与其通话后以决定是否打开防盗安全门。

管理处保安人员也可根据需要开启摄像机监视大门处来访者，在分机控制屏上监视来访者并能与之对讲，系统组成如图 2-5-2 所示。

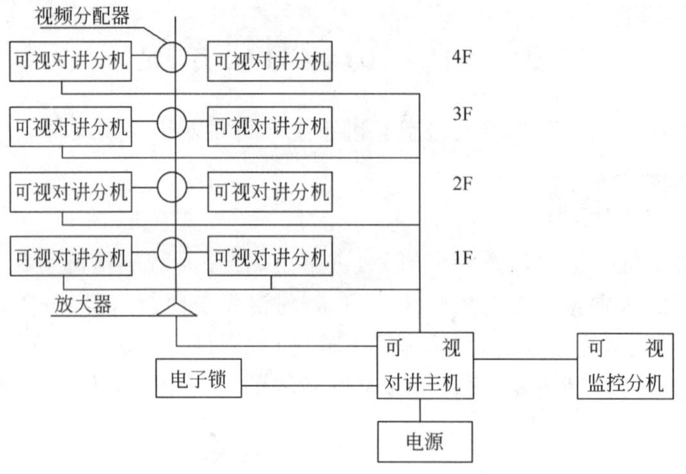

图 2-5-2 可视访客对讲系统方框图

三、访客对讲系统的线制结构

访客对讲系统的线制结构有多线制、总线多线制和总线制三种。

1. 多线制

通话线、开门线、电源线共用，每户增加一条门铃线。线路连接如图 2-5-3 所示。

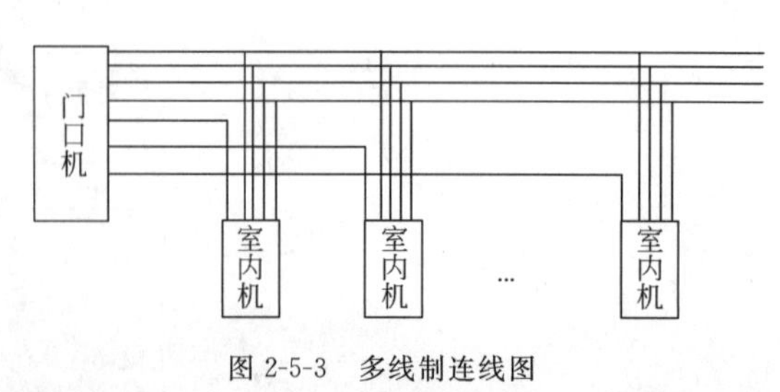

图 2-5-3 多线制连线图

2. 总线多线制

采用数字编码技术，一般每层有一个解码

器(四用户或八用户),解码器与解码器之间以总线连接,解码器与用户室内机星形连接,系统功能多而强。线路连接如图 2-5-4 所示。

3. 总线制

将数字编码移至用户室内机中,从而省去解码器,构成完全总线连接。故系统连接更灵活,适应性更强,但若某用户发生短路,会造成整个系统不正常。总线制线路连接如图 2-5-5 所示。

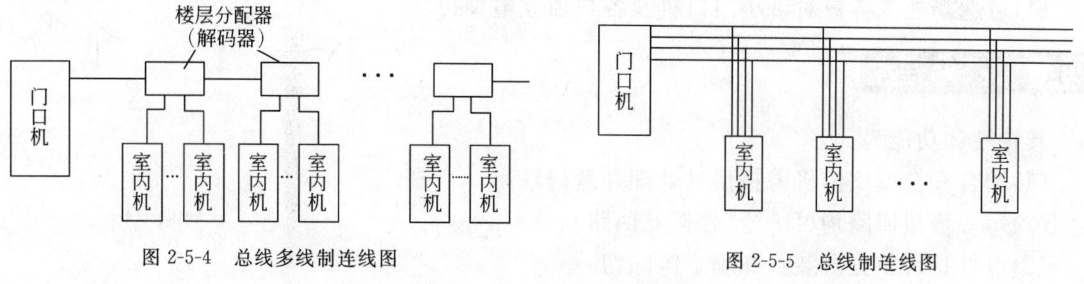

图 2-5-4 总线多线制连线图　　图 2-5-5 总线制连线图

第二节 访客对讲系统主要设备

一、可视对讲室内机

可视对讲室内机由监视器、控制板、光耦合器件、电锁开关、对讲电路等组成。安装高度距地 1.40m 左右。电源为 15V 或 12V 直流电源。主要功能有:

(1)监看:可自动监看系统上的多台门口机。

(2)免提开门:被呼叫后,住户不需拿听筒即可直接按开门键开门;可遥控开启系统上对应的门口机电锁,并开启各户小门机电锁,内设门铃功能。

(3)音乐:以不同音乐区分呼叫来源。

(4)对讲:内码相同的室内机可互相呼叫对讲,且被门口机呼叫时,其中一台拿起,其他将自动切断。

(5)警卫:可自动呼叫系统上的警卫门口机;被访客可从任何门口机处按"#"号键呼叫,警卫可看到访客影像。

二、可视门口主机

可视门口主机由对讲主板、可视控制板、摄像头、电子门锁组成。电源由 220V 交流电经整流成直流 15V 电源或电池供电。主要功能有:

(1)用于公共出入口、社区大门或警卫室(以编程设定)供居民、警卫或访客使用。

(2)七位呼叫数码组合,可依区内门号、楼别及室别编号不需对照表。

(3)多台门口机自动侦测呼叫功能。

(4)提供端子连接刷卡机和阴极电锁或阳极电锁。

(5)可被室内机呼叫或呼叫室内机(包括管理员机)。

三、非可视对讲室内机

非可视对讲室内机没有视频设备，主要功能为：

(1)与可视对讲系统通信协定相容，社区内可混合使用。

(2)可接多台室内分机，分机间可相互对讲。

(3)室内机提供电子门铃功能，只需外接门铃按钮即可。

(4)可选择外接各户对讲小门口机及各户独立电锁控制。

四、警报处理盘

其特性和功能为：

(1)配合安全型室内机警报信号处理并解码输出。

(2)每一警报回路均可区分(含扩充回路)。

(3)可外接警报提醒装置和确定解除钮。

(4)以 RS-232 格式输出至打印机或电脑。

五、切换器

主要对音视频信号进行处理与切换，即把相应单元上的音视频信号切换到总线上，使整个联网系统能够统一协调工作。

六、视频分配器

视频分配器的功能是对门口的视频信号进行放大、分配和隔离，使每个室内机的图像信号都能达到清晰满意的效果。

七、解码器

解码器电源为直流 12V，可带若干分机，对门口机的呼叫编码进行识别和确认，转换成每个端口的输出并打开对应的视频分配器，使门口机正确的呼叫每一户室内机。可对每个端口进行编程定义成所需的房间号码，在工程施工中有很大的方便性。

八、双向放大器

当联网距离较长，视频信号衰减时可采用双向放大器。

第三节　离线式电子巡更系统

一、离线式电子巡更系统的功能

离线式电子巡更系统的巡更信息是在安全值班人员巡更完成后将手持读卡机采集的巡更点信息传入管理中心计算机的，能检验巡更人员是否按照预定的路线和规定时间进行巡逻作为考勤的依据，同时记录的巡更信息也为处理事故提供参考。

二、离线式电子巡更系统的组成

离线式电子巡更系统由分布在各处的巡更读卡点或巡更开关、手持读卡机、数据传送器、管理主机及打印机等组成。离线式电子巡更系统的组成可参见图 2-5-6。

巡更点就是一个信息钮，是由不锈钢封装的存储器芯片，每个信息钮在制作时均被注册了一个唯一性的序列号 ID，用强力胶将其固定在巡更位置上。当巡更员将手持读卡机放在巡更点的信息钮上时，会发出蜂鸣声作声音提示，互相连通的电路就会将信息钮中的数据存入信息采集器的存贮单元中，完成一次存读。

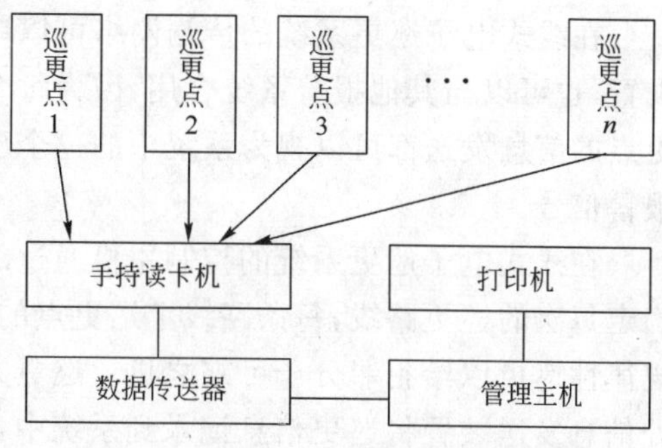

图 2-5-6 离线式电子巡更系统示意图

手持读卡机就是信息采集器，目前种类和型号比较多，一般由金属浇铸而成，使用 9V 或 12V 锂电池供电，配备容量不低于 128k 的存储器，内置日期和时间，有防水外壳，能存储5000 条以上信息。有些手持读卡机可以直接使用 USB 接口与计算机连接进行数据传输。

数据发送器是计算机的专用外部设备，其上有电源、发送、接收状态指示灯。对于不能直接与计算机进行数据传输的手持读卡机，在插入数据发送器后就可通过串行口与计算机连通，从而通过软件读出其中的巡更记录。

管理主机以视窗软件运行，一方面可以方便的组织和变换巡更路线；另一方面可详细列出巡更人员经过每一个巡更点的地点、时间以及缺巡资料，以便核对保安巡更人员是否尽责，确保智能建筑周围的安全。

离线式电子巡更系统灵活、方便，也不需要布线，故可应用于智能建筑的安全保卫，也可作为巡更人员的考勤记录。

第四节 在线式电子巡更系统

一、在线式电子巡更系统的功能

在线式电子巡更系统工作时能够及时向管理中心传递巡更信息，管理中心可以随时了解巡更人员的巡更路线和大体位置。如果巡更人员没有按照规定的路线行走或受到伤害不能在规定的时间内到达巡更点，管理中心就会接受到报警信号及时联系巡更人员。所以，在线式电子巡更系统不但能够检查巡更人员是否按照规定的路线在规定时间范围内进行巡更，而且在巡更人员受到伤害后能够及时发现并确定其方位，有利于保护巡更人员的安全。

二、在线式电子巡更系统的组成

在线式电子巡更系统主要由巡更点信息触发装置、信息传输网及控制主机等组成，在线式电子巡更系统的组成可参见图 2-5-7。

在线式电子巡更系统的巡更点信息发送可以使用按钮开关、门锁或是读卡机等装置，巡更人员在走到巡更点处，通过按钮、刷卡、开锁等手段，将以无声报警表示该防区巡更信号，从而将巡更人员到达每个巡更点时间、巡更点动作等信息记录到系统中。

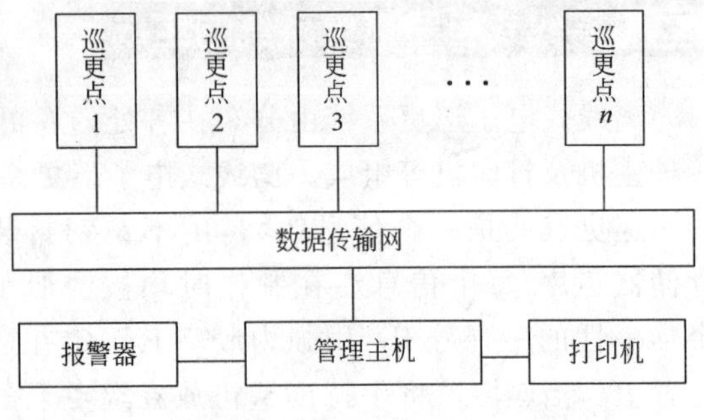

图 2-5-7 在线式电子巡更系统示意图

在线式电子巡更系统的传输网络可以单独设置，也可以与其他报警系统合用，因为每个巡更点的信息发送都可以视为系统中的一个已知报警信号。

在线式电子巡更系统的控制主机通过编程确定每次的巡更路线，每条路线上巡更点的数量、位置和到达时间都可能不同，这样可以避免规律性巡更以给犯罪分子可乘之机。巡更人员沿巡更路线在规定的时间到达巡更点便启动该处信息发送装置将巡更信息记录到系统中，在中央控制室通过查阅巡更记录就可以对巡更质量进行考核。当发生遗漏巡更点、提前或迟误到达巡更点以及巡更被中断等情况时，控制主机就会发出报警信号，这样控制中心值班人员就可通过对讲系统或内部通信方式与巡更人员沟通和查询，确保巡更人员安全。控制主机可以单独设置，也可以由集成报警系统中的警报控制主机完成工作。

本章小结

本章介绍了访客对讲和电子巡更两个系统。访客对讲系统中首先概述了系统组成，并总结了该系统的线制结构，接着对访客对讲系统中的主要设备的功能、特性进行了说明。电子巡更系统中对在线式电子巡更系统和离线式电子巡更系统的功能和组成作了介绍。

复习思考题

1. 简述访客对讲系统的组成。
2. 访客对讲系统的线制结构有哪几种？
3. 访客对讲系统中的可视对讲主机有什么功能？
4. 访客对讲系统中的解码器的作用是什么？
5. 电子巡更系统由哪两种工作方式？
6. 离线式电子巡更系统和在线式电子巡更在组成和功能上有哪些区别？

第六章 停车场管理系统

随着城市机动车数量飞速增加,传统的停车场人工管理已不能满足使用者和管理者对停车场效率、安全、性能以及管理上的需要。因此停车场自动管理系统就成为驾车者与管理者的理想选择。

停车场自动管理,是利用高度自动化的机电设备对停车场进行安全、快捷、有效的管理。由于减少了人工的参与,从而最大限度的减少人员费用,以及人为失误造成的损失,极大的提高了停车场的使用效率。

第一节 停车场管理系统的功能

一、停车场的分类

随着国民经济的发展,人们的生活水平不断提高,生活方式也发生了很大的变化,越来越多的人将私人汽车作为主要交通工具,停车场也随之成为一种重要的商业资源。停车场的设置多种多样,不同的停车场其管理和使用方式也存在很大的差别,下面我们主要从几个方面对停车场进行一下分类。

1. 根据停车场和周围建筑的关系划分

(1)建筑附属停车场。建筑附属停车场附属于某一建筑或建筑群,主要为本建筑或建筑群业主服务,在满足对内需求的情况下也可以对外服务。建筑附属停车场可以设置在建筑物内,也可在建筑物周边设置,例如大型建筑地下室停车场、住宅小区建筑周边设置的露天停车场或小区绿化覆盖停车场等。

(2)独立式停车场。独立式停车场作为一个独立的使用空间,与周围建筑并不存在直接关系,主要设置在原有车位不能满足使用要求的商业区和写字楼群附近。这种停车场主要作为商业空间使用,以商业服务的方式运行。

2. 根据停车场的服务对象划分

(1)固定服务对象停车场。固定服务对象是指服务对象在一定时间内是固定不变的,并非永久性固定。例如住宅小区停车场主要是为本区域内的业主服务,业主一般购买或按年、季度长期租用停车位,这样停车场的服务对象就相对固定。

(2)非固定服务对象停车场。非固定服务对象停车场的服务对象是流动的,车位也可自由使用,独立式停车场多为这种情况。

(3)混合服务对象停车场。混合服务对象停车场同时对固定对象和非固定对象提供服务,一般情况下采用分区管理的办法,固定服务对象拥有自己固定的停车位,非固定服务对象随机使用流动车位。

3. 根据收费方式分类

(1)免费停车场。免费停车场有两种,一种是对特定用户实行免费,例如住宅小区免费提供或由业主购买停车位、停车场所有单位内部免费使用车位等停车场;另一种是商业场所或其他服务性场所为顾客提供的免费停车场。

(2)单次收费停车场。对外服务性停车场如果只提供流动服务,则每次使用停车场都需要缴纳一次性使用费,计费方式可以每次固定收费或按使用时间收费。

(3)定时收费停车场。定时收费停车场为长期租用车位的固定用户提供服务,停车位租用费用可按月、季度或年征收。

二、停车场管理系统的功能

不同性质的停车场需要的管理内容不同,所以管理系统的功能配备也存在很大区别,总体来说停车场管理系统的功能主要包括以下几方面:

(1)停车位信息管理。停车场的车位使用方式有临时出租、长期出租或出售使用权等,为了管理方便应该将停车场进行区域划分。停车位信息管理可以记录、更改、查询车位的使用方式以及对停车场进行区域划分,同时对长期租用人和车位使用权人进行信息管理和出入凭证的发放。

(2)停车场当前状态显示。在停车场入口处和管理中心显示当前车位占用情况和运行状态,一方面为需要者提供能否提供服务的信息,另一方面是管理者可以对停车场状态进行查询和监管。

(3)车辆识别。车辆识别工作是通过车牌识别器完成的,可以由人工按图像识别也可以完全由计算机进行操作。车辆识别一方面可以对长期租用车位者或车位使用权人的车辆不需票卡读取直接升起电动栏杆放入,从而方便顾客使用;另一方面可以在停车场出口根据票卡对照车辆进入时保存的相应资料,防止车辆被盗事件的发生。

(4)车辆防盗。车辆防盗应该属于安全防范系统范畴,也可以在管理系统中设置车辆防盗功能。其一可以通过车辆识别器在车辆出场时进行校对;其二可以使用闭路电视系统对停车场内进行监控和信息储存、查询;其三可以在停车位使用红外或微波等电子锁。

(5)电动栏杆控制。停车场进出口处的电动栏杆起到阻拦车辆的作用,在车辆取得进出场权限后电动栏杆可以直接升起,减轻人工工作。当车辆强行出入撞击电动栏杆时,电动栏杆则发出报警信号。

(6)计价收费。在车辆离开停车场时,自动收费系统可以根据票卡信息或车辆进出场时间信息进行计价和收费,可以自动收费也可以由人工根据显示信息收费。

(7)停车场运行信息管理。停车场管理系统的管理中心可以对停车场的运行情况进行保存和分析,为管理人员提供管理参考信息。

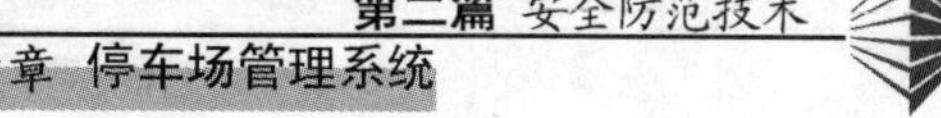

第二节 停车场管理系统的组成与运行方式

一、停车场管理系统的组成

停车场管理系统实际是一个分布式的集散控制系统，其组成一般可分为以下几部分：

(1)车辆入场的监测和控制。车辆入口处应该设置车位占用情况显示牌、车辆感应装置、车辆信息录入和识别器、票卡的发放和监测器件等。

(2)车辆出场的监测和控制。车辆出口处应该设置读卡器、车辆信息识别器、计价收费器和报警装置。

(3)管理中心。管理中心主要由管理主机和打印机、显示器等输出设备组成，实现对车位、票卡的管理以及处理一些紧急情况。

二、停车场管理系统运行方式

停车场的运行包括后台工作和前台工作两部分，后台工作主要是在管理中心对车位和票卡管理，包括车位的分配与区域划分，长期票卡及使用权人票卡的发放、回收、信息更改及收费等；前台工作即现场设备和管理中心的实施工作。

下面我们从车辆进入停车场和车辆离开停车场两个过程以及特殊情况的处理来介绍停车场的运行方式。

1. 车辆进入停车场过程

临时使用停车场的车主在进口外的显示牌上可以查看停车位占用情况，如果有空车位则驶入进口处；长期租用车位或车位使用权人则直接驶入进口处。进口处的探测器(环形感应线圈或光电式探测器)探测到有车辆驶入则自动开启车牌识别器，若识别为长期租用车位或车位使用权人的车辆则直接启动电动栏杆升起放行；若识别为临时使用停车场的车辆，车牌识别器将记录车辆信息并控制发卡器发出票卡，同时将票卡信息和车辆信息一起存入管理中心的计算机内并控制显示牌显示空车位数减 1，车主在验卡器验证后电动栏杆升起放行。车辆驶入后电动栏杆将自动落下阻挡后续车辆，如果有车辆撞击未开启的电动栏杆则立即发出报警信号。车辆进入过程见图 2-6-1。

2. 车辆离开停车场过程

车辆驶入停车场出口时探测器探测到有车辆驶入则自动开启车牌识别器识别车辆信息，并提交计算机。驾驶者在读卡器上读卡，管理中心计算机对识别信息和读卡机读取的票卡信息比较无误后则允许放行，如果信息不一致则发出报警信号并拒绝放行。长期租用车位或车位使用权人的车辆经确认后直接开启电动栏杆放行；临时使用停车场的车辆经确认后则开启自动计价收银机根据票卡信息计价，结清停车费后开启电动栏杆放行，显示牌显示空车位数加 1。车辆驶入后电动栏杆将自动落下阻挡后续车辆，如果有车辆撞击为开启的电动栏杆则立即发出报警信号。车辆出场过程见图 2-6-2。

3. 长期租用或具有使用权人的车位的管理

大部分停车场都提供长期出租车位服务或出售车位使用权，为了方便这一部分顾客的使用，停车场应该划属专用区域固定使用车位并发放对应票卡，不应进行临时出租使用。一个车位的使用者可能会在不同时间停放不同的车辆，所以一个车位可以向一个使用者发放多张票卡，每张票卡可以对应多部车辆信息，但一个车位的所有对应票卡的信息必须一致。由于这一部分车辆可以免读卡直接进入停车场，所以当一个车位已经被该车位注册车辆中一辆占用时其他车辆即使凭票卡也无权直接进入停车场，只能按临时付费使用。当持卡人驾驶一部未被注册的车辆欲使用该卡对应的未被占用的车位时，可以在入口读卡器读卡并获得免费使用该车位资格，同时识别器按临时停车记录该车辆信息。

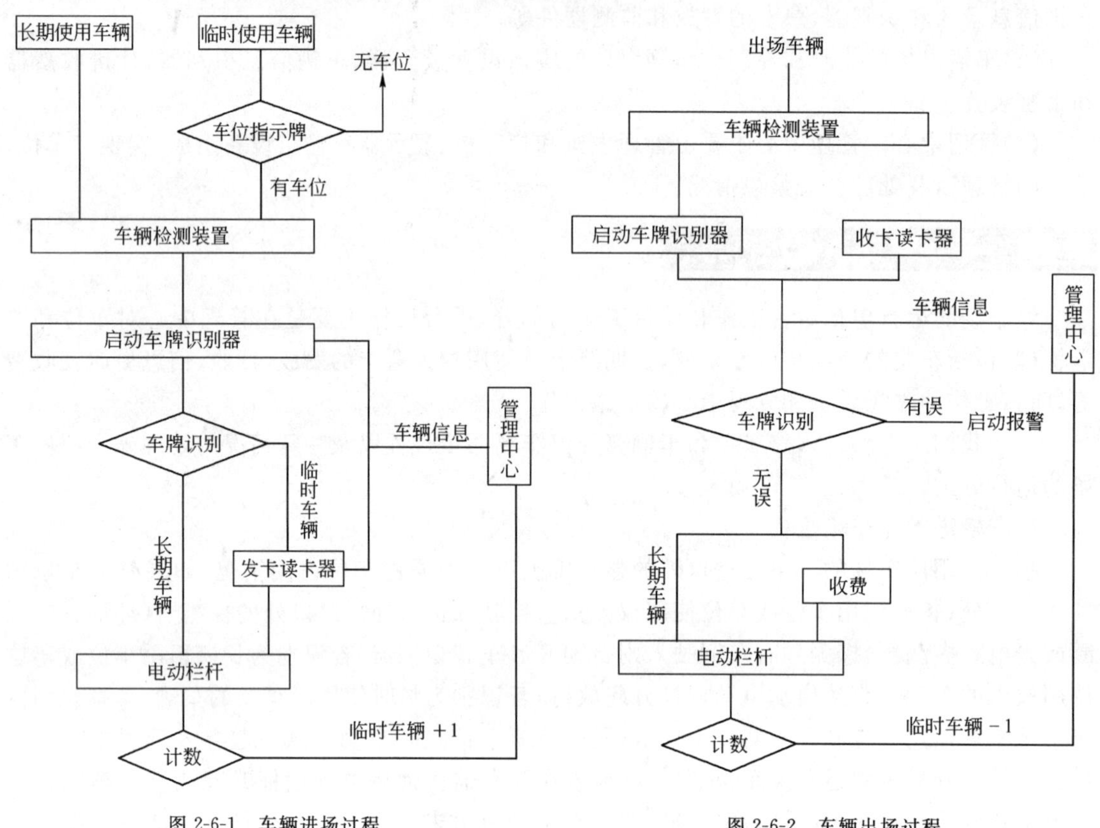

图 2-6-1　车辆进场过程　　　图 2-6-2　车辆出场过程

第三节　停车场管理系统的主要设备

一、出入口读卡器

票卡的发放（回收）与信息读取可以由一台具有发卡（回收）功能的读卡器完成，也可以单独设置发卡（回收）器和读卡器。

由于停车场使用者分为临时停车人、长期租用停车位人和停车位租用权人三种情况，因而对停车人持有的票据卡上的信息要作相应的区分，票卡的发放与使用方式也不同。临时停车人在出入口领卡和退卡；长期租用停车位人和停车位租用权人可在管理中心的营业窗口办理使用卡，在票卡有效期内不需退卡。

停车场的票据卡有条形码卡、磁卡与IC卡三种类型，因此，出入口读卡器的停车信息阅读方式可以有条形码卡、磁卡读写和IC卡读写三类。无论采用哪种票据卡，读卡器的功能都是相似的。

对于入口读卡器，如果具有发卡功能则在给临时停车人发卡时直接将入场的时间(年、月、日、时、分)打入票卡，同时将票卡的类别，编号及允许停车位置等信息储存在读卡器中并输入管理中心；如果发卡和验卡是独立进行的则只辨别驾驶人员票卡是否有效，票卡有效则将入场的时间(年、月、日、时、分)打入票据卡，同时将票卡的类别，编号及允许停车位置等信息储存在读卡器中并输入管理中心，无效则拒绝放行并报警。长期租用停车位人和停车位租用权人的车辆在车牌识别器识别成功时可免除读卡直接放行；在无车牌识别器或识别失败时可在读卡器读卡，读卡成功则直接放行，读卡失败则拒绝放行并报警。读卡器或车牌识别器允许车辆通过时电动栏杆升起放行，车辆驶过入口感应线圈后，栏杆放下，阻止下一辆车进场。

对于出口读卡器，所有车辆必须验卡，有车牌识别器的出口还可以根据票卡上的信息核对车辆与凭该卡驶入的车辆是否一致，长期租用停车位人和停车位租用权人的车辆在验证无误后直接放行。对于临时停车卡如果读卡器具有收银功能则根据票卡信息计算停车费用，同时显示入场和出场时间及所需交纳金额，使用者结清费用后放行同时回收停车卡；如果不具有收银功能则将出场的时间(年、月、日、时、分)打入票卡同时计算停车费用，持卡人在收银处结清停车费用后放行。车辆获得驶出资格后电动栏杆升起放行，车辆驶过出口感应线圈后，栏杆放下，阻止下一辆车出场。如果票卡无效或票卡存储信息与驶入车辆的牌照不符以及未结清停车费用强行撞击电动栏杆逃逸立即发出报警信号。

二、电动栏杆

入口电动栏杆由读卡器或车辆识别器控制，出口电动栏杆由读卡器或自动收银机控制。电动栏杆收到放行指令后自动升起；如果栏杆遇到冲撞立即发出报警信号并自动落下，不会损坏电动栏杆机与栏杆。一个电动栏杆机可以控制一根栏杆，也可以控制双侧两根栏杆。栏杆可以由合金或橡胶制成，一般长度为2.5m。在停车场入口高度有限时，可以将栏杆制造成折线状或伸缩型，以减小升起时的高度。

三、自动计价收银机

自动计价收银机可以直接由出口读卡器提供信息，也可根据停车票卡上的信息或管理中心提供的信息自动计价，向停车人显示进出场时间以及应交纳的停车费用并提交单据。停车人则按显示价格投入钱币或信用卡，支付停车费。停车费结清后，自动收银机可直接控制电动栏杆放行或将停车费收讫的信息打入票卡上。

四、车牌图像识别器

车牌识别器有两个功能，一是在入口可以识别长期租用停车位人和停车位租用权人的车辆，省略读卡过程，方便顾客使用；二是在出口处识别票卡与车辆是否对应，防止偷车事故的发生。长期租用停车位人和停车位租用权人的车辆信息在办理票卡时将被保存到数据库中。当车辆驶入停车场入口时，摄像机将车辆外型、色彩与车牌信号送入电脑与长期租用停车位人和停车位租用权人的车辆数据库进行比较，如果辨别为属于该范围车辆则可控制电动栏杆放行，如果不属于则将信息保存在电脑内。有些系统还可将车牌图像识别为数据。车辆出场前，摄像机再次将车辆外型、色彩与车牌信号送入电脑，与该票卡记录的车辆信息相比，若两者相符合即可放行。车辆信息识别的工作可由人工按图像来识别，也可使用特别的操作软件完全由计算机来完成。

五、管理中心

管理中心主要由功能完善的PC机、显示器、打印机等外围设备组成。管理中心可以对停车场进行区域划分，为长期租用车位人和车位使用权人发放票卡、确定车位、变更信息以及收缴费用；确定收费方法和计费单位；并且设置密码阻止非授权者侵入管理程序。管理中心也可作为一台服务器通过总线与下属设备连接，实时交换运行数据，对停车场营运的数据作自动统计、档案保存、对停车收费账目进行管理并打印收费报表；管理中心的CRT具有很强的图形显示功能，能把停车场平面图、泊车位的实时占用、出入口开闭状态以及通道封锁等情况在屏幕上显示出来，便于停车场的管理与调度；停车场管理系统的车牌识别与泊位调度的功能，也可以在管理中心的计算机上实现。

本章小结

随着我国经济的不断发展，现代化的大厦和小区逐渐增多，汽车的拥有量也飞速增加。在这种情况下，传统停车场人工管理的模式已经无法满足人们的需要，必将被先进的智能化管理系统所取代。

智能化停车场管理系统功能强大，能够满足人们方便、高效、安全使用的要求。目前，根据是否有人值守操作，停车场管理系统又分为半自动停车场管理系统和自动停车场管理系统，而自动停车场管理系统才是停车场管理系统的发展方向。

本章内容从停车场的分类入手，阐述了停车场管理系统的几方面主要功能，分析了系统的组成和运行方式，并着重介绍停车场管理系统的主要设备。

复习思考题

1. 简单阐述一下不同类别的停车场其管理系统的功能有哪些区别。

2. 根据个人观点，你觉得停车场管理系统应该分为几大组块，每一组块完成哪些工作？

3. 停车场管理系统的主要设备有哪些？

4. 停车场管理系统采用的防盗措施主要有那些？

5. 为了最大程度的满足使用的便利性，对于不同的停车场使用者应该如何设计相应的使用方式？

6. 假如你是一个停车场使用者，你希望能得到怎样的服务？

第七章 安全防范系统集成

第一节 安全防范系统集成的条件和方式

一、安全防范系统集成的条件

系统集成的目的是为了能在一个统一的平台上对多子系统进行集中的控制与管理，在各子系统中进行信息的交换、提取、共享和处理，使他们能够协调动作。理想的安全防范系统集成应该能对门禁控制系统、电视监控系统、防盗报警系统以及保安巡更系统、停车场管理系统等实现全面的应用支撑，有效地将上述系统集成到一个网络平台，提高整个系统运作的自动化、迅速化和方便化。

系统集成是一项复杂的工程，它对于系统的布线、网络协议以及设备接口等都有严格的要求，所以要实现良好的系统集成必须具备以下几方面条件。

1. 网络通信协议的统一化

目前，局域网广泛使用的通信协议是 TCP/IP 协议，底层网络由于采用的硬件形式不同，软件协议也存在很大差别。传统的底层 RS-232、RS-485 等总线协议无法直接与基于 TCP/IP 的网络进行连接，往往要通过特定的转换器才能实现与上层网络的通信。因此统一网络通信协议将极大的方便系统集成的实现。在新兴的现场总线中，LonWorks 总线可以实现与基于 TCP/IP 的网络无缝连接，其协议标准 LonTalk 也在发展之中，需要进一步实现与 TCP/IP 协议的良好嵌入或连接。

2. 接口标准化

不同生产厂家的产品不仅要有统一的软件通信协议标准，同时各种产品还需要提供标准化的系列接口，以方便不同厂家的各种产品之间能够替代使用，满足不同工程对设备的需要。

3. 组成模块化

无论是硬件设备，还是软件产品，均要模块化设计。系统可根据需要，选择硬件组装，利用提供的模块化软件，进行简单易行的二次开发集成，为实现软硬件系统集成提供可能。

4. 设计并行化

安全防范系统的总体设计中各子系统设计需要并行进行，子系统之间要相互协调，这样才能保证集成系统中的各子系统能够同步工作，实现真正的系统集成。

5. 产品安装工程化

集成的安全防范系统包含多个子系统，工程规模庞大，现场装配施工也是比较复杂的问题。产品安装的工程化将简化系统集成的施工过程，加速系统集成的实现。

6. 使用和维护的简单化

系统集成程度不仅要看系统的功能集成程度，还要看集成后的系统在使用和维护方面是否方便。使用和维护的简单化将节省大量人力、财力，提高系统运行的可靠性。

二、安全防范系统集成的方式

目前，安全防范系统集成的硬件结构方式主要有三种，即微机连接视频矩阵切换控制器组成系统、基于PC机的CCTV系统和网络式结构系统。

1. 微机连接视频矩阵切换控制器组成的系统

在该系统中视频矩阵切换控制器与上位微机之间通过RS－232或RS－485标准接口相连和进行通信。视频矩阵切换控制器的主要工作是视频切换与控制；微机作为上位机进行指挥，一方面可以替代专用控制键盘控制视频切换显示其前端动作，另一方面显示屏可以作为主监视器用来显示视频图像。若在微机中配备视频图像采集卡，则可具有报警时刻、报警现场图像采集、存储及报警图像资料库检索、查询等功能，该微机同时可以作为门禁系统、停车场管理系统的控制主机。微机本身也可参与联网以在网上与其他信息源进行信息交换。系统基本结构如图2-7-1所示。

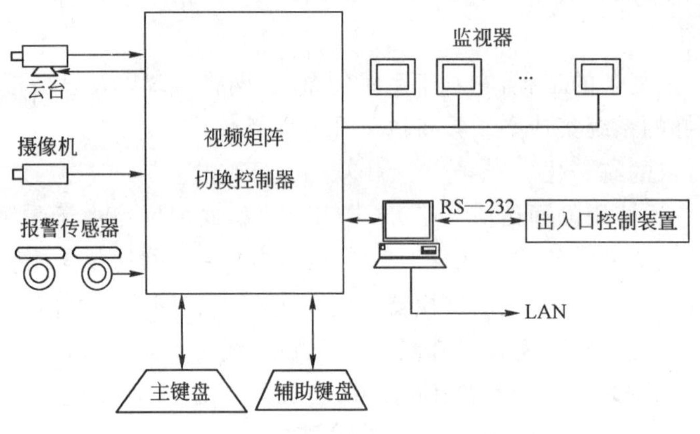

图2-7-1　视频矩阵连接微机方案

2. 基于PC机的CCTV系统

在该系统中有一台主控电脑和多台分控电脑，每台电脑连接不同的工作子系统，通过控制软件来完成相应的工作。

JAVELIN(标枪)CCTV管理系统就是一种全微机方式的视频管理系统，其系统图可参见图2-7-2。

3. 网络式结构系统

该系统以网络为核心，所有的子系统或设备均可挂在网上运行，并通过网络完成信息的传送和交互。计算机系统仍然是安全防范管理系统的主控，它控制并监视整个系统的运行；网络

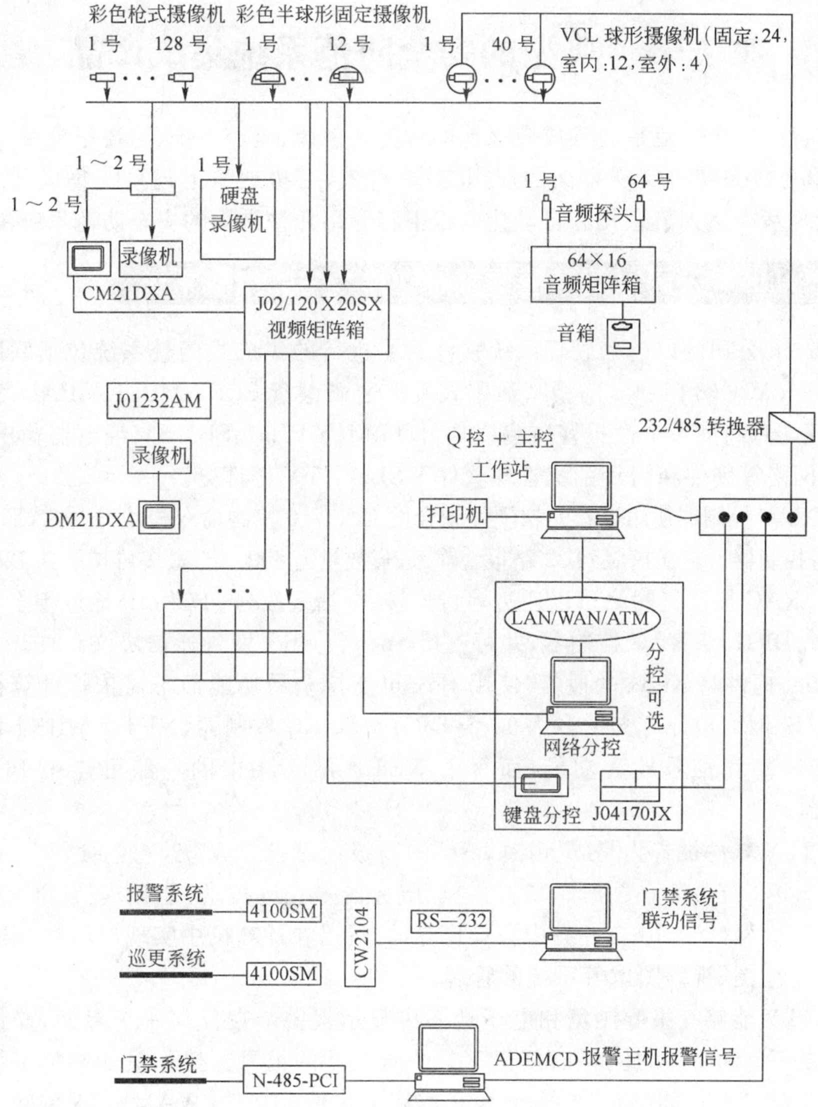

图 2-7-2 安定宝公司的 JAVELIN 微机集成管理系统

作为连接整个系统的通道,在各子系统和设备之间传递控制命令并交换各种信息;前端监控装置通过网络接受计算机系统的管理并向计算机系统传递监测信息,完成基本的监视与报警工作。该系统的特点是可以实现综合性保安管理功能,从而有可能在图像压缩、多路复用等数字化进程基础上,实现将电视监控、探测报警和出入口控制这安防三要素真正有机结合在一起的综合数字网络,特别是可将其建立在社会公共信息网络之上,其基本结构如图 2-7-3 所示。

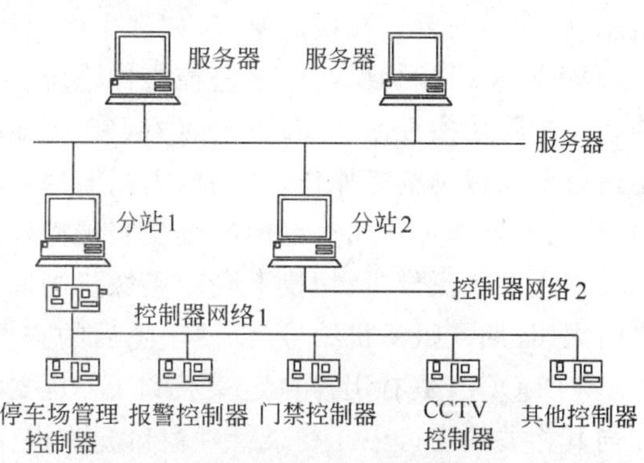

图 2-7-3 网络结构的安全防范集成系统

第二节　典型的安全防范系统集成产品

理想、完善的安全防范系统集成应该能够对门禁系统、监控系统、防盗报警系统、电子巡更系统和停车场管理系统等实现全面的应用支撑，有效、有机地将上述系统集成到一个网络平台，使业务管理基本达到信息化和自动化。以下将介绍几种常用的安全防范系统集成产品。

一、美国 Hirsch 公司以门禁管理系统软件为主的集成系统

美国 Hirsch 公司的以门禁管理系统软件为主进行的集成式门禁系统包括联网型门禁控制器 DIGI * TRACC(8 门和 2 门型)、数字式乱序密码键盘 SCRAMBLE * PAD、智能型读卡器接口[MATCH、高度安全性报警监测模块(DTLM、MELM、SBMS)、继电器输出、SCRAMBLE * NET 网络等硬件和门禁系统管理软件 VELOCITY 等部分。

DIGI * TRAC 控制器使用了新的软硬件结合的 CCM7.0 控制命令模块，这样就形成了新一代的门禁与报警控制器。它能扩展到 32 路报警输入；户数量为 4000 户，最多可扩展到 128000 户。

DIGI * TRAC 控制器网络可以通过串行连接、电话线拨号、TCP/IP 地址等多种方式支持一个至上百个 DIGI * TRAC 控制器，并可支持 Snet 和 Xnet 两种通信协议。Snet 提供安全的加密通信，Xnet 提供与 Xbox 的通信，使用 Box 可支持全局功能而不需依赖计算机。每个串口或者 TCP/IP 网络地址可支持多达 63 个 DIGI * TARC 控制器，NET * MlJX4 提供 4 路接口，并带有光隔离和信号放大功能，而每个 NET * MUX4 中的一路可连接 16 个 DIGI * TRAC 控制器。

VELOCITY 软件被誉为是"ValueClass"的高级门禁控制系统，它包含 Windows2000 实时操作系统、SQLServer7.0 数据库和客户机/服务器等先进技术，能够支持 TCP/IP、串型通信接口、无线以太网(802.llb)，并有中文操作界面，可以在计算机中实现对门禁、报警、CCTV、内部通信、电子地图、视频图像等系统的管理。

VELOCITY 能够在报警浏览和电子地图中显示报警。在任何一个界面，操作员能够确认报警并生成一个说明性的注释以便留下一个永久性的记录。操作员能够定义报警优先级(99 级)，并可在"操作员能够类型"中键入文本和录入声音文件(WAV)。报警阅读窗口具有报警通告、确认报警、操作员指令、操作员注释共 4 个窗口。双击报警可显示每条报警的详细信息，软件不需要打开报警窗口，如产生窗口后，系统会自动传输到软件中。

VELOCITY 提供与电视监控摄像系统及矩阵切换控制器的接口，可以通过 RS-232 串口连接到矩阵切换控制器 Pelc06700/6800、Vicon1400、AD2150 等。可在管理窗口或电子地图中进行摄像机浏览等操作。同时，浏览窗口面板还提供了镜头的远近调节、光圈的大小和自动面板控制，操作员可通过鼠标或键盘实现操作。命令选项包括设置或选择一个显示框形式、启动或停止一个摄像机、切换不同的摄像机画面并显示在浏览框中。可进行视频图像的捕捉，定义时间、日期及摄像机编号，以便于随后的查看。

VELOCITY 有用户自定义接口 GUI，支持用户自定义点、人、门、凭证的名称，并且显示在与其相关的窗口中。登录管理窗口允许操作员在一个用户列表中调用照片和索引。在选定用户信息后，此用户的权限将显示出来。系统读取用户的查询包括用户 ID 号、用户姓名、标准

查询等。

VELOCITY系统管理软件改变了安全防范控制室的观念，它具备多显示器显示模式。可以使用一台计算机连接多台监视器方式进行多方位监控，窗口可以在2台或4台监视器上显示，所有的显示和操作是一致的，易于在图形是满屏显示时确认和处理报警。

VELOCITY有事件测览器，提供实时监测和历史监测两种监测方式。事件浏览器可容纳100个事件，事件浏览器显示的项目有主机时间和日期、事件描述、事件的系统地址等。

VELOCITY提供60个标准报表，包括用户报表、DIGI*TRAC配置、VELOCTTY配置、历史日志、人员信息等。

VELOCITY与DIGI*TRAC控制器进行通信可以通过网卡将TCP/NexSentry ManageIP转换为RS-232或RS-485来完成。RS-232接口可直接连接DIGI*TRAC控制器；RS-485接口可以连接多台DIGI*TRAC控制器，减少IP地址的数量，便于授予和管理。

二、AD5500“王者之剑”图形管理系统

AD5500“王者之剑”图形管理系统是以CCTV系统为主的集成系统。“王者之剑”V2·0版本是一个图形报案系统管理器，它为用户提供一个良好的操作界面，在单一工作站中可给AD/NTK公司的矩阵切换系统、门禁系统、内部通信系统及“王者之剑”本工作站内其他设备提供完整的控制服务。完善的CAD辅助设计程序，可供用户自行绘制所需监管区域的平面图形及环境地形图。

“王者之剑”最多能对9个AD矩阵切换系统、1024个摄像机和128台监视器进行控制。但它只提供用户界面来加强对系统的管理和控制，并不能取代AD矩阵切换控制系统的安防配套和编程能力。

“王者之剑”通过报警输入单元连接各个报警探测器，发生报警时调出报警区域的图形资料、产生警号、显示报警区域的图像，有16个报警优先级，能应付多个报警事件同时发生的情况。

“王者之剑”能通过RS—232控制模块驱动程序给门禁系统、内部通信系统、CCTV系统的附属设备提供完善的系统控制。但“王者之剑”系统中，报警单元属AD矩阵切换/控制系统本身的辅助设备，报警处理能力有限，只能对报警探测信号进行简单的判断，产生报警记录及联动视频录像；报警防区采用星形连接结构形态，每个报警探头都通过独立的线路与报警单元相连，这种星形结构从工程上限制了防区的数量及布防的距离。矩阵切换/控制系统本身具有的报警单元与专业报警主机尚有差距，特别是对报警要求比较严格的大型场合，CCTV系统的报警单元就难以胜任。

总之，“王者之剑”与AD公司矩阵切换/控制系统协同工作时能提供一个简单的、可增强系统控制功能的用户界面来加强对系统的管理和控制，但不能取代矩阵切换/控制系统的安防配套和编程能力。

三、马来西亚的ELID公司的EsoNET系统

马来西亚的ELID公司的EsoNET系统也是以CCTV系统为主的集成系统，它集成了门禁子系统、报警子系统、CCTV子系统、电子巡更子系统、停车场子系统、对讲子系统等，具有

先进性、网络化、一体化的特点。既可用于安全防范领域，也可用于智能建筑的集成管理方面。

1. EsoNET 系统的先进性

EsoNET 系统的先进性主要突出地表现在网络化和一体化两个方面：

(1)网络化是指 ESoNET 系统支持网络功能。建立在 NT 平台上的安防系统，可以在任何一台授权的工作站上接入门禁智能通信器和控制单元、调看 CCTV 图像甚至控制摄像机，并可以建立多台工作站分权分级管理，等等。ELID 公司先进的 EL5O00 系列门禁报警控制主机，更能够直接支持 TCP/IP 通信。

(2)一体化是指 EsoNET 系统的集成不是简单地将原有分散的单一功能机械地集中在一起，而是将所有单一功能中的信息集中在一个操作平台和数据库中。这样做的最大优势就是可以使数据库的处理更加快捷、方便、安全，为安防系统的功能性联动创造了十分有利的条件。产生一体化的 ESoNET 系统之前，所有的单一的系统要实现联动(如门禁系统与报警)都需要增加硬件接口。而采用硬件连接的方式，操作者无法自行进行联动方案的更改，需要专业人员进行。采用 ESoNET 系统之后，联动的方案只需要操作者在软件界面中设定一次即可。当需要进行改动时，也只需在软件界面即可完成。

所以，采用 EsoNET 系统之后，门禁子系统(包含电梯、停车场)、报警子系统、CCTV 子系统和接入报警子系统的消防系统之间，均可实现联动。当一个被定义的报警事件发生时，门禁子系统、CCTV 子系统和消防系统都按预定的程序进行工作，大大提高了系统的执行效率和自动化程度。ELID 公司的 EsoNET 系统完整地集成了 3A 智能系统中的公共安全防范系统，是业界推出较早(1999 年)的网络型一体化系统，在我国也得到了成功的运用。

EsoNet 系统与在 3A 智能系统的基础上扩展的子系统的接口方式采用 Microsoft SQL 大型公共数据库，在 NT 平台下运作。所以，ELID 公司开放的数据库可以方便地与在 3A 智能系统基础上扩展的各个子系统连接，实现对建筑的智能化管理。

2. EsoNET 系统的功能

EsoNET 系统集成了下述功能性子系统：

(1)门禁系统。门禁系统由控制器、读卡器、门磁、电子锁控制单元等组成。各控制单元通过(总线方式)系统智能通信器与门禁工作站的 PC 机连接。通过对要求开门者的身份卡(或加密码)进行识别权限(在规定的日期、时间内可否通过该门)，达到科学、严格管理通道的目的。

(2)CCTV 系统。ELID 公司的 CCTV 子系统是一款智能管理软件，通过 RS-232 接口，可以管理任何第三方的 CCTV 矩阵设备。

(3)电子巡更系统。利用门禁或报警系统的硬件设备，ELID 公司的在线式巡更系统可以以较低成本地建立起来。智能化的设定，可以科学、合理、安全地完成对巡更工作的管理。利用报警系统设立巡更系统时，需要将巡更电开关(带钥匙)接入报警系统的 I/O 接入口的输入端。利用门禁系统时，不需要增加任何设备，只要在软件界面中选择原有的门禁控制单元即可。

(4)访客系统。在门禁系统的基础上，访客系统可以对来访客人进行登记、发卡、跟踪、消卡等管理。

(5)短消息系统。EsoNET 系统支持在读卡器键盘显示屏上进行短消息显示。短消息可以群播，也可以指定触发条件。当指定的卡号读过来时，播出指定的信息。

(6)报警系统。报警系统由主机和前端 I/O 接口板、报警探测器等组成。

(7)停车场系统。ELID公司的基本停车场系统为内部停车场系统。停车场系统与门禁系统的不同是控制器输出控制的一个是挡车器,另一个是电子锁。增加收费设备后,停车场可以成为公共停车场完成自动发卡、自动计费等操作。增加图像设备后可以实现对进出停车场的车辆的摄像功能,由人工或自动进行车牌识别,提高停车场的防盗能力。

(8)消防系统。当消防系统的节点信号输入到ESoNET系统时,门禁子系统中的智能通信器也能接收到该信号,从而实现消防系统和门禁系统的联动,每台智能通信器有16个输入点。

四、其他安全防范集成系统产品

除了上述三种安全防范集成系统外,还有许多其他产品。以门禁管理系统为主进行的集成系统产品有美国西屋电气公司的门禁控制器ACU(Access Control Unit)、输入输出板MI-RO(Monitor Input Relay Output)和NexSentry Manager安防管理系统软件和以色列的DDS门禁系统等。以CCTV系统为主进行的集成系统产品有NTK2200系列安防网络系统、安定宝公司的ADEMCO安防集成系统、澳大利亚MAXPRO公司的MAX-1000系统等。

本章小结

系统集成是在统一的平台上对各子系统进行集中的控制与监控,它综合利用各子系统产生的信息,并根据这些信息的变化情况控制各子系统做出相应的协调动作。系统集成就是为了能够让信息通过和跨越不同的子系统,实现信息的交换、提取、处理和共享。

系统集成是一项复杂的工程,要想实现预期的目标必须满足一定的前提条件。硬件集成的方式有多种,每种集成方式都有典型的系统集成产品,在系统集成的过程中首先根据系统的特点确定集成方式,选择适当的产品。

思考题

1. 系统集成的目的是什么?
2. 系统集成的条件是什么,这些条件对系统集成分别有哪些影响?
3. 系统集成的主要方式有哪些?
4. 在系统集成过程中如何确定集成程度?
5. 在系统集成设计过程中如何选择产品?

安全防范系统工程设计和工程实例

第一节　安全防范系统工程设计

安全防范系统的设计质量如何，将直接决定着安全防范系统工程的实施和最后的效果如何。系统设计者应全面熟悉各种系统设备的性能，在系统设计时根据用户要求，灵活组合设计系统设备，才能设计出性价比好的高质量安全防范系统，满足用户安全防范的要求。

一、工程的立项管理及申报

1. 工程项目的立项应根据以下资料

- 可行性研究报告；
- 设计任务书；
- 系统工程图或系统工程方案的初步设计；
- 工程费用概算；
- 工程合同书及其他要求的有关资料。

(1)可行性研究报告是由建设单位、上级主管部门、公安机关主管部门和设计单位，在充分研究有关的国家和行业标准、规定的基础上，根据建设单位安全防范要求和内容，研究确定系统方案的可行性，预期达到的防范效果及社会经济效益，在充分调查安全防范技术手段和设备器材情况下编制的报告。

对于一级工程(一级风险或投资超过100万元以上的工程)必须进行可行性研究，提供可行性研究报告。

可行性研究报告一般包括以下内容：

①任务来源。工程项目来源于工程建设单位及其主管部门。

②应遵循的有关安全标准规定、安全防范风险等级及防护级别、上级有关部门的具体规定等。

③建设单位安全防范目的、内容、防范重点区域和目标。要求达到的防范效果。

④根据有关要求选择的安全防范系统方案。采用方案的可行性及预期效果。

⑤工程费用来源、工程费用概算及建设工期。

⑥其他方面要求的内容。

(2)设计任务书

设计任务书一般包括以下内容：

①设计标准及要求。规定的风险等级及要求达到的防护标准。

②安全防范的具体部位及要求，安全防范的功能要求，技术指标。

③预期达到的防范目的及效果。

④建设工期，施工标准要求。

⑤工程投资额概算控制范围。

⑥现场平面图纸及有关技术资料。

(3)系统工程图或系统工程方案的初步设计

安全防范系统工程图或系统工程方案的初步设计资料，包括系统方案说明、工程实施的技术手段、设备平面布置图及系统总连线图等。

(4)工程费用概算

系统设备器材明细表。工程费用概算，包括设备、器材、辅材预算、设计施工费用预算、系统运行维护费用预算、工程验收及监理费用预算等。工程费用应根据公安部 GA/T 70—1994《安全防范工程费用概预算编制方法》进行工程费用概算。

(5)工程合同书

工程合同书的起草应符合合同法等有关标准的规定。一般应包括以下内容：

①工程名称。

②建设单位和设计、施工单位的责任和义务。

③工程费用和付款方式。

④工程进度、工期要求。

⑤工程验收办法及程序。

⑥人员培训和维护要求。

⑦风险及违约责任的承担。

⑧其他事项。

工程合同需进行招投标时，应在招投标后进行签订。

2. 工程项目的申报

工程项目的立项须经建设单位的主管部门和公安机关的主管部门批准后，才能进行工程的正式立项。

工程项目批准立项前，有关部门应对申报的工程项目进行充分研究，或经有关专家进行审查。主要审查系统方案的可行性、工程费用来源及资金概算、承担安防工程设计和施工单位的资质等内容。

工程立项管理及申报批准部门应对批准立项的工程项目的设计、施工进行监督检查。工程项目竣工后，应参与对工程项目的验收工作。验收完成后，应将工程有关技术资料进行存档管理。

二、安全防范系统工程设计的依据和要求

近年来，国家公安部，建设部等有关部门相继发布了几十个有关公共安全技术防范范畴的国家标准和行业标准规范等规范性标准文件。这为安全防范系统工程的设计提供了非常重要

的设计依据。这些标准和规范是安全防范系统工程设计工作中,必须遵循的原则和依据。

在安全防范系统设计中,应根据用户提出的安全防范设计要求,进行现场实地勘察,写出勘察报告,作为设计依据。不能以用户描述作为设计依据,因为用户大部分不了解安全防范技术的特点,这样可能造成根据用户描述设计出的系统方案与实际要求差别较大的情况。

安全防范系统设计要求考虑周密、全面,不能出现防范死角,系统安全可靠,性能价格比高,方便实用。一般情况下,系统设计应留有扩展和升级的余地。

安全防范系统设计与其他系统设计应统筹考虑,互相兼顾,互不干扰。特别是在综合布线系统、传输路径上,以及建筑设计、装修等方面,应协调进行。

安全防范系统的设备和器材,应选用国家安全产品检测中心检测认证的产品。产品应具有生产合格证,生产企业应具有生产许可证。

安全防范系统的设计、施工和安装。应由具有安全防范系统设计、施工资质的设计、施工单位进行。系统设计、安装施工人员应取得上岗资质证明。

三、安全防范系统工程的设计程序和步骤

安全防范系统工程的基本设计程序和步骤如下:

1. 建设单位提出初步设计任务要求

建设单位对安全防范的要求和达到的防范目的应以设计任务书的方式给出。在建设单位设计任务书中,建设单位将依据建筑的具体功能及上级主管部门对安全防范工作的要求和规定,确定防范区域部位、设备选型和控制水平的详细要求、要求达到的方法目的、对系统建筑物中重点防范目标(如金库、重要档案部门、贵重物品柜台、重点出入口等)防范的特殊要求、防范等级等详尽内容,用书面材料方式形成对安全防范系统的设计任务书。

2. 建设单位提供现场平面图纸资料

建设单位提供现场平面图纸资料,以供设计参考。如建设单位无平面图纸资料提供,应现场进行勘查测绘。图中应包括建筑物内部结构、供电网、电话线网、有线电视网、计算机网,以及综合布线网的布线路由、走向、使用情况、建筑物内电缆井、管路通道、配电室、重大机械设备和干扰源分布情况。

3. 工程现场实地勘察

由工程设计人员与建设单位人员一同根据建设现场平面图进行现场勘察,主要勘察项目为:

(1)建设单位要求安全防范区域内环境情况;建筑结构;

(2)视场角;光照条件;

(3)报警探测器和摄像机等前端设备安装数量、最佳安装位置、布线方式;

(4)确定初步敷设传输线路路径和距离;敷设传输线需安装管路、线槽和固定条件;

(5)现场内各种设施分布;

(6)现场中有可能对前端设备安装、使用的影响因素;

(7)监控室设置位置、面积、控制台和电视柜(墙)安装位置和形式、供电情况;

(8)室外敷设传输线路径、高度和需要的防护措施;

(9)埋地管线时,原有地下设施情况、道路、车辆、环境设施的影响;

(10)核对平面图标注尺寸等各种资料,形成具有文字记录和必要草图的现场勘察数据资料,整理后形成现场勘察报告。

4. 提供系统方案

根据勘察结果,进行系统方案设计,提出系统基本组成,画出系统图,作出系统初步概算,并对建设单位初步设计任务书提出修改意见。有时需确定几套系统方案,供建设单位选择比较。

5. 起草正式任务书

与建设单位共同商定系统设计方案,共同起草正式设计任务书。

6. 初始方案设计

根据与建设单位确定的方案和正式设计任务书,进行初始方案设计。初始方案设计包括以下资料:

(1)安全防范工程系统图构成、基本原理。

(2)平面布置,基本布线图(在用户平面图基础上标明敷设线路走向、前端设备安装位置和分布)。

(3)系统设计说明书(系统方案基本功能介绍、工作原理、方案说明、预期达到的防范效果、采用设备性能说明等内容)。

(4)设备、器材、辅材配置明细表(包括设备型号、产地、主要性能指标、数量、设备器材价格、工程概算)。

(5)需要向建设单位及有关部门提出的协助和解决的问题,如对建筑设计部门提出的电缆井要求、预留位置和敷设传输线管道;综合布线管网设计中安防系统敷设传输线安排和要求的设计建议书,有建筑设计部门在建筑设计时统一考虑的其他项目要求,需由建设单位配合的事宜等。

(6)其他建设单位要求提供的有关技术资料。

7. 提交初始方案,反馈意见

将系统正式设计任务书和初始方案设计资料提供给建设单位,征求意见,修改确定。报上级主管部门批准立项后,返还设计部门作为正式设计依据。双方正式签订合同生效后,开始正式工程设计。

8. 审查论证初始方案

需要方案论证时,应由有关业务主管部门、公安机关监督部门、建设单位、设计安装施工部门的技术专家和相关人员,对初始方案进行论证。论证时,对系统初始方案各项内容进行审查,对方案的技术性能、设备选用、工程费用、施工工期、预期效果作出评价。提出修改意见后,由设计部门修改方案,再报有关部门批准立项。

以上程序和步骤,应根据实际情况灵活掌握,针对不同要求和条件,采取的办法和步骤也将有所不同。

四、安全防范系统工程设计文件

安全防范系统工程一般应包括以下设计文件和图纸资料:

1. 系统图或原理图

系统图或系统原理图是说明一个安全防范系统工作原理、系统设备组成方式和基本配置的原理性指导文件。它对安全防范系统工程的安装、调试、设备选择和以后的系统维修起着指导作用。系统图或原理图应在初始方案的系统图的基础上详细绘制。

系统图或原理图应分层次绘制，从图上应表明所使用设备在系统中的作用和基本连接原理。一般情况下，应按前端设备、传输系统和控制中心设备三部分详细分解绘制，以求从系统图或原理图上，即能了解整个安全防范系统的构成、性能、原理和特点。

系统图或原理图绘制应采用标准规定的符号。标准中没有规定的图形符号，应在图中予以说明。图纸绘制应符合技术制图标准的规定。

2. 工程施工图

工程施工图是用于工程施工安装的图纸资料。他要求规范、具体、详细，以便于工程施工人员理解工程设计意图、要求和具体安装施工注意事项，顺利完成工程施工安装、调试工作，保证系统达到设计的预期效果。

工程施工图应包括以下图纸资料。

(1)系统平面布线图

系统平面布线图用于表明系统在建筑物内传输线敷设走向和连接关系。系统平面布线图应在用户建筑平面图基础上进行绘制。标明系统设备分布、安装位置、传输线敷设路径、出线位置等敷设传输线基本要求等项参数。

(2)前端设备安装连线图

前端设备安装连线图说明安装在前端的设备安装要求、具体安装位置、安装高度和角度、安装方式、前端设备之间的连接、与传输系统的连接、安装和连线的工艺要求、所用器材和辅材的型号、名称和数量以及安装注意事项。如果安装内容在系统平面连线图中已能表明，可以仅绘系统平面连线图。

(3)管线敷设图

管线敷设图应标明管线的安装位置、安装方式、走向、规格型号、数量；接线盒(箱)的位置；管线高度或预埋深度；引出端或连接端的接头、处理方式和要求；传输电缆在电缆井架上的排列、保护和绑扎固定要求；加工的横担、支架、管路、线槽及接地位置和方式。

(4)控制室设备安装连线图

控制室设备详细安装连线关系；连接电缆的长度、数量、安装连接工艺要求、安装设备、辅材明细等。

(5)控制台、电视柜(墙)配线图

控制台内供电系统、开关、配线板、接地保护线的连接配线、连线安装固定工艺要求等内容。电视柜(墙)的配电安装。

(6)控制台、电视柜(墙)的设计加工图

根据采用设备外形尺寸、安装位置，设计控制台、电视柜(墙)加工图纸，用于控制台、电视柜(墙)加工。

(7)其他需要的有关图纸资料。

3. 操作使用说明书、系统维护手册

用于提供给用户的系统使用、操作和维护系统的手册。应包括系统的工作原理、技术性能、使用操作方法和步骤、注意事项、系统的常规维护、简单故障检查和排除方法等。

4. 工程费用预算书、设备器材明细表

根据公安部颁发的安全防范工程费用的概预算编制方法，编写工程预算书、设备器材明细表等资料。器材明细表应包括设备器材、线材和辅材等内容。

第二节 小区防盗报警系统和电子巡更系统实例

一、系统选型与布置

某高级小区，有多层住宅 10 栋，高层住宅 10 栋，还有休闲中心及体育馆共 22 座大型建筑。整个小区配有完善的安全防范系统，包括防盗报警系统、闭路电视监控系统、周界报警系统、电子访客系统、停车场管理系统和消防报警系统。在本例中电子巡更系统融合于防盗报警系统中，我们将主要介绍这两个系统。

在这个高级小区里我们使用美国安定宝公司的 V-NET 报警系统组成计算机监控网，将电子巡更系统的巡更点作为防盗报警系统的一个报警点使用，将巡更点的信息读取作为一个特定的报警信息处理。V-NET 计算机监控网是使用计算机通过直接连接线路可将多达 512 个防盗主机组合成为统一管理控制的报警网络系统，并且该系统可以在控制中心的计算机上完成接受报警和控制主机的各种操作，使主机真正做到联网。

该小区的防盗报警系统组成如图 2-8-1 所示，由控制室（设在小区安保中心总控制室内）、分控中心（区域控制主机）、接口模块、探测器和传感器等组成。ADI—4164RSB 主机接口模块用来建立各分控中心与网络的联系，安保中心的 ADI—CRS 接口模块用来建立计算机和网络之间的联系，他们将各分控中心传来的 RS—485 信号转换为 RS—232 信号传送至计算机的串行口。安保中心的工作人员可以利用中文视窗服务软件 ADI—NW 在计算机上以电子地图的形式实时地监视及控制整个 V—NET 网络。

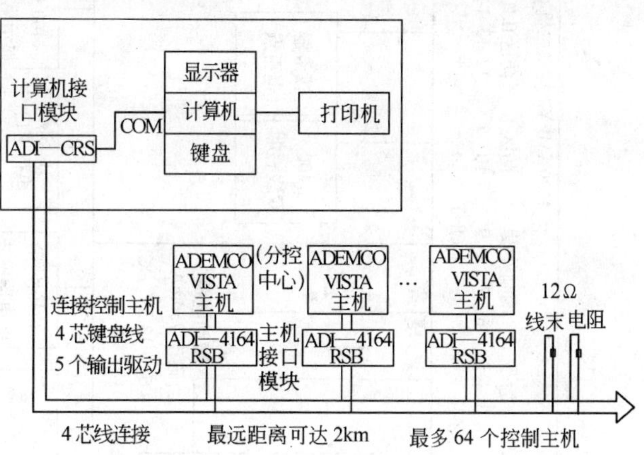

图 2-8-1 小区防盗报警系统图

分控中心的主机选用 4140XMTP2 控制主机，安装于各大楼的值班室内，各大楼的双鉴探测器和紧急按钮等报警器件均汇接于相应大楼内的分控主机中，其每个大楼的系统接法如图 2-8-2 所示，所不同的只是双鉴探头和紧急按钮的数量和布置方式有所不同。本例的紧急按钮安装在住户室内，被动红外探头安装于楼内，并在大楼入口门外明显处安装一个无线接收器作为巡更点使用。

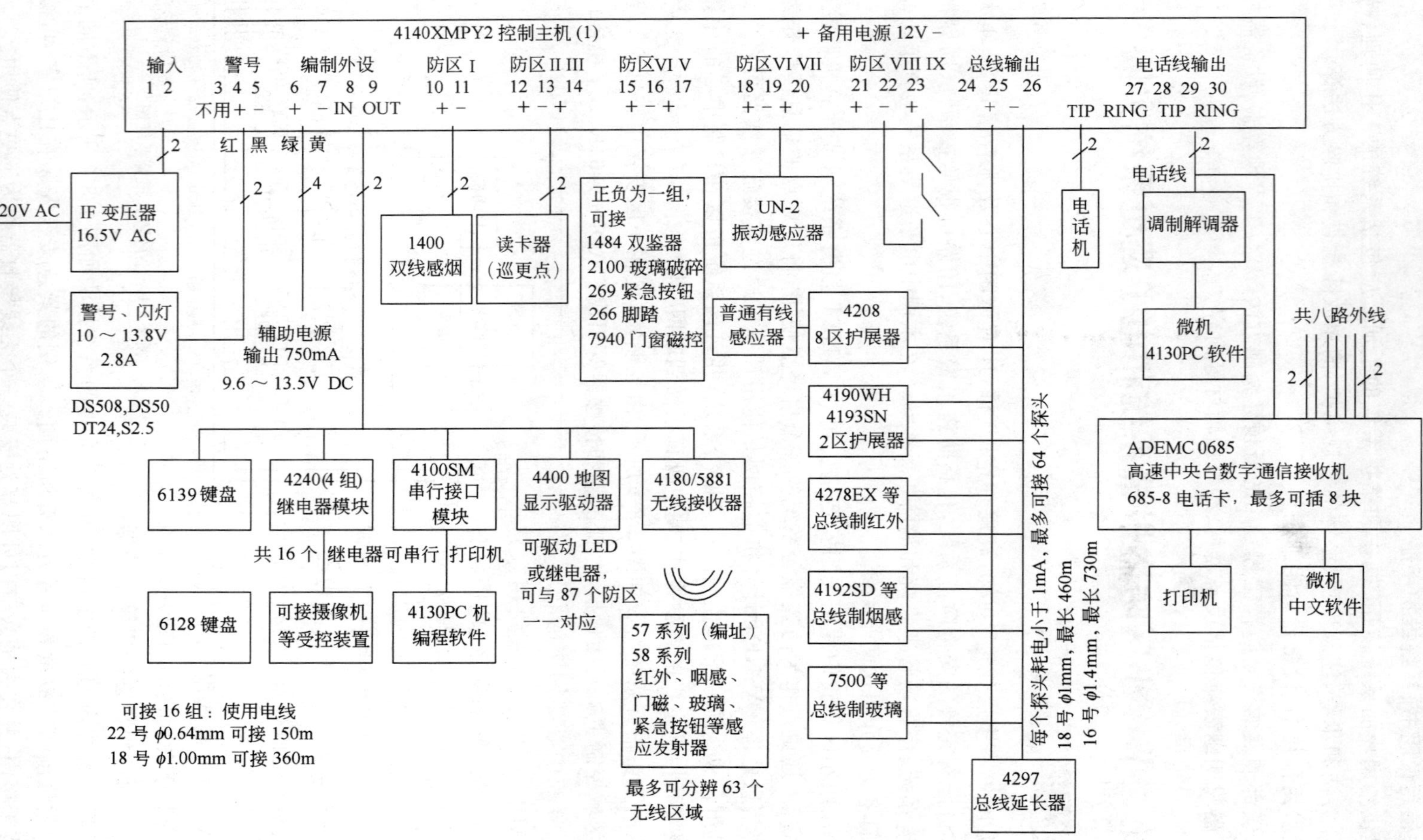

图 2-8-2 4140XMPT2 主机的设备配置及接线图

二、系统各设备的功能

安保中心计算机的配置要求为 486 以上原装或兼容机、120MB 以上硬盘,8MB 以上内存。采用基于 Windows 的 ADI-NW-WINNET 监控软件。对每个用户,可以在显示器上自绘多个防区平面图,当发生报警时,该用户的防区平面图立即弹出,同时报警点探头图标作闪烁指示。而且,在监控状态下由一个用户状态总表显示所有用户状态。

ADI－4164RSB 主机接口模块用作分控中心与网络的接口,一个接口模块连接一台 4140XMTP2 控制主机,并由控制主机供电。该模块使用 RS－485 格式传送信号,传输距离可达 2km,使用普通 4 芯线作为网络线,并以地址码区分,并在网络末端上接两个匹配电阻。该模块可以通过监控主机键盘或计算机输出控制信号控制主机。

ADI—CRS 接口模块用作计算机和网络之间的接口,每个 ADI—CRS 模块最多可支持 64 个 ADI—4164RSB 模块,每个 ADI—4164RSB 模块以并联接到 ADI—CRS 模块上。ADI—CRS 模块与计算机的串行口连接,每台计算机可以使用两个 ADI—CRS 模块,并可扩展到 8 个。

在该防盗报警系统中,当住户遇到意外事件按动紧急按钮或探测器探测到事故时,分控主机将产生声光报警信息并做出显示,同时将报警信息传送至安保中心。

第三节 门禁控制系统实例

该门禁控制系统应用于某综合实验大楼的重要实验室部分,设备布置平面见图 2-8-3。系统设计要求使用 IC 卡结合监控电视摄像机进行出入个人身份识别和管理,计算机管理出入口进出的程序流程图见图 2-8-4。

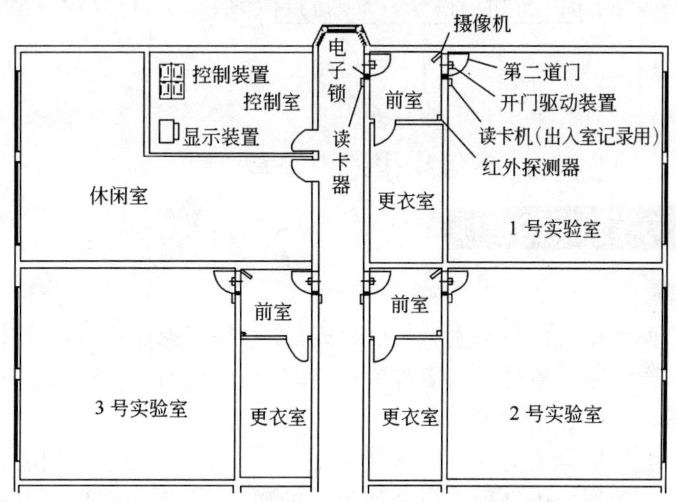

图 2-8-3 某实验室门禁控制系统设备布置平面图

本工程美国 UNITEK 公司的 UNITEK IBAC5000 门禁控制系统,该系统是一种新型的多功能门禁控制系统,具有安全可靠、使用方便、易于管理和保密等特点。

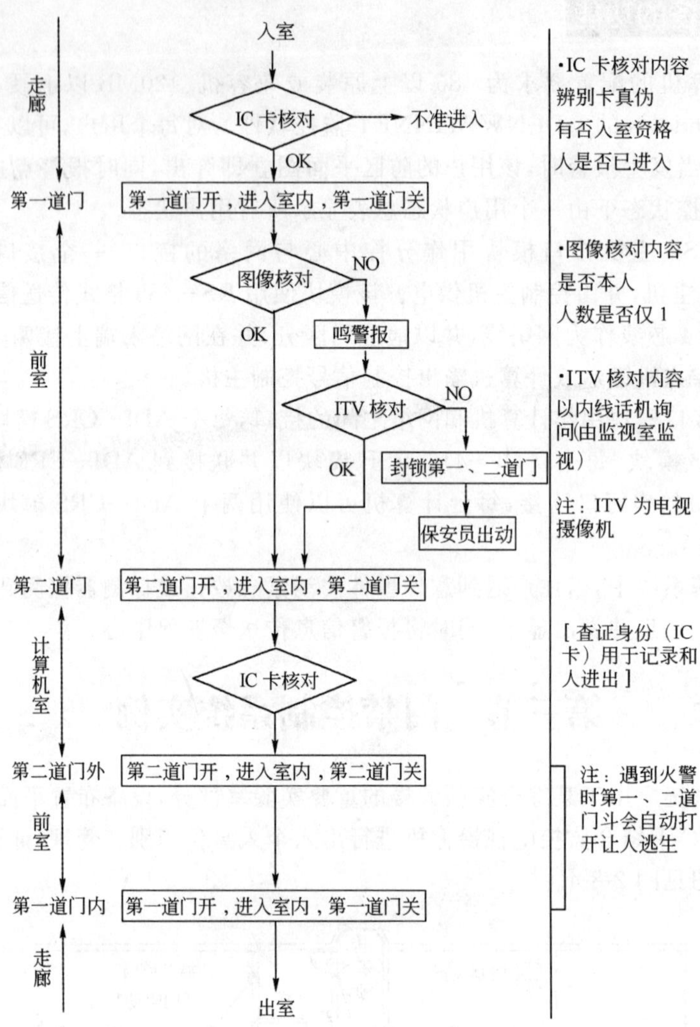

图 2-8-4 门禁控制系统程序流程图

一、系统主要功能和技术指标

1. 操作员管理

设置多达 256 种操作员操作级别，定义操作程度。每个操作员只能操作被限定的模块，而且每一步操作都将产生一个事件存入事件库中，作为操作员的工作记录。

2. 使用者管理

本系统的使用者基本容量为 4000 人，最大为 65000 人，在设定使用者数量时要考虑硬盘的容量及运行速度。数据库中会保存每个使用者的照片、个人密码以及其他相关信息。可以设定使用者的使用期限及使用次数，并能对使用者进行分组管理。

3. 设备管理

系统在基本模式下可管理多达 124 个出入口，再扩展模式下更可管理无限多个出入口，但一般不宜超过 4000 个。出入口控制器的各种参数和设备状态可以由控制中心在图形方式下进行设定、监视和控制。

4. 事件管理

系统对操作员事件、门控器事件以及各类事故事件进行分类处理，都存入事件管理数据库中，并可生成日志文件，可为考勤等其他应用提供数据源。

5. 报警管理

除故障及常用报警外，操作员还可以定义其他某个事件为报警事件。当报警发生时，系统会自动弹出报警点的画面，并由声、光机语音提示。

6. 巡更管理

本系统可设计多达2000条巡更路线，能同时处理16个并发巡更操作。配合巡更终端使得巡更管理更为安全可靠，易于操作。但在本例中我们并没有使用该功能。

二、系统组成

1. 设备配置

IBAC5000型门禁控制系统的标准应用为控制1～124个门，以RS－485联网，传输距离小于500m。系统的标准组成如图2-8-5所示，设备配置如下：

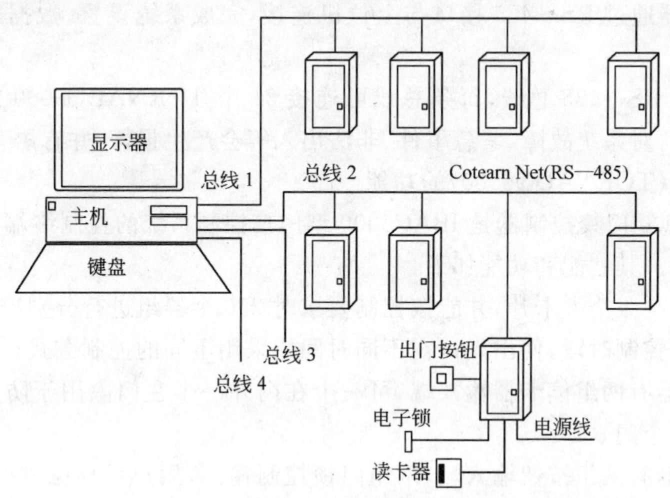

图2-8-5 IBAC5000型门禁控制系统的标准组成

(1)主控工作站：PC/586、32M RAM、2G HD、800＊600CRT、1.44MFD、1MOUSE。

(2)IBAC5000-B基本门禁管理软件SURGE400控制适配卡。

(3)TORNADO6000门禁控制器。

(4)彩色摄像头。

(5)VEDIOCard视频采集卡。

(6)HAIL100IC卡读卡器。

(7)电子锁。

(8)IC卡。

系统选件如下：

(1)IBAC5002 考勤管理软件。

(2)CONVECTION7000 通信控制器。

(3)FOEHN200IC 卡读写驱动器和 IC 卡管理软件。

2. 系统说明

(1)可供 4000 人以上同时使用,并可利用考勤管理软件做出考勤报表。

(2)可对 124 个门联网控制,配合 CCTV 系统可完成核准开门功能。

(3)对每个控制器能按控制要求对 256 个不同群组分别控制。

(4)每个控制器可分为 64 个控制时段,使出入口在不同时间可采用不同控制方式。

(5)对操作员进行严格管理,可设置多达 256 个级别,每个操作员只能操作被限定模块。

(6)每台控制器有两组读卡器输入端,可一个在门外一个在门内用于防反转,也可用于一个房间或区域的两个门。

(7)每台控制器有两组按钮输入端,两组门锁控制输出,用户可根据需要灵活地选择配置方法。

(8)每台控制器有三组可编程输入,能采集现场各种信息,三组独立可编程控制输出,输出动作可与输入及相关动作联动,实现复杂的逻辑控制。

(9)每台控制器通过 RS—485 接口与上位机连接,完成系统设置、数据采集、实时控制等工作。

(10)采用 4 条 RS—485 总线,每条总线可连接 31 个 TORNADO6000 门禁控制器;具有实时事件采集能力,对系统故障、紧急事件、非法出入等会产生报警,并有语音报警输出。

3. 门禁控制器(TORNADO6000)的功能

TORNADO6000 门禁控制器是 IBAC5000 型门禁控制系统的控制终端,是对出入口实行管理和控制的装置。其性能和功能如下:

(1)可管理 4000 张个人卡片,并能按控制要求对 256 个群组进行分别控制。

(2)具有 64 个控制时段,使出入口在不同时间能采用不同的控制方式。

(3)每台控制器有两组读卡器输入端,可一个在门外一个在门内用于防反转,也可用于一个房间或区域的两个门。

(4)每台控制器有两组按钮输入端,两组门锁控制输出,用户可根据需要灵活地选择配置方法。

(5)每台控制器有三组可编程输入,能采集现场各种信息,三组独立可编程控制输出采用波表控制方式,输出动作可与输入及相关动作联动,实现复杂的逻辑控制。

(6)本控制器能兼容配接各种读卡器组成系统。

(7)控制器使用 220V 交流电源,可配接备用电池,当主电源断电时仍能正常工作。

(8)控制器与上位机采用 RS—485 总线连接,使用 CoteamNET 通信协议。控制器基本信息由控制中心通过控制网络下载,它的每个操作都作为事件上传。当上位机或通信线路出现故障时,控制器仍能正常工作,并能记录超过 20000 条事件信息,以待系统正常后上传。

(9)本控制器还可在核准开门方式下工作。

4. IC 卡读卡器(HAIL100)功能

HAIL100 型 IC 读卡器是专为本系统设计的 IC 卡读卡器,有带键盘和不带键盘两种规格。该读卡器适用于符合 ISO7816 标准的 IC 卡,输出格式位 26bitWiegand,RS－232。读卡指示为 LED 蜂鸣器,外形尺寸为 86mm×86mm×42mm。

第四节 闭路电视监控系统实例

一、系统布置

某大厦是一座集宾馆和办公楼于一体的综合性高级大楼,整个大楼的视频输入点有 88 个,视频输出为 16 个。由于该系统比较庞大,为此我们采用 AD2052R96—16 型主机。该主机由一个机箱构成,输入和输出采用模块式,每块视频输入模块有 16 路输入,每块视频输出模块有 4 路输出,最大扩容量可达 512 路输入、32 路输出。该系统集成度高,机箱数量少,且价格比 AD1650 低,而功能略有增加。

由于大厦装修考究,为了尽量避免对原有装修的影响,在比较注目的位置我们安装比较美观的一体化快速球型摄像机,固定的摄像机也使用半球型护罩或斜坡式护罩。在大楼的门口雨篷下安装两台带云台摄像机用来监视大楼入口外部情况;在大厅顺入口方向布置两台一体化快速球型摄像机监视整个大厅,另有三台固定式摄像机监视两侧走廊和电梯厅;其他各层电梯厅、走廊及重要部位均安装固定式摄像机。大楼入口及大厅的摄像机布置见图 2-8-6。用来摄像监视大堂门口的摄像机 A,由于直对屋外所以要采取逆光补偿措施。对于电梯轿厢内摄像机一般布置在电梯轿厢顶部的角落里,为了尽量摄取乘客的面部,我们将摄像机布置在电梯门一侧的上角位置,如摄像机 B。该闭路电视监控系统的系统图如图 2-8-7 所示。

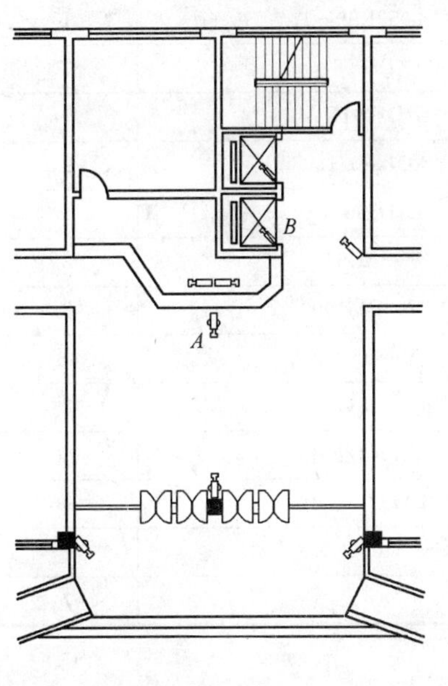

图 2-8-6 大楼入口及大厅摄像机布置图

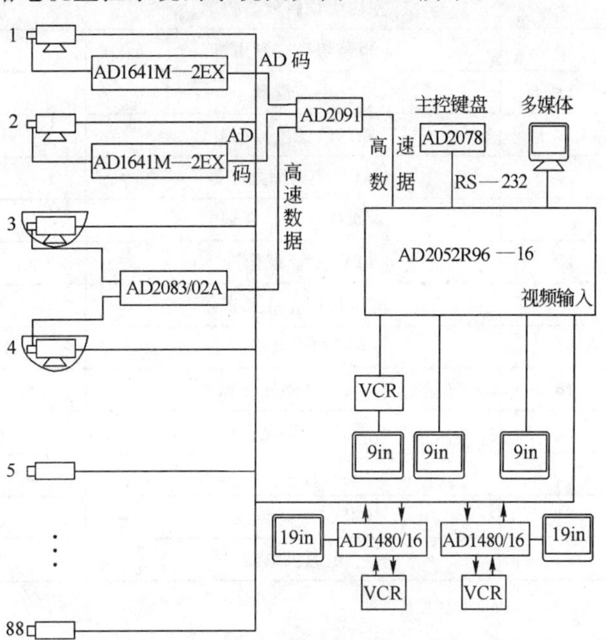

图 2-8-7 大楼闭路电视监控系统图

二、系统特性

AD2052 主机与 AD1650 系统不同，没有 AD 控制码接口，控制信号必须通过高速数据线连接 AD2091 控制码发生分配器。它可把主机 CPU 的控制信号变换成 AD 接收器采用的控制码，最多可提供 64 个独立的缓冲控制码输出，分 4 组，每组 16 个可控制 64 个摄像现场。多台设备级联最多可控制 1024 个摄像现场，每个输出通过电缆可传送 1500m。

本系统还配置 2 台黑白双工 16 画面处理器 AD1480/16，该机可在一台录像机上记录 16 路视频信号，可用两台录像机同时录像或放映，图像显示方式有全屏幕、4 画面、9 画面或 16 画面等。

整个系统的设备器材如表 2-8-1 所示。

某大厦闭路电视监控系统设备器材表

表 2-8-1

序号	器材设备名称	型号规格	数量
1	1/3in 高分辨率黑白摄像机	TK—S350EG	86
2	一体化高速球型黑白摄像机	AD9112/C10	2
3	球型摄像机吸顶安装附件	AD9202	2
4	球型码发生器	AD2083/02	2
5	室外全方位云台	AD1240/24	2
6	室外解码器	AD1641M—2EM	2
7	室外全天候防护罩	AD1335/14SH24	2
8	室内摄像机防护罩	AD1317/8	24
9	室内吸顶斜坡防护罩	AD1303	60
10	矩阵切换控制主机	AD2052R96—16	1
11	主控键盘	AD2078	1
12	控制码发生分配器	AD2091X	1
13	黑白 16 画面处理器	AD1480/16	2
14	对媒体软件及视霸卡	AD5500	1
15	24h 专业录像机	WV—AG6124	3
16	20in 黑白专业监视器	WV—BM1900	2
17	9in 黑白专业监视器	WV—BM900	16
18	2.8mm 自动光圈镜头	SSG0284NB	2
19	4.0mm 自动光圈镜头	SSG0412NB	22
20	8.0mm 自动光圈镜头	SSG0812NB	60
21	6 倍二可调焦镜头	SSL06036GNB	2
22	电源供电器		1

参考文献

[1] 孙景芝,韩永学.电气消防,北京:中国建筑工业出版社,2006.

[2] 梁延东.建筑消防系统.北京:中国建筑工业出版社,1997.

[3] 建设部工程质量安全监督与行业发展司.全国民用建筑工程设计技术措施电气.北京:中国建筑标准设计研究所,2003.

[4] 陈一才.智能建筑电气设计手册.北京:中国建材工业出版社,1999.

[5] 中华人民共和国国家标准.GB 50116—98 火灾自动报警系统设计规范.1999.

[6] 中华人民共和国行业标准.JGJ/T 16—92 民用建筑电气设计规范.

[7] 中华人民共和国国家标准.GB 50045—95 高层民用建筑设计防火规范.2001.

[8] 陈元丽.现代建筑电气设计实用指南.北京:中国水力水电出版社,2000.

[9] 火灾报警及消防控制.北京:中国建筑标准设计研究所出版,2000.

[10] 王东涛,徐立君,牛宝平,李永,等.建筑安装工程施工图集.北京:中国建筑工业出版社,1998.

[11] 消防技术标准规范汇编.北京:中国计划出版社,1999.

[12] 北京市建筑设计研究院,等.建筑电气专业设计技术措施.北京:中国建筑工业出版社,1998.

[13] 张言荣,等.智能建筑安全防范自动化技术.北京:中国建筑工业出版,2002.

[14] 郑李明,徐鹤生.安全防范系统工程.北京:高等教育出版社,2004.

[15] 段振刚.智能建筑安保与消防.北京:中国电力出版社,2005.

[16] 陈龙.智能建筑安全防范及保障系统.北京:中国建筑工业出版社,2003.

[17] 景政纲.小区智能化系统.北京:中国建筑工业出版社,2003.

[18] 胡崇岳.智能建筑自动化技术.北京:机械工业出版社,1999.

[19] 殷德军,秦兆海.安全防范技术与电视监控系统.北京:电子工业出版社,2000.

[20] 张瑞武.智能建筑.北京:清华大学出版社,1996.